マネするだけでセンスいい CSSデザイン

Webクリエイター
YUI 著

ソーテック社

本書サポートページについて

本書で解説しているHTMLとCSSのソースコードは、書籍サポートサイトからダウンロードできます。下記URLからアクセスしてください。

書籍のサポートサイト

http://www.sotechsha.co.jp/sp/1320/

まえがき

本書を手に取っていただきありがとうございます。

リモートワークやフリーランスという働き方が普及し、
「Webデザイナー」という職業はその代表という印象になってきました。

かくいう私も、子育てする中でリモートワークに憧れ、独学を始めた身です。

初めのうちは、HTML、CSS、エディタ、サーバーなどなど
聞き慣れない単語ばかりで疲れてしまうと思います。

ですが、本書に沿って一つずつ書き、一つずつ画面に反映させて、少しずつ慣れていくと、書いた内容がすぐ目で見て確認できることが楽しくなります。

そして、コードを暗記する必要は全くないです。
エディタにはコードの補完機能があり、なんとなく頭文字を覚えていれば書けてしまいます。

「この数字を変えるとどうなるかな？」「内側に余白をつけてみよう」など、
本書とは違う書き方に興味が湧いてきたら、それはもうコーディングを好きになっている証です。
そうなったら、あとはひたすら新しいコードを書いて、新しい体験を重ねていくだけ！

本書では、おしゃれな見出しや楽しいアニメーションも解説しているので、
学習に退屈したら、興味が湧いたコードにチャレンジしてみてください。

2023年11月
Webクリエイター　YUI

CONTENTS

Chapter 3 ヘッダーデザインを作ってみよう

Chapter 4 カードデザインを作ってみよう

Chapter 7 テーブルデザインを作ってみよう

Chapter 8 タイムラインデザインを作ってみよう

ボタン&見出しデザインを作ってみよう

Chapter

1

基礎をしっかり学ぼう

Webサイトをデザインしよう

Webサイトと Webブラウザの基本

Webデザインの基本を知る前に、まずはWebサイトとは何かを知り、これからWebデザインを学んでいきましょう。

Webサイトのしくみ

Webサイトは、インターネット接続環境がある自宅のパソコン（PC）や出先のスマートフォンなどから、だれでも閲覧することができます。

Webサイトのテキストデータ（HTMLやCSSデータ）やJPEGなど画像データは、**Webサーバー**というコンピューターにアップロードされ、インターネットの通信回線を使って、そのデータを読み込んでパソコンやスマートフォンのWebブラウザに表示されるようになっています。

URLって何？

パソコンやスマートフォン（Webクライアント）から「○○のサイトを見たい」とWebサーバーに要求するときの**固有の住所**となるのが、**URL**（Uniform Resource Locator）です。

それをWebブラウザに入力したり、URLのリンクをクリックすると、Webサイトが表示されます。

Webページを表示する際に、次のような形式のURLを指定します。「**http://**」はWebサーバーにアクセスするためのプロトコルを表します。ここが「**https://**」なら暗号化して通信するためのプロトコルで、より安全に通信することができます。

http://www.sotechsha.co.jp/hctbook/index.html

http://	www.	sotechsha.	co.	jp/	hctbook/	index.html
プロトコル名	サーバーの種類	名前	分野	国コード	ディレクトリ名	ファイル名

● Webサイトって何からできているの？

Webサイトの1ページ（1つのURL）は、通常は**ページの骨格となるHTMLファイル**と、**見た目のデザインを指定するCSSファイル**、**画像・動画ファイル**、**JavaScriptファイル**などからできています。

本書ではWebページのデザインをやさしく解説するために、プログラミングの素養が必要なJavaScriptについては割愛し、HTMLとCSSのデザインコーディングを扱います。

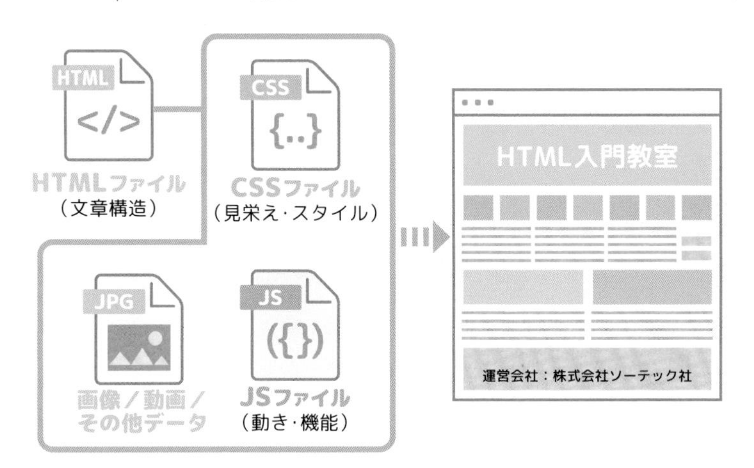

● Webブラウザってどんな役割？

HTMLファイルには、ページタイトルや見出し、本文、どの画像を表示させるかなどの情報が入っています。**CSSファイル**には、HTMLの内容をレイアウトしたりデザインする情報が入っています。

そして、これらを普段見ているパソコンやスマートフォンのモニタに表示するのが**Webブラウザ**です。ブラウザにはChromeやFirefoxなど種類があり、Windows版とMac版もあります。また、WindowsにはEdge、MacにはSafariなど、それぞれのOSのデフォルトのブラウザもあります。

Webサイトをデザインする際には、さまざまなバージョンのブラウザで意図通りに表示されているかどうかをテストする必要があります。以前はブラウザによって見た目が異なる現象が頻繁にありましたが、近年はブラウザのエンジンが共通化されて、そういった現象は少なくなっています。

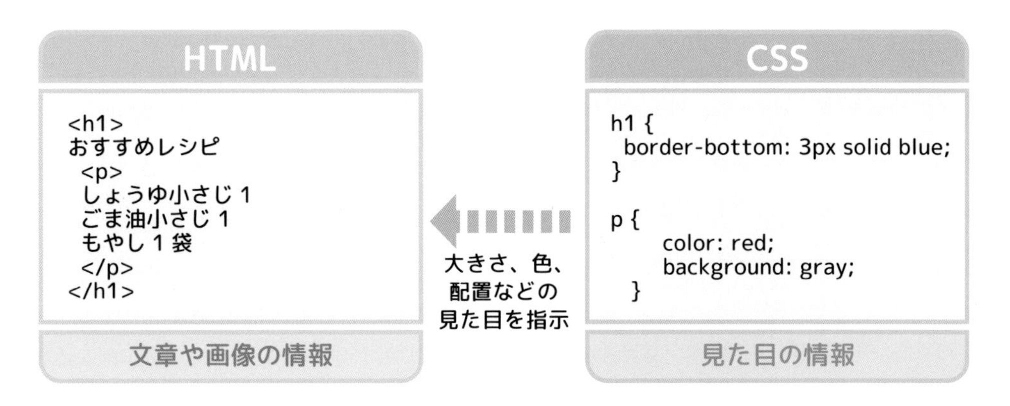

Section 1-2

Webデザインの流れを把握しよう

Webデザインはこうして進めよう

ここでは、Web制作が進んでいく大まかな流れを学びましょう。企画・立案、サイトの構成、デザイン、コーディング、テストと進んでいきますが、サイトの規模によって、担当者の人数や担当する領域も異なってきます。

Webサイトの企画〜デザイン〜完成まで

Webデザイナーは、見た目のデザインを作るだけなく、どんな目的を持ったWebサイトでどのような導線にするか、HTMLやCSS、JavaScriptなどを使ってコーディングしていきます。

1 企画・立案

どんなWebサイトを作るか、ターゲットのユーザーはどんな人かを考えます。ターゲットユーザーにとって使い勝手が良く、ほしい情報が得られたり、目的の商品の購買につながるようなコンテンツのサイト構成を考え、企画書に起こしていきます。競合サイトをいくつかピックアップしておくとスムーズです。

2 サイトの構成を考える

企画立案の段階で考えたコンテンツをWebページに起こしていき、どのページがどこにリンクしているのかの導線などを図にしていきます。
この図は、「サイトマップ」とも呼ばれています。

3 レイアウトを作る

ダミー画像や簡単な仕切り線などを使ってレイアウトを作成していきます。「ワイヤーフレーム」や「構成書」とも呼ばれています。
最近は、Figmaなどのツールを使うことも増えました。
この段階でデザインを入れたくなりますが、デザインに引っ張られて本当に必要な情報が曖昧になってしまうため、あくまで情報の整理を目的とし、最低限のレイアウトを作成しましょう。

- ダミー画像作成：https://placehold.jp/
- ダミー文章作成：https://webtools.dounokouno.com/dummytext/

4
デザインを作っていく

ラフのレイアウトに沿って、細かい画像のパーツや見出し、テキストなどを入れて見た目のデザインを進めていきます。ここで完成させるものを「デザインカンプ」といいます。これをクライアントに見せて、実際にコーディングしていく前にデザインのゴーサインをもらいます。
コードできちんと実装できそうか、アニメーションはどうするかなど、この段階で想定しておくと、コーディング後の修正を減らすことができます。

5
コーディング

❹で作ったデザインカンプをHTMLやCSSを使ってWebページに落とし込んでいく作業です。ここでは、実際にレイアウトする画像や文章を使っていきます。「情報の追加や修正は、1箇所記述したらブラウザで確認する」という工程を重ねます。これは、まとめて修正したものをブラウザで確認すると、どのコードが影響しているかが把握しづらくなるからです。

■ **VS Codeのリアルタイムプレビュープラグイン：Live Server**

6
テスト環境でデバックする

コーディングが終わったら、インターネット上に公開する前にプレビューやテスト環境で、文章や画像が間違っていないか確認しましょう。
サイト公開前に画像一式を軽量化ソフトで圧縮すると、サイトの表示速度が速くなります。

7
ファイルをサーバーにアップロードする

Webサーバーに FTPソフトなどを使って、Webサイトに必要な画像やファイルをアップロードして公開すると、全世界中からアクセスできるようになります。
公開後は、実際のWebページがきちんと表示されているか、リンクは正しいかなどを確認します。色々なブラウザやデバイスから確認するようにしましょう。

■ **テストサイトにおすすめの無料サーバー：https://www.xfree.ne.jp/**

※ FTPとは

FTPは「File Transfer Protocol」の頭文字で、サーバーとパソコン間でファイルを送受信するために使う通信規格（プロトコル）のことです。
最近は、通常のFTPの他にも、暗号化することでより安全に利用できるFTPS・SFTPなどの派生型もあります。

Section 1-3

はじめに押さえておきたい
HTMLの書き方を覚えよう

HTMLの基本

HTMLとは（Hyper Text Markup Language）の略です。Webページの骨組み（文書の構造、修飾）を構成するために**タグで目印を付ける**ことから**マークアップ言語**と呼ばれています。

Webページに表示したい文章や画像などを、<>で挟まれたタグを使ってマークアップし意味付けを行います。テキストエディタなどで作成するテキストファイルで、保存する際の**拡張子**は**.html**または**.htm**となります。

HTMLのタグを記述するルール

◆ タグで囲んで記述する

テキストや画像コンテンツを**開始タグ**と**終了タグ**で囲みます。タグは< >内にh1、p、img、divといった**要素名**が入ります。開始タグは**<要素名>**、終了タグには**</要素名>**の形式で記述します。

例：<h1>見出し</h1>

また、終了タグがない**base**、**br**、**link**、**img**、**meta**、**hr**といった「**空（から）要素**」と呼ばれるタグもあります。

◆ タグの中にタグを書ける

HTMLでは、タグでマークアップした内容の一部をさらに別のタグで囲むこともできます。

例：<p><b>Webサイト作成</b>の基本</p>

◆ 半角の英数字で記述する

標準の**HTML Living Standard**や**HTML5**では大文字・小文字は区別されません。それ以前のXHTMLでは大文字・小文字が区別され、要素名、属性名はすべて小文字とされていました。現在はXHTMLからの慣行でコーディングする人も多いので、**すべて小文字で統一**するのがいいでしょう。

HTMLの4つの基本構成

◆ DOCTYPE宣言を1行目に書く

HTML文書では、バージョンごとに使用できる要素や属性が定められています。HTML文書がどのバージョンで作られているものかを**DOCTYPE宣言（文書型宣言）**といいます。

現行のHTMLの標準となっているHTML Living Standardや廃止されたHTML5を使用する場合は、

<!DOCTYPE html>と記述します。終了タグは必要ありません。

◆ 全体を<html>タグで囲む

DOCTYPE宣言の後に<html>タグを記述します。HTML文書の開始と最後であることを示し、HTML文書には必須のタグです。lang属性はブラウザに書かれた言語を認識させるための属性です。日本語を意味する値は「ja」なので、<html lang="ja">となります。必ずしも必要な属性ではありませんが、ブラウザの自動翻訳を機能させるために役立ちます。

HTML文書の最後には</html>を記述して、<html>～</html>ですべてを囲みます。

◆ 見えないけど大切な情報を入れる<head>タグ

Webページのタイトルや説明文、検索キーワード、外部ファイルへのリンクなどを記述します。<head>タグの内容はブラウザ上では表示されません。

◆ <body>タグ内に全体のコンテンツやデザインを記述

Webブラウザに表示されない<head>タグに対して、<body>タグで囲まれた中の文章や画像はWebブラウザ上に表示されます。

HTML

```
<!DOCTYPE html> ········ !DOCTYPE - ドキュメントタイプがHTMLであることを宣言
<html lang="ja"> ········ このページが日本語であることを宣言するために使われるタグ
<head> ········ ページの重要な情報を記述する。ブラウザ自体には表示されない
ここにページの重要な情報を記述します
</head>
<body> ········ 全体のコンテンツやデザインを記述
ここにコンテンツやデザインを記述します
</body>
</html>
```

● <head>タグの中に書くタグ

◆ <meta>タグはSEOや文字コード、キーワードなどを指定する

文字コードやページの説明、キーワードの記述などを行うタグです。

Webサイト上には表示されませんが、検索エンジンにページの情報を伝えるためのSEOで、重要な役割をします。

例：<meta charset="utf-8">　文字コードをUTF-8に指定

例：<meta name="description" content="ページの概要">　Webページの概要を検索エンジンに認識させる

◆ ページのタイトルを指定する<title>タグ

ページのタイトルを記述します。そのページが何のページなのかが一目でわかるようなネーミングにしましょう。ここで書いた内容が、Webブラウザのタブやブックマークに表示されます。

◆ <link>タグ

別ファイルを読み込むために記述します。外部CSSファイルやJavaScriptファイルなどを読み込む際に使われます。

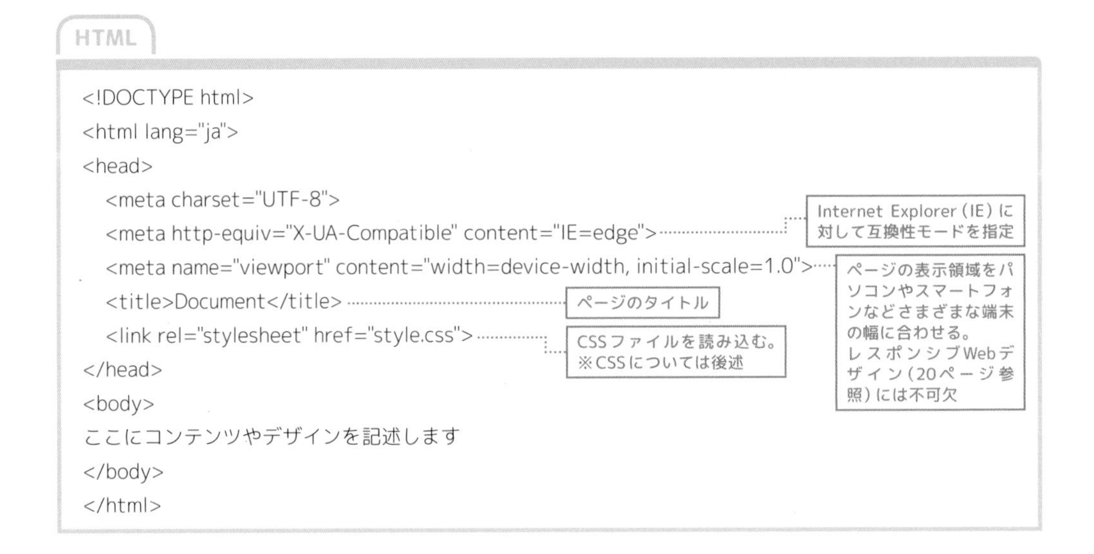

```
HTML
<!DOCTYPE html>
<html lang="ja">
<head>
  <meta charset="UTF-8">
  <meta http-equiv="X-UA-Compatible" content="IE=edge">
  <meta name="viewport" content="width=device-width, initial-scale=1.0">
  <title>Document</title>
  <link rel="stylesheet" href="style.css">
</head>
<body>
ここにコンテンツやデザインを記述します
</body>
</html>
```


● <body>タグの中に書くタグ

◆ <header>～</header>タグ

ヘッダーを表示するためのタグで、サイト名やロゴ、ナビゲーションを表示します。

◆ <h1>～</h1>タグ

見出しタグです。h1～h6の6段階で見出しの階層を指定できます。

◆ <p>～</p>タグ

テキストの**段落**を意味するタグです。<p>タグでマークアップすると、そのブロック部分のテキストの前後が改行分の空きができ、先頭の1字分が字下げされます。

```
<h1> 見出しが表示されます </h1>
<p> 段落が表示されます </p>
```

◆
タグ

改行するためのタグです。終了タグは不要です。<p>タグは前後1行分空けて改行されますが、
タグでは空きを作らずに改行できます。また、
タグを連続させて空きを作るのはNGです。空き量はCSSの余白等で指定するようにします。

◆ <div>～</div>タグ

<div>タグは、**各コンテンツを一括りにグループ（コンテナ）化**するために使用します。<div>タグでマークアップしただけでは見た目は変わりません。<div>タグの属性と併せてCSSでレイアウトを指定してコンテナのデザインを行ないます。

<div>タグに似たタグに<section>タグがあります。こちらはグループ化することは同じですが、テーマに沿ってグループとしてまとめるときに使用します。

◆ <img>タグ

画像を表示するためのタグです。終了タグは不要です。src属性で画像へのリンクパスを記述して、alt属性で画像の説明となる代替テキストを指定します。

```
<img src= “画像パス” alt= “代替テキスト” >
```

◆ 画像パスとは

パスとは、画像やHTML、CSSファイルが置かれている場所までの道筋を示したものです。
絶対パスで表すと、以下のようになります。

```
http://www.sotechsha.co.jp/sp/XXXX/image/sample.jpg
```

同じ階層にHTMLファイルと画像がある場合は、以下の**相対パス**も使えます。
基本的には、相対パスで書くようにしましょう。

```
/image/2116.jpg
```

◆ 代替テキストとは

alt属性には画像が表示できない通信環境やブラウザでアクセスした際に、画像の代わりに表示されるテキストを記述します。

◆ <footer>～</footer>タグ

サイトの最下部に位置するタグです。コピーライトやサイトマップを表示します。

HTML

```
：（省略）………………………………… 前ページと同じ
 <body>
  <header>ヘッダー </header>
  <div>
   <h1>見出し</h1>
   <p>段落</p>
   <img src="画像のパス" alt="画像"の代替テキスト> ………… リンクと画像の代替テキストを入れる
  </div>
  <footer>フッター </footer> ……………………………… フッターの詳しい作り方は188ページ以降を参照
 </body>
</html>
```

● <div>タグでブロック化しCSSでデザイン

<div>タグで囲った部分は**レイアウトコンテナとしてグループ化**されます。その部分には、CSSで幅、高さ、余白、カラー、段組み、位置などを指定することにより、レイアウトをデザインすることができます。

◆ ブロック要素（Block-level elements）

HTMLタグには**ブロック要素**と**インライン要素**があります。

ブロック要素は、見出し、段落、表、フォームなど、文書を構成するブロックのかたまりとなる要素です。ブラウザで表示すると、ブロック要素のタグでマークアップした前後に改行が入ります。

ブロックレベル要素には、下記のものがあります。

<div>、<h1> ～ <h6>、<p>、<form>、<table>

◆ インライン要素（Inline elements）

文字の書式やフォームの各要素などブロック内の行の**一部分を修飾する要素**です。タグの前後は改行されません。

ブロック要素内にはインライン要素、ブロック要素を含めることができますが、インライン要素内にはブロック要素を含めることはできません。例えば、<p>タグの中の
タグのように、文章の改行として扱われるようなものです。

インライン要素には、次のものがあります。

▼ ブロック要素とインライン要素の記述

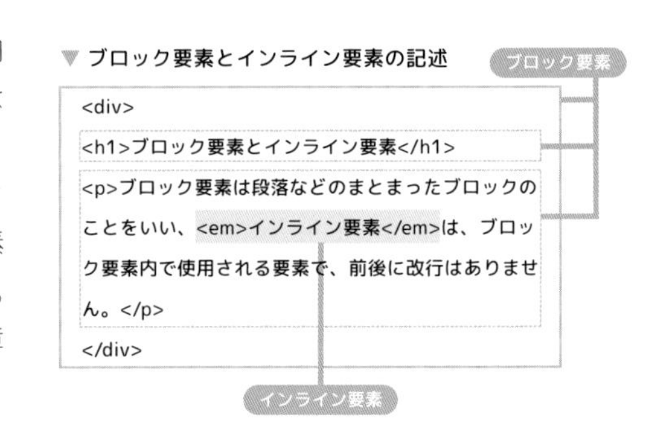

```
<a>、<br>、<img>、<em>、<span>
```

HTMLタグに属性をつける

HTMLのタグには、タグ自体の意味をさらに補足する**属性**という情報を加えることができます。

例えば、リンクを指定する<a>タグでは**href属性**でリンク先を、画像を指定する<img>タグでは**src属性**で画像へのパスを指定します。

また、**align属性**（水平方向の配置を指定）のように、<img>タグ、<hr>タグ、<td>タグなど複数のタグで使用できる属性もあります。

classとid属性（グローバル属性）

グローバル属性とはHTMLのどのタグにも使用できる属性です。代表的なものに**class属性**と**id属性**があります。class属性とid属性ではクラス名、ID名を指定しますが、それだけでは機能しません。

その名前に対してCSSでデザインを指定することにより、classやid属性で指定された部分の見た目のデザインが設定されます。

```
<div class="wrap"> ブロック </div>
<h2 class="title"> 見出し </h2>
<p class="text"> 本文が入ります </p>
```

また、**id属性**もclass属性と同じように指定ができますが、**ページ内で1カ所**にしか指定することができず、同じタグに異なるidは指定できないというルールがあります。

class属性は同じ**ページ内で複数箇所に指定**でき、同じタグに異なるclassを指定できます。

CSSデザインを当てる場合はclass属性を、ページ内リンクを指定する場合はid属性を使用するという使い分けが簡単です。

レスポンシブWebデザインについて

レスポンシブWebデザインとは、Webサイトをパソコンやタブレット、スマートフォンなど、どの端末からでも最適なレイアウトで読めるようにするための技術です。

現在、ほとんどのユーザーがパソコン以外の端末からでもWebサイトを閲覧するほか、レスポンシブ対応のWebサイトをGoogleが推奨しているため、Web制作では必須の技術となっています。

◆ メリットは？

レスポンシブWebデザインにすると、パソコン用、スマートフォン用とHTMLファイルを2つ用意することなく、**1つのHTMLファイルで対応**できます。

デバイスごとの複数の専用ページをそれぞれ設けるよりも、サイトの更新や管理の手間が少なく、検索エンジンに認識させるための**SEOでも有利**になるメリットがあります。

◆ デメリットは？

一方、デメリットは**CSSの記述が複雑**になったり、デザインレイアウトに少し制約ができることです。

しかし、一定のコーディングスキルとデザインスキルがあれば、メリットの方が大きいでしょう。

レスポンシブ対応にするには？

レスポンシブ対応にするには、次の２ステップを踏んでください。

Step1. HTMLにmeta viewportタグを追加する
Step2. CSSにメディアクエリを追加する

meta viewportタグの追加

<head>タグ内のneme属性の名前に「**viewport**」を指定することで、現在の表示されている領域がデバイスサイズに合うように表示されます。

content属性には、例えば「width=device-width, initial-scale=1.0」と記述すると、「デバイスサイズに合わせて、初期表示倍率を１倍にする」という指定になります。

```
<head>
  <meta name="viewport" content="width=device-width, initial-scale=1.0">
</head>
```

CSSにメディアクエリを追加

CSSファイルに**メディアクエリを追加**します。メディアクエリとは、デバイスのメディアタイプ（ディスプレイやプリンター等）やデバイスの横幅（スクリーン幅）のサイズを指定し、そのサイズの条件ごとにCSSによる最適なデザインを指定する方法です。

```
media メディアタイプ and ( メディア特性 ){ 指定したい CSS の記述 }
```

メディアタイプ＝端末の種類

メディアタイプには、screen（一般的ディスプレイ）、projection（プロジェクター）、print（プリンタ）、tv（テレビ）、all（すべて）などがあります。通常は「screen」を使用します。

実際の記述は、以下のようになります。

```
@media screen and (max-width:480px) { /*  画面サイズが 480px までの幅はここを読み込む  */}
@media screen and (max-width:1024px) { /*  画面サイズが 1024px までの幅はここを読み込む  */}
```

メディア特性の条件指定では、最低限でもパソコン、タブレット、スマートフォンの3つのデバイスに対応したCSSが必要です。

CSSを読み込む方法

<link>タグでデバイス条件とCSSファイルを指定する

パソコンやスマートフォンなどデバイス条件に応じたCSSファイルを<link>タグを使って指定することができます。これによって、異なるデバイスに最適化されたスタイルシートを適用できます。

以下は使用例です。

```
<head>
  <link rel="stylesheet" href="style.css">
  <link rel="stylesheet" href="mobile.css" media="screen and (max-width: 600px)">
</head>
```

この例では、style.cssファイルがすべてのデバイスで読み込まれますが、mobile.cssファイルはスクリーン幅が最大600px以下の場合にのみ読み込まれます。

<link>タグのmedia属性は、条件を指定するために使用されます。

上記の例のscreen and (max-width: 600px)は、スクリーン上の表示領域の幅が最大600pxである場合に適用されるスタイルシートであることを意味します。

media属性には、幅、高さ、解像度、カラーやデバイスの向き（縦や横）に合わせてスタイルを変化させるorientationなどの条件を指定することができます。

デバイス条件に基づいて異なるスタイルシートを使用することで、デバイスごとに最適な表示ができます。

@importでCSSを読み込みデバイス条件を指定する

@importを使用すると、CSSファイルを読み込むことができます。

また、@importを使用して、デバイスの条件に応じたスタイルシートを読み込むこともできます。以下は使用例です。

```
@import url("style.css");

@media screen and (max-width: 600px) {
  @import url("mobile.css");
}
```

この例では、style.cssファイルがすべてのデバイスで読み込まれますが、スクリーン幅が最大600px以下の場合には、mobile.cssファイルが追加で読み込まれます。

@importは、url()内でファイルのパスを指定することができます。また、**@media**を使用することで、CSSルールを特定のデバイス条件に適用できます。

上記の例では、@mediaを使用して、スクリーン幅が最大600px以下の場合にのみmobile.cssファイルを読み込むように指定しています。

ただし、@importはCSSファイルを順番に読み込むので、ページの読み込み時間が<head>タグ内に<link>タグで記述する場合に比べて遅くなるので、非推奨とされています。

そのため、可能であれば<link>タグを使用して、デバイス条件に応じたスタイルシートを読み込むようにしましょう。

●ブレークポイントを設定しよう

ブレークポイントとは、ウェブサイトが表示されるデバイスの幅や画面サイズなどの条件に応じて、レイアウトやスタイルを変更するための基準点のことです。

例えば、パソコンやタブレット、スマートフォンなどの異なるデバイスでウェブサイトが表示される場合、それぞれのデバイスのサイズに合わせたレイアウトやスタイルが必要になります。

ブレークポイントを設定することで、あらかじめ指定した幅や画面サイズを超えた場合に、異なるスタイルシートやCSSルールが適用されるようになります。

スマートフォンとタブレットの幅が異なるため、スマートフォン用には縦にスクロールできるようにする一方、タブレット用には横にスクロールできるようにするなど、デバイスによって異なる表示方法を指定することができます。

一般的に、ブレークポイントはメディアクエリを使用して指定されます。

例えば、以下のように記述することで、画面幅が768px未満の場合に、特定のCSSルールを適用することができます。

```
@media screen and (max-width: 767px) {

    /* 画面幅が768px未満の場合に適用されるCSSルール */

 }
```

ブレークポイントを正確に設定することで、より正確なレスポンシブWebデザインを実現することができます。

また、ブレークポイントの数はデザインにもよりますが、パソコン、タブレット、スマートフォンの最低3つが必要とされます。おおよそ下記のように設定するとよいでしょう。

なお、ブレークポイントが多くなると、その分、用意するCSSファイルが増えて複雑になります。

デバイス名	幅（px）
パソコン	1280px～
タブレット	768～1279px
スマートフォン	～767px

コードでデザインをしよう

CSSの基本を学ぼう

CSS（Cascading Style Sheets）は、Webページの視覚的なデザインを定義してHTML文書を表現する技術です。HTMLで指定していたフォントやレイアウトの指定からデザイン的な記述をCSSに分離することで、簡易なHTML文書の構造にすることができます。
また、CSSではHTMLの指定ではできない複雑なレイアウトや細かな単位の指定など、デザインを自由にハンドリングすることができます。

CSSの書き方

CSSでは、「**セレクタ**」「**プロパティ**」「**値**」の3つを組み合わせて、スタイルを設定します。

CSSの基本の型

```
セレクタ { プロパティ : 値 }
```

セレクタとプロパティ

「セレクタ」には、divやa要素、classやid属性など、スタイルを適用する対象を指定します。

例えばdiv要素にスタイルを設定するには、セレクタ部分に「div」と記述します。**「セレクタ」にはHTML要素だけでなく、クラス名やID名を指定することができます。**

セレクタに続く{ }内には、「プロパティ」と「値」を記述します。プロパティと値の間には、「:」を入れて区切ります。**「プロパティ」は色やフォントといったスタイルの種類、「値」は色の種類や大きさなど**を指定します。

- **セレクタ**：スタイルシートを適用する対象。pやh1、クラスやID名
- **プロパティ**：適用するスタイルの種類。color、font-sizeなど
- **値**：プロパティの値。10em、12pxなど

例えば、「**p{font-size: 12px}**」と指定すると、HTMLファイル内のすべてのp要素のフォントサイズが12ピクセルになります。

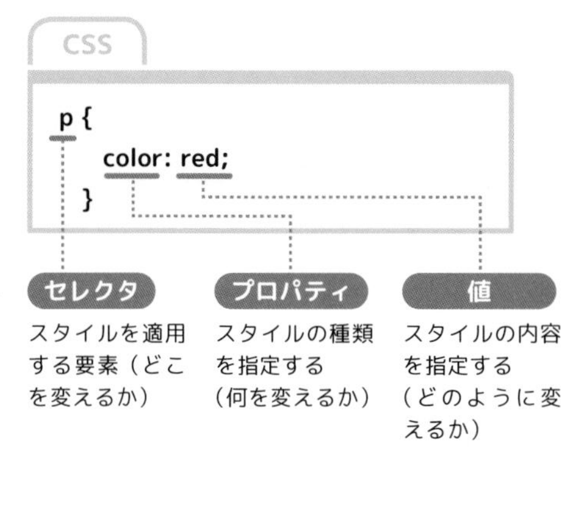

CSSはどこに書く？

◆ 外部CSSファイルに記述して<link>タグで指定する場合（推奨）

「style.css」ファイルを作成し、**head要素のhref属性に外部CSSファイルへのパスを指定**します。

外部CSSファイルに記述しておけば、他のHTMLファイルでも同じCSSファイルを使うことができます。

具体的には、

```
<link rel="stylesheet" href="style.css">
```

と記述してファイルを呼び出します。ファイルの指定は、HTMLファイルからの「**相対パス**」（17ページ参照）で記述します。

◆ HTMLファイルに直接記述する場合

<head>～</head>タグ内にある<style>～</style>タグにCSSを記述します。この場合は、記述したHTMLファイル内だけでの使用になります。

```
HTML
<head>
  <style>
    p {color: red;}
  </style>
</head>
<body>～</body>
```

pxとrem ってどんな単位なの？

CSSにおけるremとpxは、要素のサイズを指定するための単位です。

px（ピクセル）は、**絶対的な単位**です。要素のサイズを具体的なピクセル数で指定します。

例えば、width: 200px;とすると、その要素の幅は200ピクセルになります。pxは固定の値であり、ブラウザの拡大・縮小によって変化しません。

rem（ルートエム）は、**相対的な単位**です。基準となる要素のフォントサイズに対して相対的な値を指定します。例えば、font-size: 16px; の親要素がある場合、その親要素のフォントサイズを基準として、font-size: 1rem; は16ピクセルとなります。

remは**ルート要素（通常は<html>タグ）のフォントサイズに基づいて計算**されるため、ブラウザの拡大・縮小に対して柔軟に対応できます。

◆ 使い分けの基準はどうすればいいの？

初心者の場合、以下のガイドラインに従ってremとpxの使い分けを考えると簡単です。

1. フォントサイズに関しては、通常はremを使用します。ルート要素のフォントサイズを設定し、その基準に対して相対的な値でフォントサイズを指定します。
2. レイアウトや要素のサイズに関しては、pxを使用することが一般的です。具体的なピクセル数で要素のサイズを指定します。
3. メディアクエリなどのレスポンシブデザインの場合、remを使用すると柔軟性が上がります。例えば、ルート要素のフォントサイズを変更することで、remを使用した要素のサイズも適切に変化させることができます。

ただし、実際の開発では要件やデザインの要求に応じて最適な単位を選択することが大切です。1つの基準にとらわれず、色々な書き方を試してみましょう！

● 文字を装飾する

◆ 文字色と背景色を設定する

段落を指定するp要素の文字色（colorプロパティ）の値にredの色名を割り当てます。

要素の背景色は、backgroundプロパティで指定します。backgroundプロパティは要素の背景の色や画像、位置、繰り返しなどを一括して指定できます。

色を指定する方法については、156ページを参照してください。

HTML

```
<p>段落</p>
```

CSS

```
p {
color: red;
background: gray; ………… 背景色
  }
```

◆ 文字の境界線を書いてみる

見出し部分のh1要素の下の境界線(border-bottomプロパティ)の値に3px solid blueを割り当てます。

特定のプロパティでは簡略化して表記して、一括で指定することができます。これを**ショートハンド**といいます。

ここでは、border-bottomに幅3px、線種solid、線の色blueを半角の空白文字で区切って同時に指定しています。

見出し　h1 要素

HTML

```html
<h1>見出し</h1>
```

CSS

```css
h1 {
  border-bottom: 3px solid blue;
}
```

◆ 背景に画像を入れてみる

コンテンツ部分のbody要素の背景に対して、background-imageプロパティの値にurl(bg.jpg)を指定します。

body要素全体に繰り返して、背景画像が表示されます。

HTML

```html
<body>
  <header>ヘッダー </header>
  <div>
   <h1>見出し</h1>
   <p>段落</p>
  <footer>フッター </footer>
 </body>
```

CSS

```css
body {
  background-image: url(bg.jpg);
}
```

◆ **背景画像の繰り返しを解除する**

値に **no-repeat** を指定すると、背景画像は1つだけ表示され、余った部分は余白となります。

CSS

```
body {
    background-image: url(bg.jpg);
    background-repeat: no-repeat;
  }
```

背景も、ショートハンドを使って背景画像と繰り返しを一括で指定できます。

CSS

```
body {
    background: url(bg.jpg) no-repeat;
  }
```

● よく使うCSSプロパティ一覧

プロパティ名	役割
文字に使うCSSプロパティ	
color	色を指定します
font-size	文字のサイズを指定します
font-family	フォントの種類を指定します
line-height	行間を指定します
text-align	行揃えの位置を指定します

プロパティ名	役割
背景に使うCSS	
background	背景全般を指定します
background-color	背景色を指定します
サイズ、余白、線などに使うCSS	
width	要素の幅を指定します
height	要素の高さを指定します
border	境界線の太さや種類、色を指定します
border-radius	要素の角を丸めます

Section 1-5
Webサイトの基本構成
レイアウトについて

Webページの基本的なパートごとに分けて配置するのがレイアウトです。レイアウトのパーツは、タイトルやロゴの入るヘッダー、他のページへのリンクがあるナビゲーション、ページのメインコンテンツ、サイドバー、フッターに大きく分けられます。

レイアウトの基本パーツ

Webページは、大きく分けて5つのパーツで構成されています。

タイトル、ナビゲーション、サイドバー、フッターなど適切なパートにコンテンツを配置してレイアウトすると、機能的で使いやすいページになります。

◆ ヘッダー

Webサイトの最上部に位置し、タイトル、サイトロゴやメニュー（グローバルナビゲーション）を表示します。サイトを訪れたときに最初に目にする部分で、どのページでも共通して表示されます。

◆ ナビゲーション

Webサイトの主要ページへのリンクを設置したメニューバーです。ヘッダー内に配置することが一般的です。どのページにも共通して表示されるグローバルナビゲーション、サイドバーなどに配置するカテゴリごとのナビゲーションがあります。

◆ メインコンテンツ

Webページの主要な内容が入る場所です。商品ページ、会社案内、更新履歴など、ページの主題となる内容が入ります。

◆ サイドバー

メインコンテンツの左側または右側に配置され、各カテゴリやテーマごとのリンクボタン（ナビゲーション）、日付ごとのリンクボタンなどが配置されます。

また、最新記事やおすすめ記事、検索バーなども設置されます。

◆ フッター

Webサイトの最下部に位置し、サイトマップやコピーライト、お問い合わせボタン、会社案内、事業者案内などが配置されます。

レイアウトの種類

◆ シングルカラムレイアウト

すべてのパーツを縦に下方向に並べていく一般的なシンプルなレイアウトです。**1カラムレイアウト**とも呼ばれています。

レスポンシブWebデザインに対応しやすいレイアウトで、さまざまな画面サイズにも適用できるのが特徴です。

スマートフォン用の表示には、ほとんどこのシングルカラムレイアウトが採用されています。

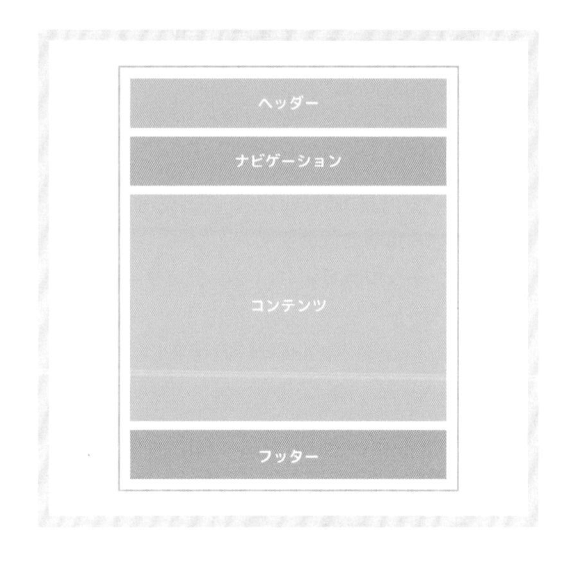

◆ マルチカラムレイアウト

ページを複数の列に分割して、サイドバーを右や左に配置したレイアウトです。左右のサイドバーにコンテンツのメニュー項目を常時表示するので、ページ遷移が容易にできます。多くの情報を掲載できアクセスもしやすいため、ブログやメディアサイトに採用されています。

パーツの数が多いため、スマートフォン向けのサイトでは使われることは少なく、主にパソコン向けの表示に使用されます。

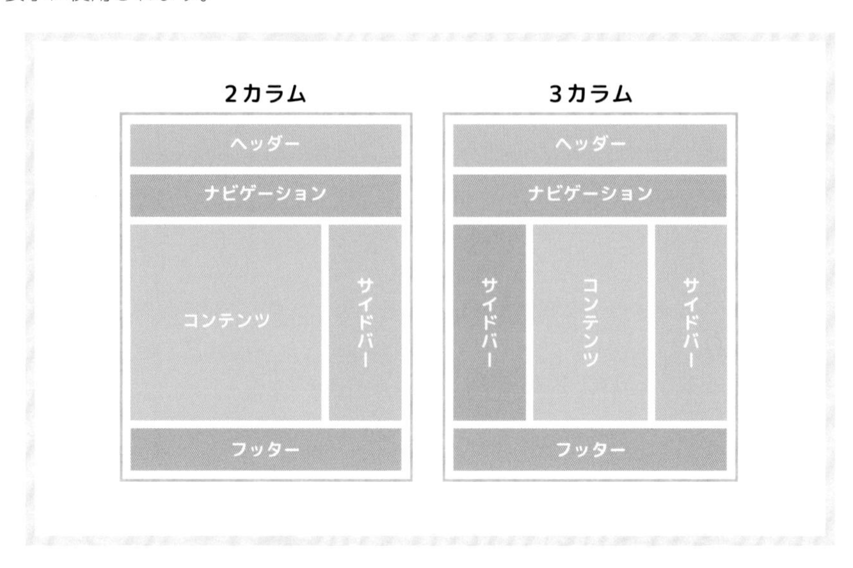

マージン＆パディングで余白を整えてみる

レイアウトを行なう上で、ヘッダー、フッター、ナビゲーション、メインコンテンツなどのパーツ、画像などの要素の内側、外側の余白を指定します。29ページで紹介したレイアウトの基本パーツや<div>タグのclass属性など、さまざまな要素に指定することができます。

◆ **margin（マージン）**
要素の上下左右の「外側」に余白を指定するプロパティです。

◆ **padding（パディング）**
要素の上下左右の「内側」に余白を指定するプロパティです。

```
div {
  background-color: beige;
  border: 4px solid olive;
  padding: 20px;
  margin: 20px;
}
```

● marginプロパティ

プロパティ名	意味
margin	要素の上下左右の「外側」に余白をつける
margin-top	要素の上の「外側」に余白をつける
margin-bottom	要素の下の「外側」に余白をつける
margin-left	要素の左の「外側」に余白をつける
margin-right	要素の右の「外側」に余白をつける

● paddingプロパティ

プロパティ名	意味
padding	要素の上下左右の「内側」に余白をつける
padding-top	要素の上の「内側」に余白をつける
padding-bottom	要素の下の「内側」に余白をつける
padding-left	要素の左の「内側」に余白をつける
padding-right	要素の右の「内側」に余白をつける

横並び(flex)に挑戦しよう！

フレックスボックス(flexbox)を使うと、HTML要素を横並びに配置できます。

横並びにしたいアイテムがある親要素のセレクタに**「display: flex」**の表記を記述するだけで使用できます。親要素内の**子要素が改行されずに横並び**になります。

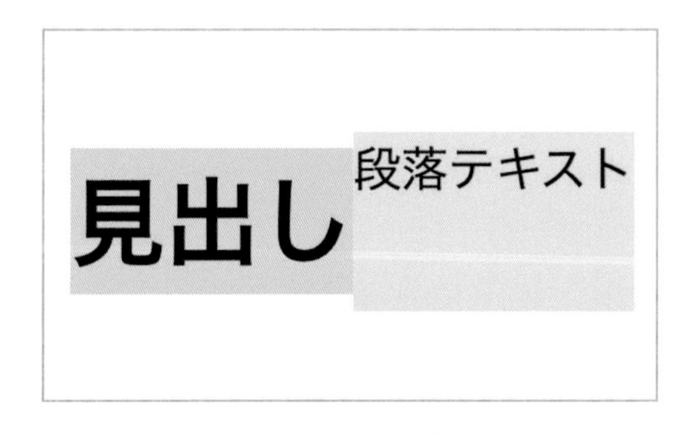

フレックスボックスの基本設定

フレックスボックスを利用するためには、flexboxを適用する**親要素にdisplay: flex**を追加します。これで、**親要素がflexコンテナ**、**子要素がflexアイテム**となります。

よくある間違いが、子要素にflexを指定してしまうことで横並びにならないことです。flexは親要素に指定して初めて動作します。

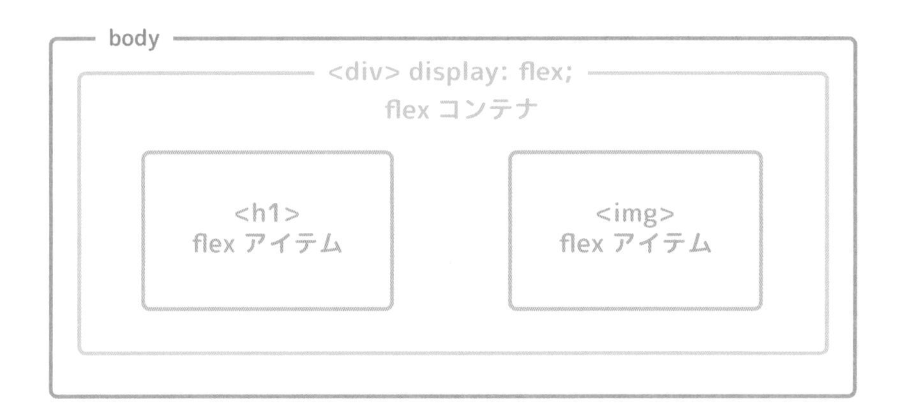

よく使うflexプロパティと揃え方

justify-content…水平方向の揃え

親要素にスペースがある場合、子要素を水平（横）方向にどのように配置するかを指定するプロパティです。

flex-start(初期値)

flex-end

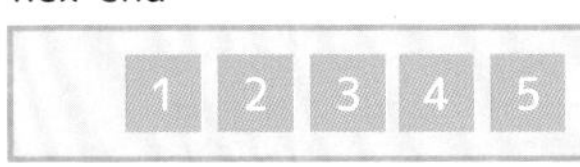

center

space-between

space-around

◆ **space-between**

このプロパティを使うと、最初と最後の子要素には余白がつかず、残りのアイテムを均一に配置します。

◆ **space-around**

各子要素の周りに均等に余白が設定されます。最初と最後の子要素にも余白がつきます。

align-items…垂直方向の揃え

親要素にスペースがある場合、子要素を垂直（縦）方向にどのように配置するかを指定するプロパティです。

stretch(初期値)

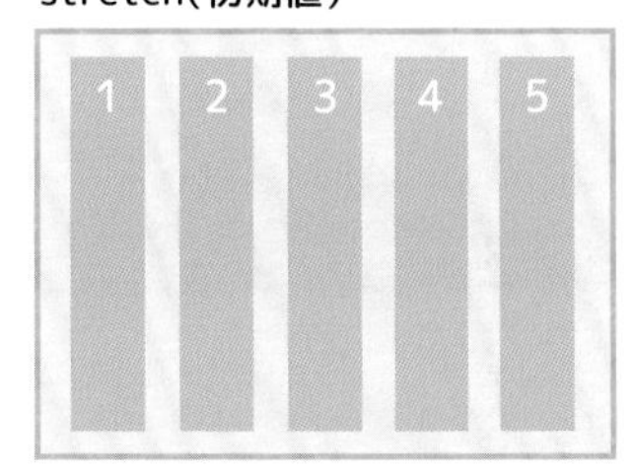

flex-start

flex-end

center

baseline

flex-wrap…子要素の折り返し

子要素を1行なのか、複数行に並べるのかを指定するプロパティです。子要素が親要素の幅を超えるときに、折り返して複数行に配置されます。

nowrap(初期値)

wrap-reverse

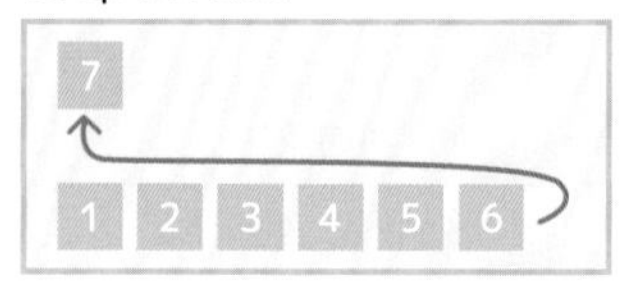

フレックスボックスでよく使うプロパティ

◆ 親要素に指定できるもの

フレックスコンテナ(親要素)に設定できるプロパティは、次の通りです。

項目	意味
display: flex	横並びの表示形式を指定するプロパティです
justify-content	子要素の間隔をどう横一列に並べるかを指定するプロパティです
align-items	子要素の間隔をどう縦一列に並べるかを指定するプロパティです
flex-wrap	子要素をどう並べるか、また折り返すかを指定するプロパティです
flex-direction	子要素をどの方向に並べるかを指定するプロパティです

◆ 子要素に指定できるもの

フレックスアイテム(子要素)には下記のプロパティを設定できます。子要素をどのようなレイアウトにするか指定できるプロパティですが、必要のない場合は設定しなくてもかまいません。

項目	意味
order	フレックスアイテムを並べる順序を設定するプロパティです
flex-grow	フレックスアイテムの伸ばす比率を指定するプロパティです
flex-shrink	フレックスアイテムを他の要素と比べて縮める比率を指定するプロパティです
flex-basis	widthのような幅を指定するプロパティです。 初期値はauto(自動調整)で、%やpxでも指定できます。 widthとflex-basisの両方が指定されると、flex-basisが優先されます
flex	一括(flex-grow、flex-shrink、flex-basis)で指定できるプロパティです。 フレックスアイテムをフレックスコンテナ内に収めるために、縦・横の伸縮をしています

グリッドレイアウトとは

フレックスボックスが横方向だけの指定で、縦方向は折り返して表示されるのに対して、グリッドレイアウトでは、**縦、横方向に自由なレイアウト**を指定することができます。グリッドとは格子のマス目のことで、格子の行数(rows)、列数(columns)、サイズなどを指定してレイアウトを指定します。

基本的なグリッドレイアウト

グリッドレイアウトでは、親要素を**コンテナ**(container)、子要素を**アイテム**(item)として定義します。

1つ1つのマス目(グリッド)は**セル**、行方向、列方向のコンテナを**トラック**、グリッドを分割する線を**ライン**と呼びます。

❶コンテナ(親要素)に「display: grid」を指定すると、子要素が格子状に並べて配置されます。
❷コンテナ(親要素)に「grid-template-rows」でグリッドコンテナの行トラックの高さを行数分、半角スペースで区切って指定します。「150px 150px」とすると、150pxの高さの行が2つ縦に並びます。「grid-template-columns」では、グリッドコンテナの列トラックの幅を列数分、半角スペースで区切って指定します。
この両者のプロパティの値にautoを指定すると、コンテンツのサイズに自動調整されます。
親要素の全体幅をwidthやheightで指定し、「1fr 2fr 1fr」のように単位frで指定すると、全体幅に対して、1対2対1の相対幅で列、行サイズを指定することができます。
なお、この状態では見た目に変化はありませんが、グリッドが設定された状態になります。

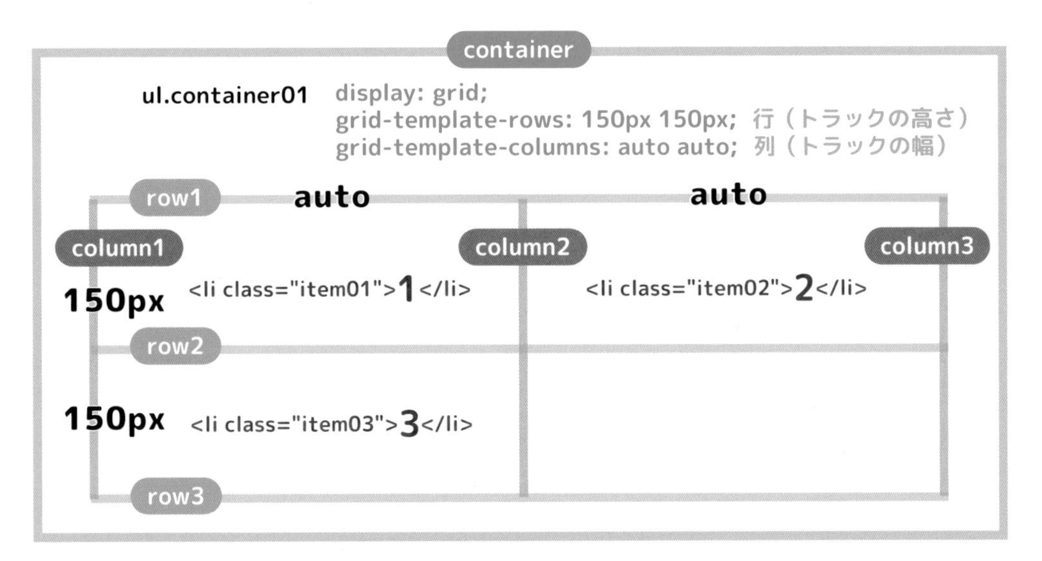

● 参考サイト
グリッドジェネレーター ▶ https://cssgrid-generator.netlify.app/

❸アイテム（子要素）の表示位置を設定する

子要素の**アイテムの配置位置**をgrid-row、grid-columnプロパティの値に**ライン番号**を使って指定することができます。grid-rowは横線位置で縦方向の範囲を指定します。

下図の例では、「**1**」は「grid-row: 1/3」と指定されているので横線row1～3の範囲になり、「grid-column: 1/2」の指定は縦線column1～2の横方向の範囲です。

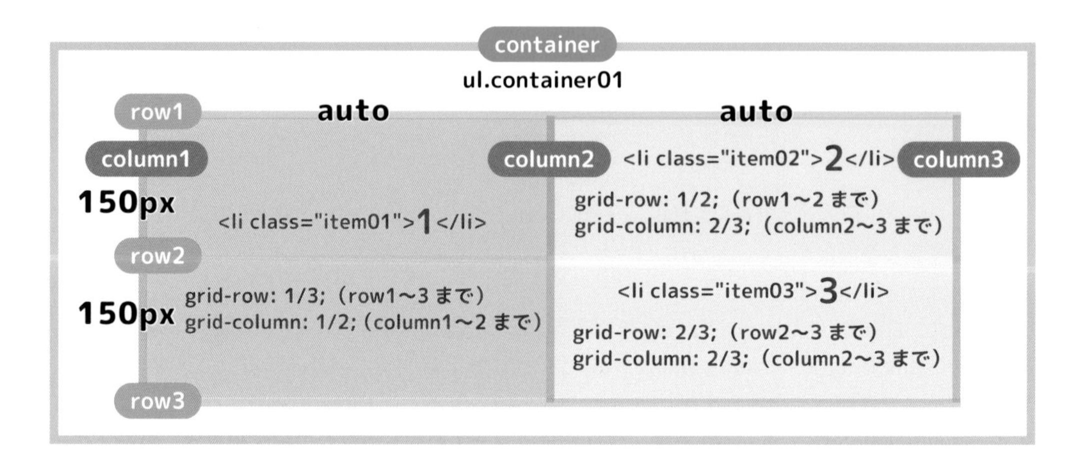

HTML

```
<ul class="container01"> ............ コンテナ（親要素）
  <li class="item01">1</li> ......... アイテム（子要素）
  <li class="item02">2</li> ......... アイテム（子要素）
  <li class="item03">3</li> ......... アイテム（子要素）
</ul>
```

CSS

```
ul.container01 {
  max-width: 720px;
  margin: 2rem auto;
  display: grid; ........................ Grid Layoutを適用
  grid-template-rows: 150px 150px; ...... 行の分割の設定．横に2分割するのでGridラインが3本できる
  grid-template-columns: auto auto; ..... 列の分割の設定．縦に2分割するのでGridラインが3本できる
}

ul.container01 li.item01 {
  background-color: rgb(251, 152, 154);
  grid-row: 1/3; ........................ （行）Grid1から3まで表示
  grid-column: 1/2; ..................... （列）Grid1から2まで表示
}
```

```
ul.container01 li.item02 {
  background-color: rgb(120, 208, 223);
  grid-row: 1/2; ······························ (行) Grid1から2まで表示
  grid-column: 2/3; ··························· (列) Grid2から3まで表示
}

ul.container01 li.item03 {
  background-color: rgb(232, 216, 126);
  grid-row: 2/3; ······························ (行) Grid2から3まで表示
  grid-column: 2/3; ··························· (列) Grid2から3まで表示
}
```

◆ **アイテムを増やしてみる**

さらにアイテム「**1**」「**2**」「**3**」に「**4**」「**5**」「**6**」を追加し、計6個に増やしてレイアウトしてみます。グリッド線を意識すると、計算がしやすくなります。

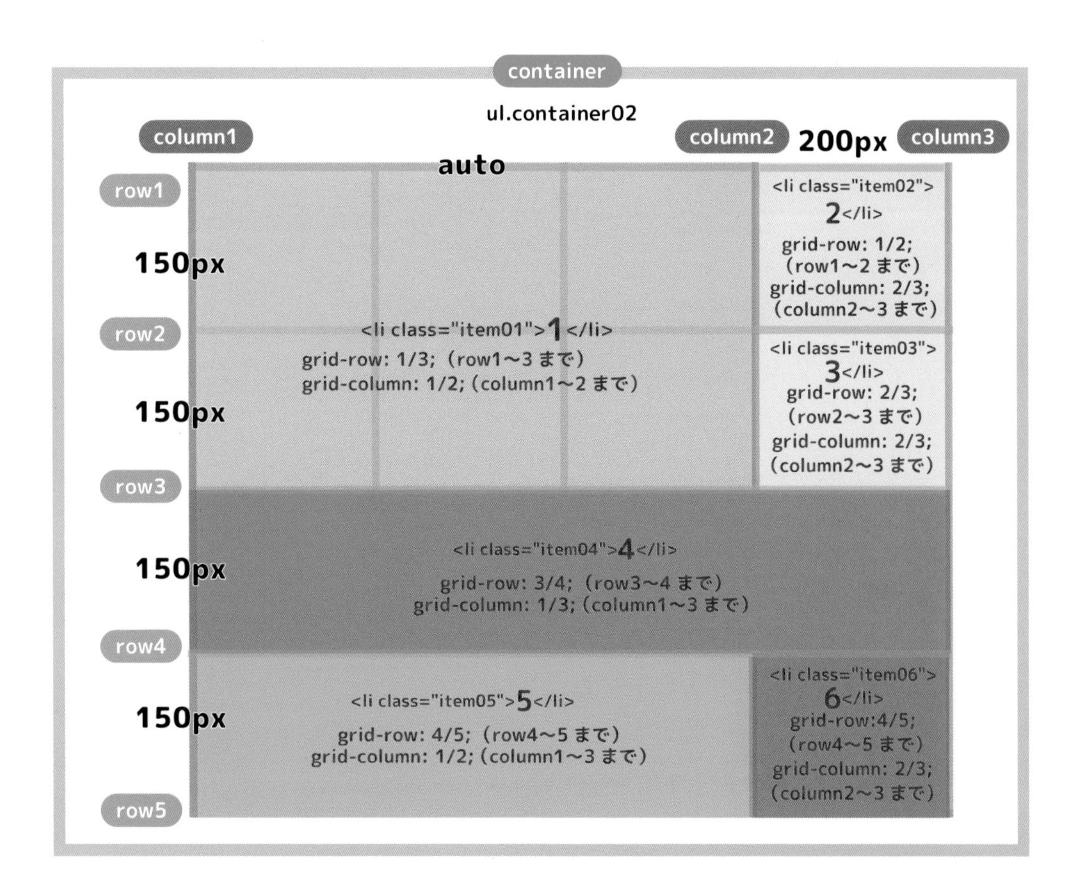

HTML

```
<ul class="container02">
  <li class="item01">1</li>
  <li class="item02">2</li>
  <li class="item03">3</li>
  <li class="item04">4</li>
  <li class="item05">5</li>
  <li class="item06">6</li>
</ul>
```

CSS

```
ul.container02 {
  max-width: 720px;
  margin: 2rem auto;
  display: grid;
  grid-template-rows: 150px 150px 150px 150px; ······ 行の分割を設定する。縦に4分割するのでGridが5本できる
  grid-template-columns: auto 200px; ······ 列の分割を設定する。横に2分割するのでGridが3本できる。pxで幅を固定することもできる
}

ul.container02 li.item01 {
  background-color: rgb(251, 152, 154);
  grid-row: 1/3; ······ (行) Grid1から3まで表示
  grid-column: 1/2; ······ (列) Grid1から2まで表示
}

ul.container02 li.item02 {
  background-color: rgb(120, 208, 223);
  grid-row: 1/2; ······ (行) Grid1から2まで表示
  grid-column: 2/3; ······ (列) Grid2から3まで表示
}

ul.container02 li.item03 {
  background-color: rgb(232, 216, 126);
  grid-row: 2/3; ······ (行) Grid2から3まで表示
  grid-column: 2/3; ······ (列) Grid2から3まで表示
}

ul.container02 li.item04 {
  background-color: rgb(94, 147, 211);
  grid-row: 3/4; ······ (行) Grid3から4まで表示
  grid-column: 1/3; ······ (列) Grid1から3まで表示
}
```


次ページへつづく

```
ul.container02 li.item05 {
  background-color: rgb(116, 210, 132);
  grid-row: 4/5; ........................ (行) Grid4から5まで表示
  grid-column: 1/2; ..................... (列) Grid1から2まで表示
}

ul.container02 li.item06 {
  background-color: rgb(198, 107, 183);
  grid-row: 4/5; ........................ (行) Grid4から5まで表示
  grid-column: 2/3; ..................... (列) Grid2から3まで表示
}
```

◆ **余白を一括で指定する**

コンテナ（親要素）に「gap」を追加することで、グリッド間の余白を一括指定できます。

```
row-gap: 20px ————— 縦のグリッド間余白
column-gap: 10px; ———— 横のグリッド間余白
gap: 20px 10px; ———— 上2つをまとめたもの
```

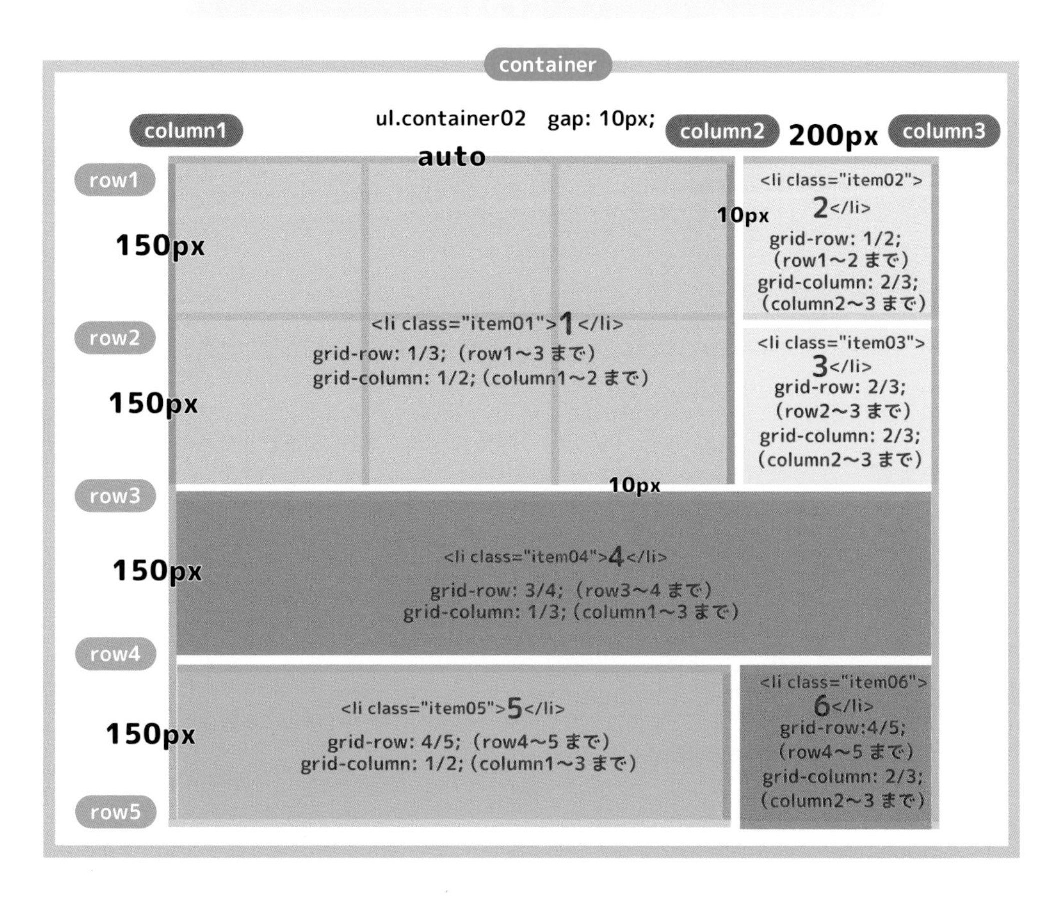

CSS

```
ul.container02 {
  max-width: 720px;
  margin: 2rem auto;
  display: grid;
  grid-template-rows: 150px 150px 150px 150px;
  grid-template-columns: auto 200px;
  gap: 10px; ......... アイテム間の上下左右余白を指定。値が同じ場合は1つでOK
}
```

Column

HTMLとCSSのコメントのコメント機能について

コメントは、コードに対しての説明や、ちょっとしたメモをコード内に残しておくための重要な機能です。

◌HTMLでの基本的な使い方

HTMLのコメントは、**<!---->**の中に記述します。このコメントの行については、ブラウザには表示されません。
主に、コードの説明や更新履歴などをテキストで残したり、更新の際に使うコードなどをコメントで残しておきます。

```
<!-- コメント部分はここ --> ........
<p>段落</p>          コメント部分は非表示
```

◌CSSでの基本的な使い方

CSSのコメントは、**/*------*/**の中に記述します。HTMLと同様に、ブラウザには表示されません。
主に、スタイルの説明やルールを記述します。また、一時的にスタイルを変更したいときに元のスタイルをコメントで残しておき、再使用する際にスームズに差し替えるなどという使い方もできます。

```
/* コメント部分はここ */......... コメント部分は非表示
body {
  font-family: "Hiragino Kaku Gothic ProN", "Hiragino Sans", sans-serif;
  background-color: #f0f0f0;
}
```

HTMLとCSSのコメントをうまく使うことで効率化に役立ちます。しかし、不要なコメントを入れたり、コメントを削除せずにたくさん残していると、コードが理解しづらくなります。
説明が少なくて済むシンプルなコードの記述に努めながら、補助的にコメントを使いましょう。

無料エディタ VS Code

作業環境を整えよう

本書で使うエディタは、Visual Studio Codeです。ここでインストールして操作を解説するパソコンは、macOSを使用しています。

Visual Studio Codeを使いこなそう

インストールしよう

Visual Studio Code（以下VS Code）の公式サイトより（https://code.visualstudio.com/）、ダウンロードページを表示して（https://code.visualstudio.com/download）、自分の環境に合ったアプリケーションをインストールします。

VS Codeを使ってみよう

VS Codeがインストールできたら、さっそく開いてみましょう。

スタート画面

まず覚えておきたいのは、作業するファイルやフォルダーを開く「エクスプローラー」と、プラグインなどをインストールできる「拡張機能」のボタンです。

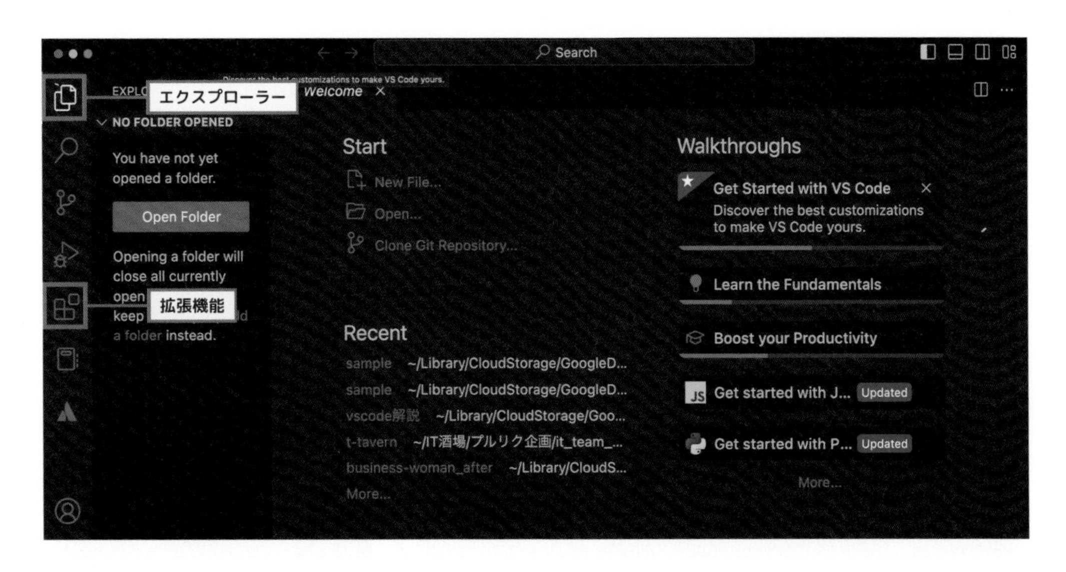

◆ **日本語化プラグインをインストールしましょう**

VS Codeのインターフェイスは英語が標準になっています。日本語に変更するには、「Japanese Language Pack for Visual Studio Code」というプラグインをインストールする必要があります。

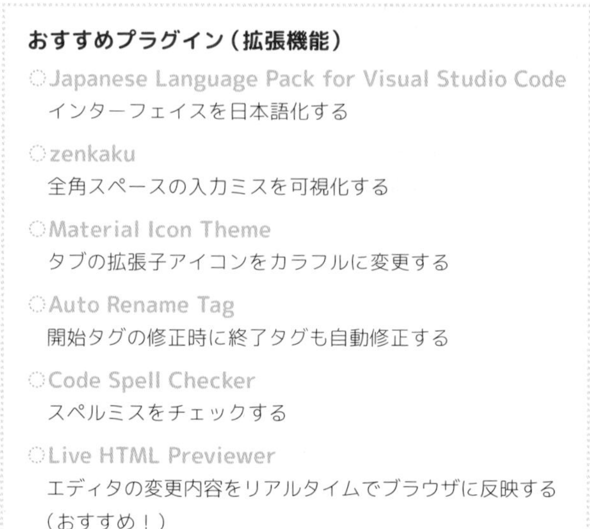

おすすめプラグイン（拡張機能）

◌Japanese Language Pack for Visual Studio Code
インターフェイスを日本語化する

◌zenkaku
全角スペースの入力ミスを可視化する

◌Material Icon Theme
タブの拡張子アイコンをカラフルに変更する

◌Auto Rename Tag
開始タグの修正時に終了タグも自動修正する

◌Code Spell Checker
スペルミスをチェックする

◌Live HTML Previewer
エディタの変更内容をリアルタイムでブラウザに反映する（おすすめ！）

インストールしたらプラグインを有効化して、再起動します。

◆ **フォルダを作ってみよう**

VS Codeのエクスプローラーにある「フォルダーを開く」ボタンをクリックして、作業用のフォルダーを作成します。フォルダー名は半角英数字で入力します。

すでに作業用のフォルダがある場合には、「ファイル」メニューの「フォルダーを開く」を選択して、編集するフォルダを選びます。作成していたファイルをVS Codeのウインドウにドラッグしても使用できます。

▼ VS Codeの「エクスプローラー」

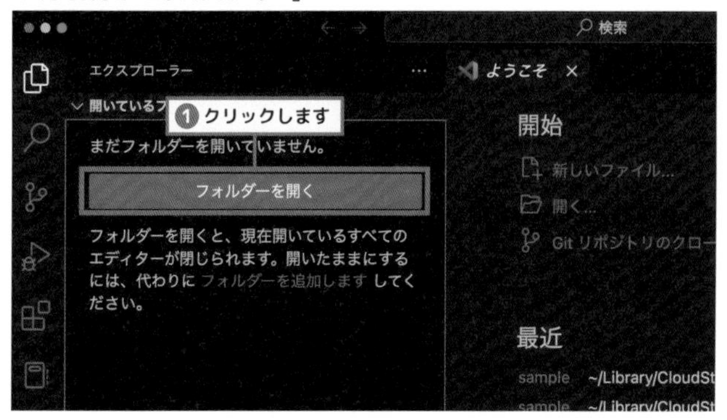

▼ メニューバー

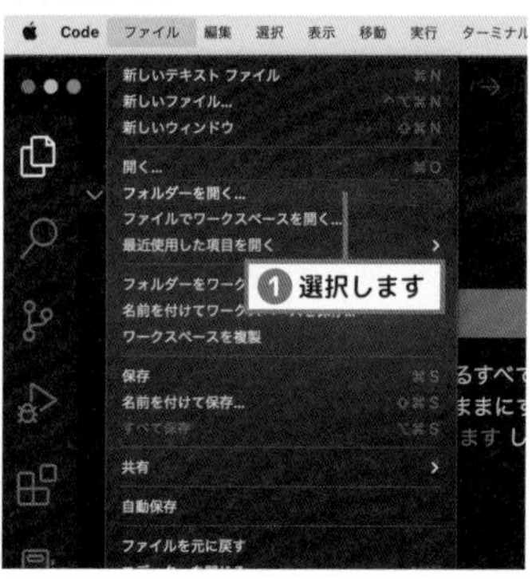

※今回は「SAMPLE」というフォルダ名にしています

◆ HTML、CSSファイルの作成

「新しいファイル」ボタンをクリックして、「index.html」を作成します。
同様の手順で、「style.css」を作成します。

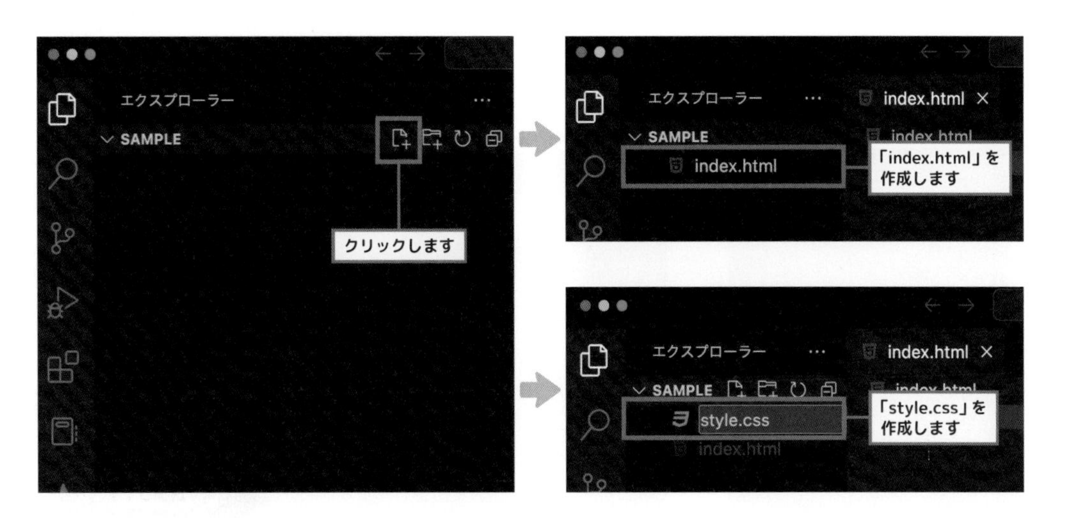

◆ 基本的なファイル構成の見え方の違い

「SAMPLE」フォルダには「index.html」と「style.css」の2ファイルが入っていますが、VS CodeとMacのFinderウインドウやWindowsのエクスプローラーでは表示が異なります。

▼ VS Code

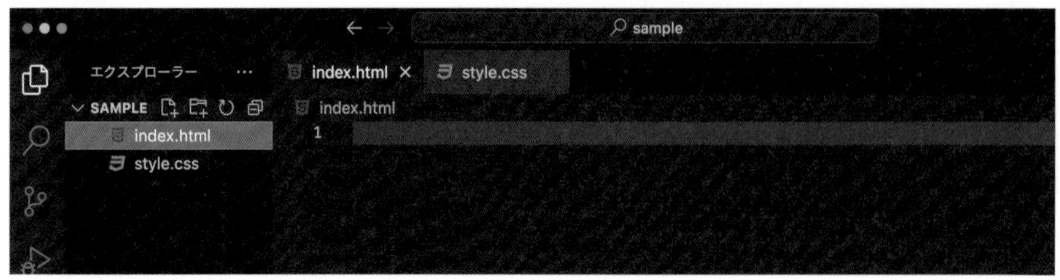

▼ Finder (Mac)

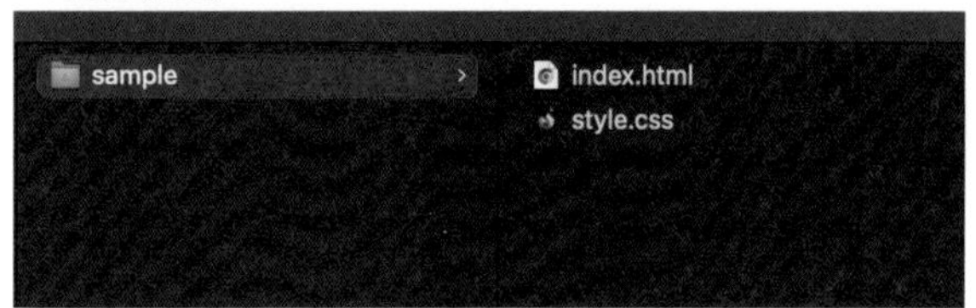

◆ コードをブラウザで確認する

プラグインで「Live HTML Previewer」をダウンロードしてインストールします（42ページ参照）。HTMLファイルを右クリックすると、ショートカットメニューに「Open in browser」という項目が追加されるので、選択するとブラウザ（ここではChrome）が起動して、HTMLファイルを表示します。

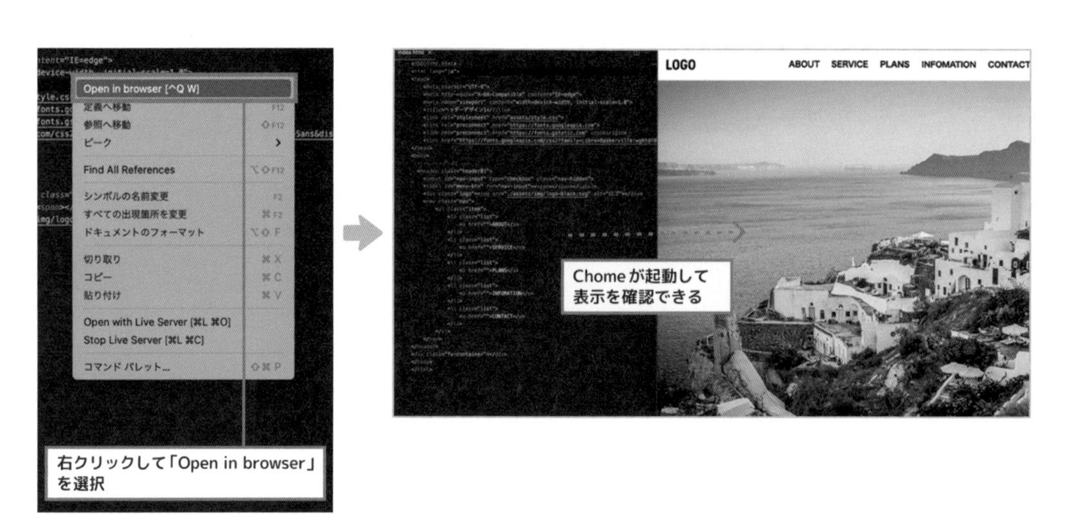

絶対覚えたい！ VS Codeの時短ワザ

◆ ショートカット

ファイルを閉じる	Ctrl / cmd + W キー
新しいファイルを作成する	Ctrl / cmd + N キー
1つ前の状態に戻る（元に戻す）	Ctrl / cmd + Z キー
1つ先の状態に戻る（やり直し）	Ctrl / cmd + Shift + Z キー
コメントアウト	Ctrl / cmd + / キー
コピー	Ctrl / cmd + C キー
貼り付け	Ctrl / cmd + V キー
切り取り	Ctrl / cmd + X キー
編集しているファイル中の文字列の検索	Ctrl / cmd + F キー

コーディングを早くするためのコード補完機能Emmet（エメット）

Emmetは、本来の長いコードを省略して記述できる便利な機能です。文字数を減らすことでタイプする時間を大幅に減らし、効率よくコーディングを進められます。

Emmetはプラグインを導入することで使用できるエディタがほとんどですが、ここでは標準で搭載されているVS Codeで解説します。

◆ タグの入力

「<」「>」を入力しなくても、h1 + Tab キー（または Enter キー）で簡単に記述できます。

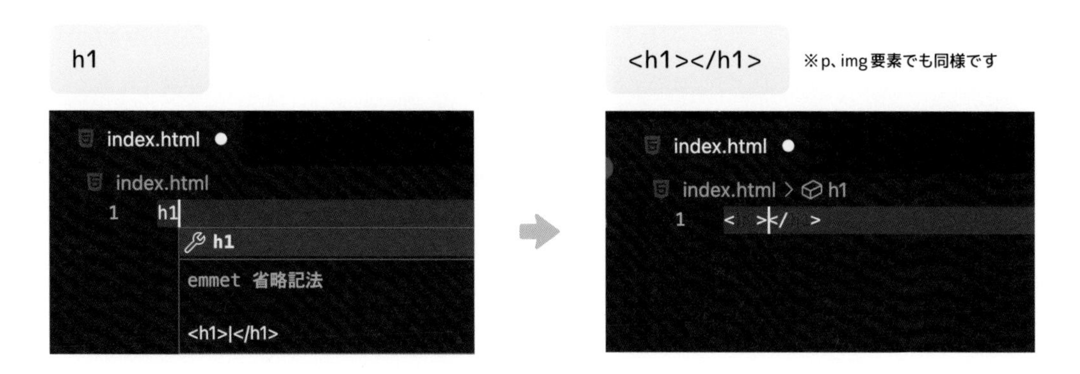

◆ タグの入れ子

「>」を要素名の間に入力することで、タグの入れ子構造を記述できます。

◆ クラスやidを付与する

「.」(ピリオド)を入力すると、<div>タグに**class属性**を付与して記述できます。

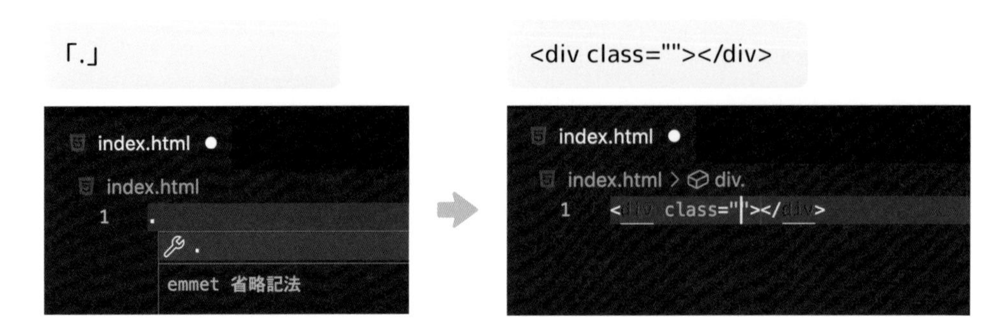

「.」に続けてクラス名を記述すると、**クラス名**を付与できます。

要素名と「.」に続けてクラス名を入力すると、HTMLタグにクラス名を指定して記述できます。

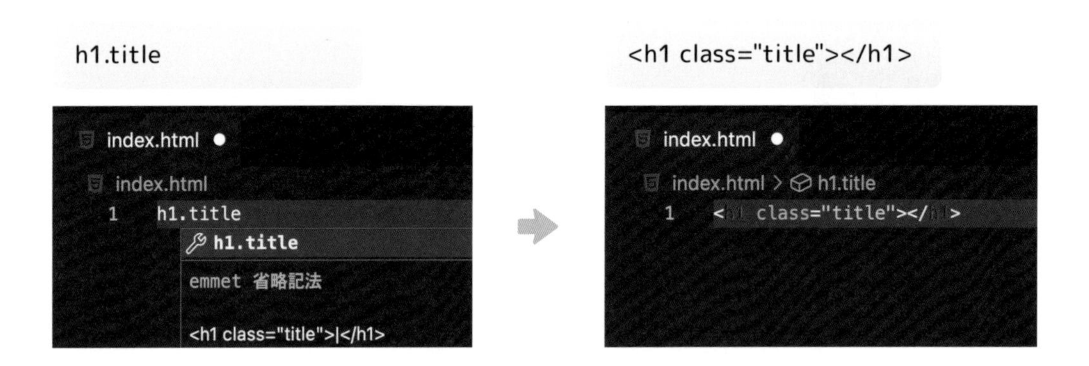

id属性を付与する場合は、「**#**」(ハッシュ)を入力します。

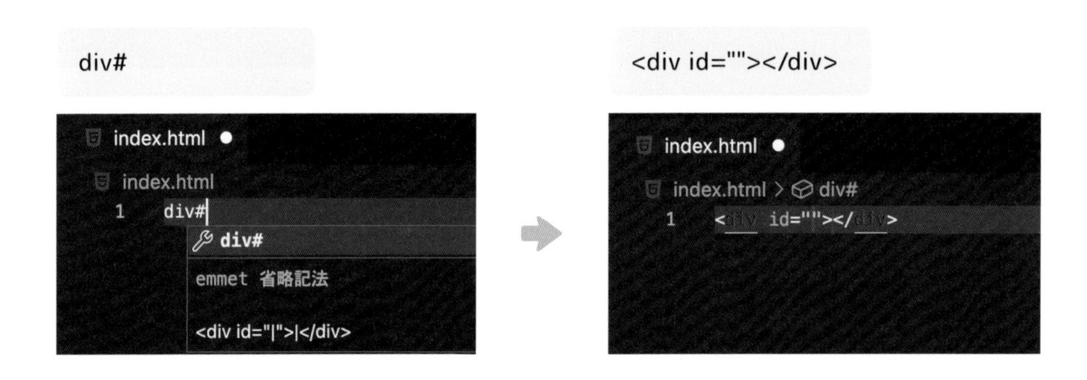

◆ HTMLドキュメントのひな形を展開する

「!」と入力すると、HTMLドキュメントのひな形が展開されます。

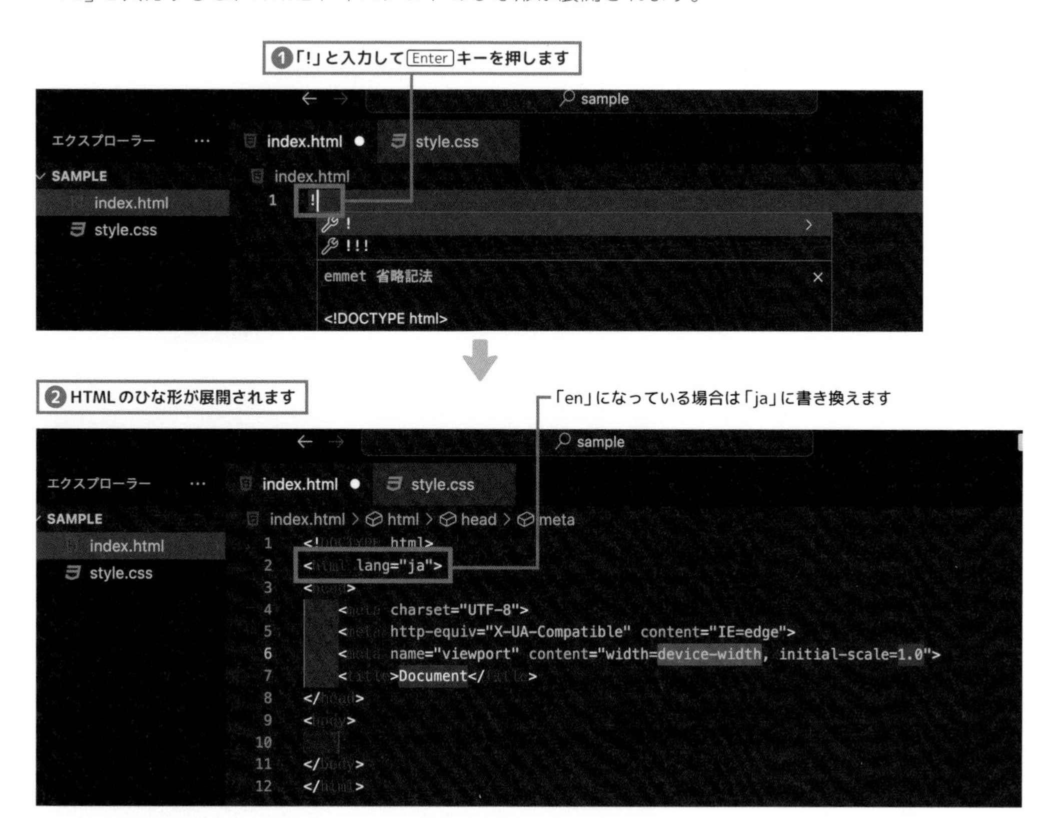

● 自分流に使いこなすVS Codeのカスタマイズ

ここでは詳しく紹介しませんが、ワークスペースのカラーを変えたり、自動保存のオン／オフを切り替えたり、ご自身が使いやすいようにカスタマイズしてみましょう。

「**VSコード カスタマイズ**」と検索すると、色々なカスタマイズ方法を調べることができます。

◆ HTMLドキュメントのひな形のlang属性を日本語に変更する

「Code」メニューの「基本設定」にある「設定」を選択し、「設定」タブの検索窓に「**Emmet**」と入力して検索します。

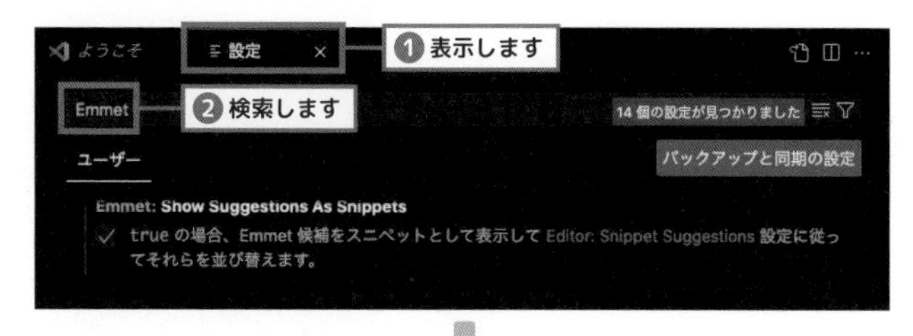

画面下部にある「Emmet: **Variables**」の「項目の追加」ボタンをクリックします。
「値」に「**ja**」と入力して、「OK」ボタンをクリックします。

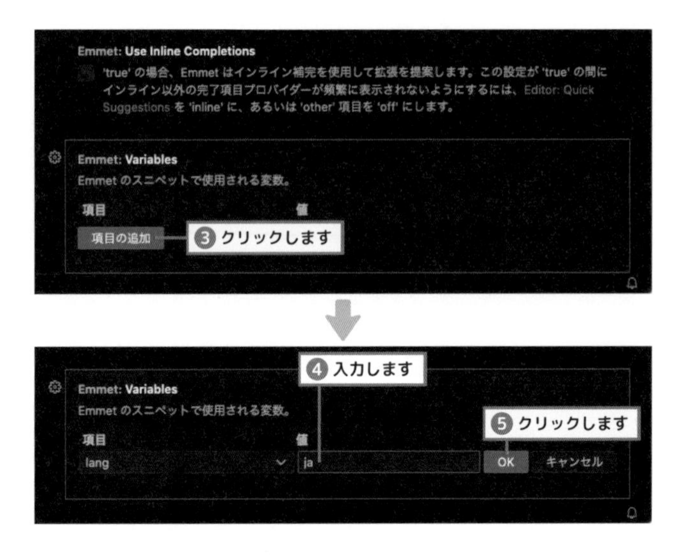

◆ **行の折り返しをオンにする**

「設定」タブの検索窓に「**Word Wrap**」と入力して検索します。
「Diff Editor: **Word Wrap**」を「on」に設定します。

脱・コーディング初心者

CSS設計とは

CSSに慣れてきたら、CSS設計について考えてみましょう。CSS設計とは、CSSコードの管理方法とHTMLでのクラス名の規則を決めて、効率的にコード管理をするための記述方法です。

● CSSは設計ルールが大切

HTMLとCSSは、書き方、順番、クラス名などを自由に記述することができるので、コーダーのクセが出やすくなります。小規模なサイトであればさほどの影響はありませんが、大規模な制作やチームで制作するときに、各々がバラバラな記述だと共同作業に支障が生じることがあります。

そんなときに便利なのが、**公開されているCSS設計の記述方法**です。チームでのワークフローに取り入れて統一した記述方法を採用するとよいでしょう。

● FLOCSS（フロックス）

FLOCSSは、「CSS設計の教科書」の著者でも有名な谷拓樹さんが提唱した定番のCSSの設計手法です。FLOCSSのF・L・Oは、CSSファイルを保存するフォルダの構成要素となる**F**（Foundation）、**L**（Layout）、**O**（Object）の頭文字を取っており、またO（Object）の中には、Component、Project、Utilityなどから成り立っています。

◆ フォルダ構成（公式サイトより）

- Foundation　サイト全体のスタイルを格納する
- Layout　サイトを構成するヘッダーやメインのコンテンツエリア、サイドバーやフッターなど、プロジェクトに共通するものを格納する
- Component　サイト全体で再利用できるものを指定する
- Project　プロジェクト固有のページごとのスタイルを指定する
- Utility　ComponentとProjectに該当しないスタイル調整のための便利なクラスなどを指定する

例HTML

```
<div class="p-contact__wrap" >
    <h2 class="p-contact__cont-ttl">タイトルが入ります</h2>
    <p class="p-contact__cont-txt p-contact__cont-txt--small">テキストが入ります</p>
    <p class="p-contact__cont-txt p-contact__cont-txt--big">テキストが入ります</p>
</div>
```

● 引用サイト

https://tane-be.co.jp/knowledge/web-design/2270/

● 公式サイト（GitHub）

https://github.com/hiloki/flocss

● BEM（ベム）

BEMは、厳格なclass名の命名ルールが特徴的なCSSの設計手法です。

Block **E**lement **M**odifierの略語となっています。

- Block ➡ 大枠となる独立した要素（ブロック）
- Element ➡ ブロックの中の要素（エレメント）
- Modifier ➡ ブロックやエレメントのスタイル

◆ 記述ルール

- BlockとElementはアンダースコア2つで区切る
- ElementとModifierはハイフン2つで区切る
- ハイフンとアンダースコアは2つ
- Block, Element, Modifierが複数の単語になる場合、単語と単語の間はハイフン1つで区切る
- ハイフン1つの場合はElementとModifierの区切りではなく、ただの単語の区切りとして使用

例HTML

```
<div class="card">
  <img class="card__image" src='sample.jpg' alt="写真">
  <h1 class="card__title">タイトルが入ります</h1>
  <p class="card__description">テキストが入ります</p>
</div>
```

● 公式サイト

https://en.bem.info/methodology/

◆ 命名規則で悩んだときの便利ツール　codic（https://codic.jp/）

codicは、プログラマやコーダーのためのネーミングのプラットフォームです。

日本語を左のペインに入れると、右ペインに欧文のネーミング候補が表示されます。VS Codeとも連携できます。

おすすめ素材サイト＆ジェネレーター集

著作権フリー素材

写真AC
https://www.photo-ac.com/

イラストAC
https://www.ac-illust.com/

Pixabay
https://pixabay.com/ja/

便利ジェネレーター

Epic Spinners（ローディングアニメーション）

定番から奇抜なアニメーションまで、コピー＆ペーストで実装できるローディングアニメーション素材集です。

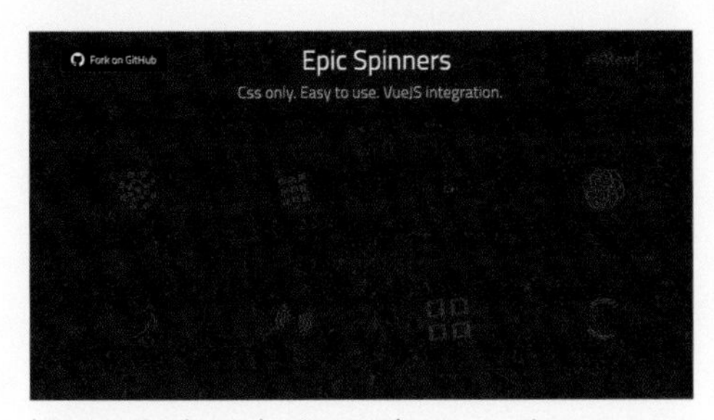

https://epic-spinners.epicmax.co/

Glassmorphism CSS Generator by Hype4 Academy

直感的な操作で、磨りガラスのようなデザイン「グラスモーフィズム」が作成できるジェネレーターです。

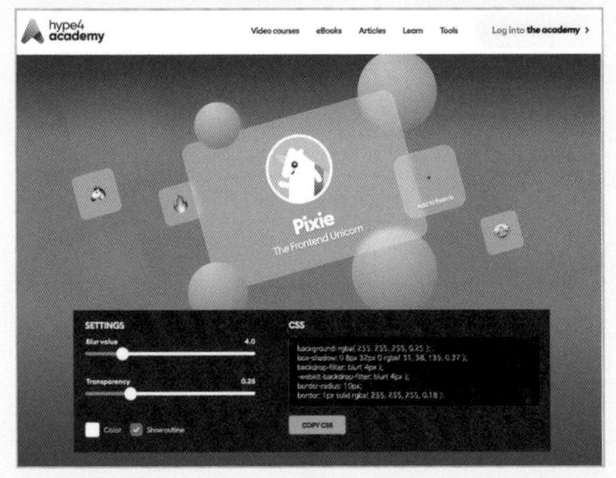

https://hype4.academy/tools/glassmorphism-generator

Neumorphism.io

思わず撫でたくなる質感を再現できる「ニューモーフィズム」が作成できるジェネレーターです。難しい影の調整も、いい感じに仕上げてくれます。

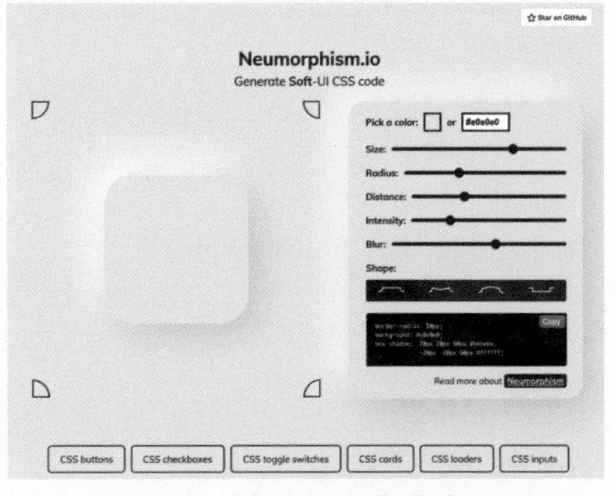

https://neumorphism.io/#e0e0e0

次ページへつづく

Smooth Shadow

美しいボックスシャドウを簡単に作成できるジェネレーターです。

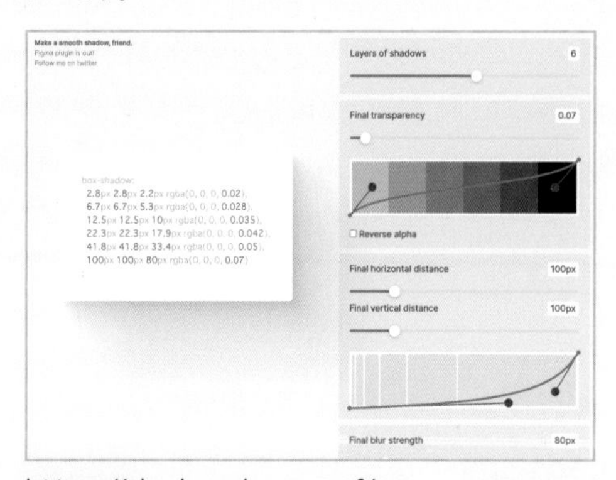

https://shadows.brumm.af/

Blob generator

難しい流体シェイプを直感的に作成できるジェネレーターです。SVG形式で保存もできるので、画像として使用することもできます。

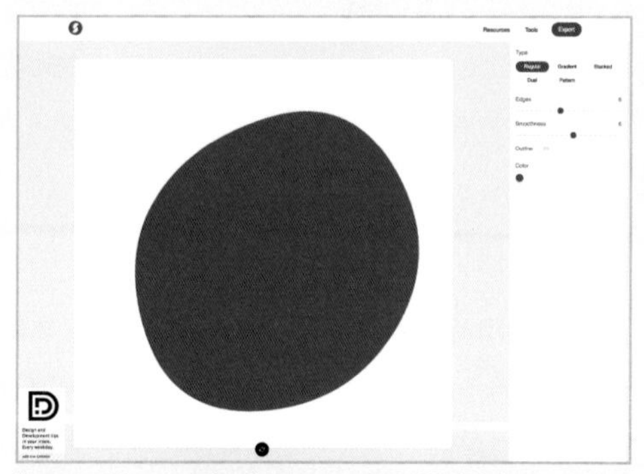

https://superdesigner.co/tools/blob-generator?type=Regular

CSS Section Separator Generator

様々な形のセクション区切りが作成できるジェネレーターです。CSSコードなので、レスポンシブなデザインにも対応しています。

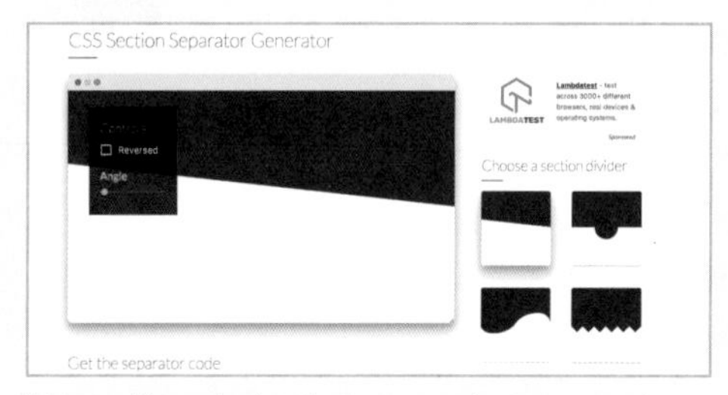

https://wweb.dev/resources/css-separator-generator/

CSS Gradient

美しいグラデーションが簡単に作成できます。
色数を増やすこともできるので、複雑なグラデーションも再現できます。

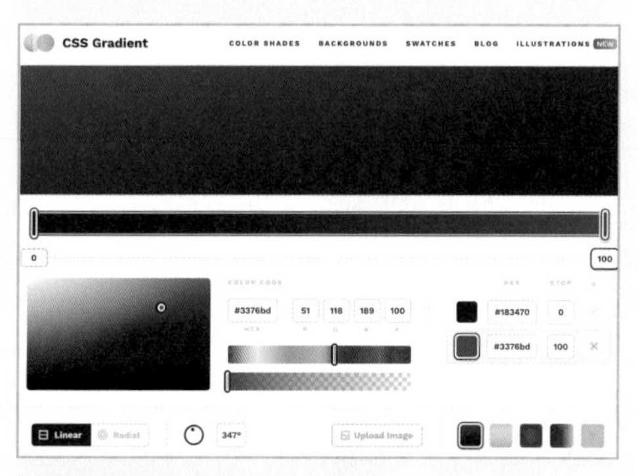

https://cssgradient.io/

Hamburger Button Generator

自作すると大変なハンバーガーメニューを、好きな値を指定するだけで簡単に作成できるジェネレーターです。

https://zarigani-design-office.com/hamburger/

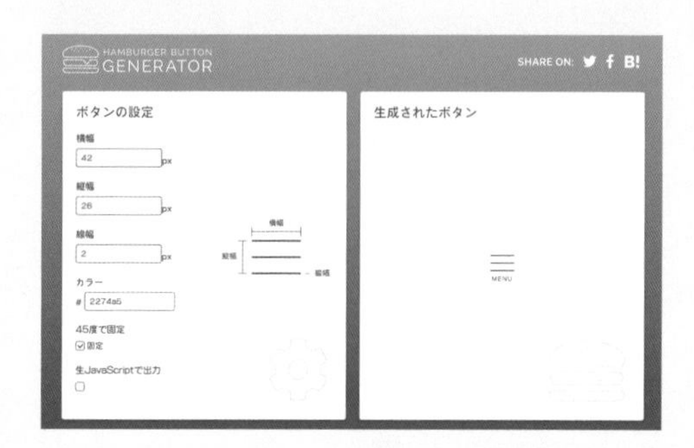

Chapter

2

HTMLとCSSで簡単アニメーション

transition-delayプロパティで作る

マウスホバーアニメーション

ボタンを変化させたり絵を動かすなどのアニメーションは、CSSやJavaScriptを使って制御することができます。CSSを使ったアニメーションは、マウスオーバーなどシンプルな動きのタイプに適しています。
最初に、メインビジュアルやカードレイアウトなど使いやすいマウスホバーアニメーションを作ってみましょう。

時間差で動くアニメーション

transition-delayプロパティを使って、指定した時間が経過した後に動くアニメーションを作ります。設定した要素上にマウスカーソルが来ると、設定した時間後に四角形のボーダーが延びて、四角形の内側にある背景が半透明にぼかされるアニメーションです。

疑似要素は、CSSで要素の特定の部分にスタイルを適用するために使う擬似的な要素です。疑似要素を使うと、HTMLコードを変更しないで装飾を適用できるメリットがあります。

通常、セレクタの末尾に**::before**や**::after**などの疑似要素をつけて定義し、主に要素の内容の前や後にスタイルを追加する際に使用されます。

ここでは、マウスオーバーを設定したときに::beforeと::afterの幅と高さが100%の長さに伸びて、背景が白色、不透明度が10%になり、blurでぼかした効果に変わります。

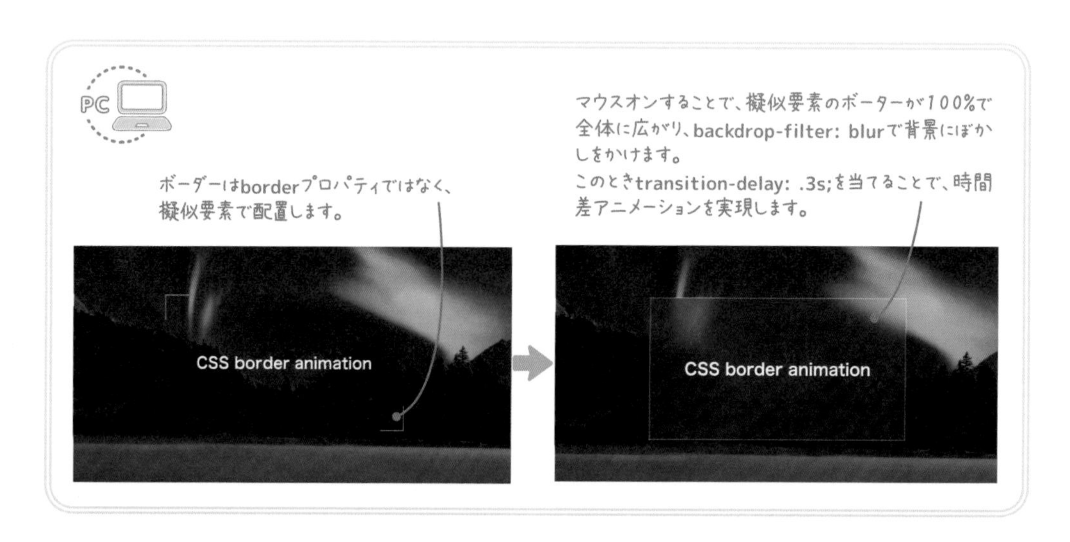

PC
ボーダーはborderプロパティではなく、擬似要素で配置します。
マウスオンすることで、擬似要素のボーターが100%で全体に広がり、backdrop-filter: blurで背景にぼかしをかけます。
このときtransition-delay: .3s;を当てることで、時間差アニメーションを実現します。
CSS border animation
CSS border animation

HTML　sample/chapter2/2-1/index.html

```
<!DOCTYPE html> ………… ドキュメントタイプをhtmlに指定
<html lang="ja"> ………… 使用する言語をja(日本語)に設定
  <head>
  <meta charset="UTF-8">
  <meta http-equiv="X-UA-Compatible" content="IE=edge">………… IEブラウザに対して最新を使用するように指示
  <meta name="viewport" content="width=device-width, initial-scale=1.0">………… 表示領域を指定
   <title>アニメーション1</title> ………… ページタイトルを入れる
    <link href="style.css" rel="stylesheet"> ………… CSSのリンク先とファイル形式を指定
  </head>
  <body>
  <div class="box"> ………… 親要素
  CSS border animation ………… テキストを入力する
  </div>
  </body>
</html>
```

（<!DOCTYPE html>～<body>：共通）
（</div>～</html>：共通）

CSS　sample/chapter2/2-1/style.css

```
body {
  width: 100%;
  height: 100vh;
  background: url(./img/fv01.jpg)no-repeat;
  background-size: cover; ………… 背景画像を親要素いっぱいに広げてトリミングする
}
.box {
  width: 520px;
  height: 280px;
  margin: 13% auto 0;
  display: flex; ………… テキストを上下左右中央寄せにする
  align-items: center;
  justify-content: center;
  color: #fff; ………… フォントの色
  font-size: 32px; ………… フォントのサイズ
  font-weight: bold; ………… フォントの太さ
  position: relative;
  transition: .4s; ………… 0.4秒かけてアニメーションする
}
.box::before { ………… 左上のボーダー
  content: "";
  width: 50px;
```

次ページへつづく

```
  height: 50px;
  border-top: 2px solid rgba(255,255,255,0.5);
  border-left: 2px solid rgba(255,255,255,0.5);
  position: absolute;
  top: -1px; ………… ボーダーをピッタリ合わせるために1pxずらす
  left: -1px;
  transition: .4s;
  transition-delay: .5s; ………… マウスを外した時に、0.5秒後にボーダーが引っ込む
}
.box::after { ………… 右下のボーダー
  content: "";
  width: 50px;
  height: 50px;
  border-bottom: 2px solid rgba(255,255,255,0.5);
  border-right: 2px solid rgba(255,255,255,0.5);
  position: absolute;
  bottom: -1px; ………… ボーダーをピッタリ合わせるために1pxずらす
  right: -1px;
  transition: .4s;
  transition-delay: .5s; ………… マウスを外した時に、0.5秒後にボーダーが引っ込む
}
.box:hover:before,
.box:hover::after {
  width: 100%; ………… ボーダーを横幅いっぱいに広げる
  height: 100%; ………… ボーダーを縦幅いっぱいに広げる
  border-color:rgba(255,255,255,0.3); ………… 不透明度を少し下げる
  transition-delay: 0s; ………… マウスオンした時に、0秒後にボーダーが広がる
                                 ※上記のtransition-delay: .5s;を打ち消すため
}
.box:hover {
  background: rgba(255,255,255,0.1); ………… 白色、不透明度10%の背景色
  backdrop-filter: blur(15px); ………… 背景をぼかす
  transition-delay: .3s; ………… マウスオンした時に、0.3秒後に背景色がつく
}style.css@charset "UTF-8";
```

Section
2-2

tranceformプロパティで作る

拡大して動くボタン

マウスオーバーすると文字を大きくしながら背景のグラデーションを動かし、文字がボタン内で拡大しているように見えるアニメーションです。申込みボタンなどコンバージョンのポイントとなるような部分で使うとよいでしょう。

background-sizeとtransform:scaleで作るボタン

マウスオーバーすると、button要素はtransition: all 0.5sですべてのプロパティが0.5秒でマウスオーバーの状態に変化し、button span要素のテキスト部分はtransition: all 0.25sですべてのプロパティが0.25秒で変化します。

transitionプロパティは、通常の表示とマウスオーバー時の表示の間の変化するプロパティや時間などを指定します。ここでは「all」なので、すべてのプロパティに変化が適用されます。

background-positionプロパティは背景画像の位置を指定します。ここでは、マウスオーバー時に背景のグラデーションを動かします。background-position: left、background-position: 50%,20%、background-position: 30px,10pxのようにキーワードや%、pxで数値指定することができます。

この例では、1つ目が左からの距離（ヨコ）、2つ目が上からの距離（タテ）を計算するので、background-position: 100% 0は、左から100%、上から0の位置になります。

button: hover span要素には、**tranceformプロパティのscale()関数**を使って「MORE」の文字を拡大させます。scale(x,y)でx軸方向、y軸方向の拡大・縮小率を指定します。scale(1.1)とすると、xy軸の両方に1.1倍に拡大します。

PC
MORE
MORE
background-size: 200% 100%で左右方向に2倍にグラデーションを拡大します。
background-positionを使って背景のグラデーションを動かして、spanで囲った文字のみtransform: scale(1.1);で拡大します。

HTML　　sample/chapter2/2-2/index.html

```
：（省略）                                   共通HTML
<button><span>MORE</span></button>          ボタン内に入れるテキストを<span>タグの中に入れる
：（省略）                                   共通HTML
```

CSS　　sample/chapter2/2-2/style.css

```
body {
    text-align: center;                     テキストを中央寄せにします
    padding-top: 16rem;
  }
  /* ボタンリセット */
  button {
    background-color: transparent;          デフォルトの背景色を透明に
    border: none;                           線を無くす
    cursor: pointer;                        マウスオンでカーソルをポインター（指）に変化
    outline: none;                          外側の線を無くす
    padding: 0;                             余白を無くす
    appearance: none;                       デフォルトCSSを打ち消す。これだけで打ち消せない場合は、
                                            上記のリセットCSSを併用する
  }
  button {
    padding: 8px 80px;
    border-radius: 50px;
    background-image: linear-gradient(      線形グラデーション
      130deg,                               グラデーションの角度
      rgba(255, 0, 165, 1),                 グラデーションの開始色
      rgba(191, 233, 255, 1)                グラデーションの終了色
    );
    background-size: 200% 100%;             背景を拡大して自然に見せる
    transition: all 0.5s;                   アニメーションのスピードを0.5秒に指定。「all」と指定する
                                            ことで、要素の位置、サイズ、色、不透明度など、すべてのプロ
                                            パティに対してトランジション効果が適用されます
  }
  button span {
    display: inline-block;
    font-family: Oswald;                    フォントを指定
    font-weight: 600;                       フォントの太さを指定
    font-size: 24px;                        フォントのサイズを指定
    letter-spacing: 0.1em;
    color: #fff;
    transition: all 0.25s;                  すべての要素が0.25秒で変化
  }
  button:hover {
```

ボタンの初期スタイル

次ページへつづく

```
  background-position: 100% 0; ………… 背景の位置を動かす
}
button: hover span {
  transform: scale(1.1); ………… 文字だけを拡大する
}style.css@charset "UTF-8";
```

● グラデーションプロパティの構文

プロパティ名	意味
linear-gradient	線形グラデーション **構文：linear-gradient(角度・方向, 開始色, 途中色, 終了色);** 角度・方向はtoの後にtop、bottom、left、rightのように、方向のキーワードを指定。斜めの場合は「to bottom right」のように指定。角度は45degのように指定。 途中色は省略可能。色の指定方法は、キーワード、rgbaで指定。色の後に半角空けてpxや%でグラデーションの位置を指定可能。
repeating-linear-gradient	繰り返し線形グラデーション **構文：repeating-linear-gradient(角度・方向, 開始色 位置, 途中色 位置, 終了色 位置);** 開始色、終了色のグラデーションを繰り返す。ストライプを作成するときに使用する。開始色、終了色の位置は省略しない。 角度・方向、色の指定方法はlinear-gradientと同じ。
radial-gradient	放射グラデーション **構文：radial-gradient(形状とサイズ at 中心位置, 開始色, 途中色, 終了色);** 開始色から終了色への放射グラデーション。形状ではellipseかcircleを選択。縁のサイズをpxか%で指定。中心位置をatの後に縦位置、横位置を指定。角度・方向、色の指定方法はlinear-gradientと同じ。
repeating-radial-gradient	繰り返し放射グラデーション **構文：repeating-radial-gradient(形状・サイズ at 中心位置, 開始色 位置, 途中色 位置, 終了色 位置);** 開始色、終了色の放射グラデーションを繰り返す。 形状・サイズ、中心位置、色の指定方法はradial-gradientと同じ。
conic-gradient	円錐グラデーション **構文：conic-gradient(from 開始位置 at 水平中心位置 垂直中心位置, 開始色 位置, 途中色 位置, 終了色 位置);** 開始位置からの開始色から終了色への円錐グラデーション。 fromとatは省略可能。
repeating-conic-gradient	繰り返し円錐グラデーション **構文：repeating-conic-gradient(from 開始位置 at 水平中心位置 垂直中心位置, 開始色 位置, 途中色 位置, 終了色 位置);** 開始位置からの開始色から終了色への繰り返し円錐グラデーション。 fromとatは省略可能。

Section 2-3

position: absoluteで作る

テキストにアイコンを重ねると動くボタン

マウスオーバーした際に、文字が入った角丸四角形のボタンが丸いアイコンに変化するアニメーションです。大きさも変わり、無意識にマウスカーソルを重ねたときに目が行くので、Webページの中で特に読んでもらいたい部分の近くに配置するとよいでしょう。

アイコンはborderプロパティで作ろう！

btnクラスには角丸四角形を描画して、白抜きのテキスト「Next」を重ねます。マウスオーバー後の表示には0.2秒で遷移します。.btn .textクラスにはdisplay: blockでブロック要素を指定します。.btn .iconクラスには**position: absolute;**を使って、テキストとアイコンを重ねています。

absoluteを指定する要素の親要素.btnにrelativeを指定し、親要素を起点にtop、bottom、left、rightそれぞれ0にして上下左右中央寄せにしています。指定がない場合には、ブラウザウインドウ全体を親要素として基準にした位置に配置されます。

>アイコンは、border-right: 3px solid #fffとborder-top: 3px solid #fffで幅3pxの白い実線を垂直、水平に描き、それをtransform: rotate(45deg)で45度回転させます。

マウスオーバーすると、幅50pxの黒い楕円（正円）と>が表示されます。このとき、>の表示はtransition-delay: .3sで0.3秒遅らせています。

テキストの非表示やアイコンの表示は、**opacityプロパティ**でコントロールしています。

PC
Next
<button>タグの中に<span>タグの.textと.iconクラスでテキストと>を配置します。
position: absolute;で.iconを重ねて、opacity: 0;で非表示にしています。
マウスオンすることで、逆に.textをopacity: 0;で非表示に、.iconはopacity: 1;で表示しています。
この時に、transition-delay: .3s;を使ってアニメーションの開始を遅らせてタイミングを合わせています。

HTML　　sample/chapter2/2-3/index.html

```
：（省略） ……… 共通HTML
<button class="btn">
  <span class="text">Next</span> ……… ホバー前に表現させるテキストを入れる
  <span class="icon"></span> ……… CSSで>を表現するので何も入れない
</button>
：（省略） ……… 共通HTML
```

CSS　　sample/chapter2/2-3/style.css

```
body {
  text-align: center;
  padding-top: 10rem;
}
.btn {
  display: inline-block; ……… ボタンをインラインブロック要素として表示
  border: none;
  width: 140px; ┐
  height: 50px; ┘……… ボタンのサイズ
  background-color: #6FD2E1;
  border-radius: 6px; ……… ボタンを角丸に
  font-size: 24px;
  color: #fff;
  font-weight: bold;
  position: relative; ……… 要素を相対位置に配置
  transition: .2s; ……… 0.2秒で動くように
}
.btn .text {
  display: block; ……… text要素をブロック要素として表示
  transition: .28s; ……… アニメーション速度
}
.btn .icon { ……… 変化後のボタンアイコンのセクタ
  width: 10px;
  height: 10px;
  border-right: 3px solid #fff; ┐
  border-top: 3px solid #fff;   ┘ ¬ ── 長さ10px、幅3pxのボーダー
  transform: rotate(45deg); ……… 45度回転
  position: absolute; ……… テキストにアイコンを重ね、上下左右中央寄せに
  top: 0;
  bottom: 0;
  left: 0;
```

次ページへつづく

```
  right: 0;
  margin: auto;
  opacity: 0; ······························ 初期状態は非表示
}
.btn:hover { ································ マウスオン
  border-radius: 50%; ······················ 円にする
  background-color: #333;
  width: 50px;
  cursor: pointer;

}
.btn:hover .text {
  opacity: 0; ······························ テキストは非表示に
}
.btn:hover .icon {
opacity: 1; ································ アイコンを表示
transition-delay: .3s; ····················· アイコンが表示されるまでの時間を指定
}style.css@charset "UTF-8";
```

opacity: 0で非表示状態を作る

スライドインする アニメーション

写真とそれに合わせたテキストの両方を伝えたいときに、マウスオンで下から上にスライドインするアニメーションを作ってみます。スライドイン後の写真は暗くなり、テキストが読みやすくなるように工夫します。

positionでスライドする方向を自由に決められる

opacityプロパティは不透明度を設定するプロパティです。0で非表示に、1で表示になります。下から上にスライドインする効果は、position: absoluteとbottom: 0でテキストを下に配置しopacity: 0で非表示にしておきます。

マウスオーバー後にtransitionで0.3秒かけてテキストと暗い写真が下から上にスライドインし、opacity: 1の状態になり表示されます。

● リセットCSS

実装する前に、**リセットCSS**を記述するのがポイントです。リセットCSSは、ウェブブラウザのスタイルシートに含まれるデフォルトのスタイルをリセットするために使用します。

ウェブブラウザは、要素にデフォルトのスタイルを適用します。しかし、異なるブラウザ（ChromeやSafari）やデバイス間（Windows、Mac、iPhoneなど）でデフォルトスタイルが異なる場合があります。このデフォルトスタイルが適用されることで、予期しない見た目やスタイリングの差異が生じる場合があります。リセットCSSは、上記の問題を解決するために使用します。

box-sizingでは、要素の幅と高さに「paddingとborderを含めるかどうか」を指定します。含めない場合、要素にpaddingやborderを追加すると、要素全体のサイズが大きくなります。

border-boxにすると含めるという指定になり、CSSが扱いやすくなります。

flex-directionプロパティでは、フレックスコンテナの主軸の方向を指定することができます。

columnは、上から下に垂直に配置されます。

そのため、フレックスアイテムでありながら、要素を垂直（縦）に並べることができます。

本来、**justify-content: center;**は左右に均等配置（左右中央寄せ）となりますが、flex-direction: column;で主軸を垂直（縦）に変更しているため、上下中央寄せの効果が得られます。

justify-contentプロパティは、フレックスコンテナの主軸に沿って、中身のアイテムの間や周囲に間隔を配置します。

PC
Card hover animation
マウスオンで要素がスライドインする
CSSアニメーションです
初期状態は.contentをbottom: 0;、height: 0、opacity: 0;を使って、下に配置+非表示にしています。
マウスオーバーすると、.contentをheight: 100%;で縦幅いっぱい、opacity: 1;で表示となり、下から上にスライドインするアニメーションにしました。

HTML　　sample/chapter2/2-4/index.html

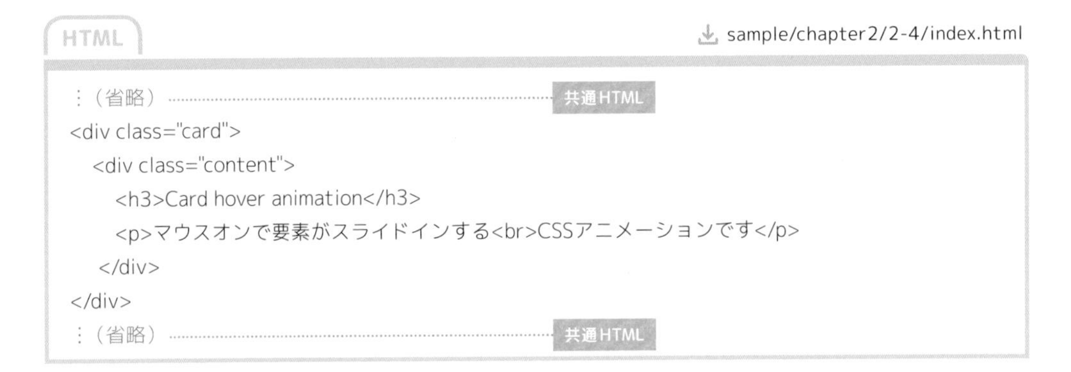

```
:（省略） ........................................ 共通HTML
<div class="card">
  <div class="content">
    <h3>Card hover animation</h3>
    <p>マウスオンで要素がスライドインする<br>CSSアニメーションです</p>
   </div>
</div>
:（省略） ........................................ 共通HTML
```

CSS　　sample/chapter2/2-4/style.css

```
  * { ........................................ 「*」は、全要素に対して適用するセレクタ
box-sizing: border-box; ...................... 最低限のリセットCSS
  margin: 0; ................................. 外側の余白をなくす
  padding: 0; ................................ 内側の余白をなくす
}
body {
  width: 100%;
  height: 100vh; ............................. ビューポートの高さに対する割合
  text-align: center;
```

次ページへつづく

```
  background-color:rgba(19, 18, 16, 0.6); ……… 背景色は写真に合わせた黄色みのあるグレー
}
.card { ……… 最初に表示しておくカードデザイン
  width: 380px;
  height: 420px;
  border-radius: 16px;
  margin: 5% auto 0; ……… 上に5%、左右auto、下に0のmarginを指定。これによって、左右中央寄せしつつ、上に5%の余白をつけます
  background: url(./img/fv01.jpg)no-repeat; ……… 背景の写真画像
  background-size: cover; ……… 要素全体を覆うように自動的に背景画像が広がる
  box-shadow: 0px 5px 20px 0px rgba(19, 18, 16, 0.35); ……… 写真に合わせた黄色みのある影
  position: relative;
}
.card .content { ……… 最初は非表示の暗い背景とテキスト
  background-color: rgba(19, 18, 16, 0.6); ……… 黒の背景色を不透明度60%で敷く
  padding: 32px;
  width: 100%;
  height: 0; ……… 縦幅0にすることで、縦にスライドする
  border-radius: 16px;
  display: flex; ……… 子要素をフレックスアイテムにするために指定
  flex-direction: column; ……… 横並びを縦に矯正
  justify-content: center;
  position: absolute;
  bottom: 0; ……… 下からスライドインするために0を指定。上からはtop: 0;を指定
  opacity: 0; ……… 要素を非表示に
  transition: .3s; ……… マウスオーバーしたときの遷移秒数0.3秒
}
.card:hover .content {
  height: 100%; ……… 縦幅いっぱいに広げてスライドインを表現
  opacity: 1; ……… 要素を表示する
}
.card .content h3 { ……… マウスオーバーで表示するh3テキスト
  color: #fff;
  font-size: 24px;
  margin-bottom: 16px;
}
.card .content p { ……… マウスオーバーで表示するpテキスト
  color: #fff;
  font-size:16px;
}
```

filterプロパティで作る

自転する惑星のような楕円形アニメーション

グラデーションが移動して円内で回転しているように見えるアニメーションです。目立たせたい見出しの先頭マークなどに使うと効果的です。

filter: hue-rotateで色を回転させよう

幅200px、高さ200pxの正円を作成して、**グラデーション**を指定します。

box-shadow: inset 0 0 8px 1px rgb(185, 191, 193)では、insetで**領域の内側にシャドウ**をかけます。それに続く数値は、水平オフセット0、垂直オフセット0、ぼかし距離、スプレッド距離になります。最後にRGBAカラーを指定します。

animationプロパティには、アニメーションの名前、時間、動きのタイミング、反復方法、方向などの様々なオプションがあります。ここでは、**ショートハンド**を使って短く記述しています。

animation: rotate 2s alternate infiniteの記述のrotateはアニメーションの名前、2sはアニメーションにかかる時間、alternateで順方向から逆方向へ交互に再生、infiniteで無限に繰り返します。

transitionプロパティでは2点間の遷移に対してのみ指定できるのに対し、**animationプロパティ**では再生回数、ループ、アニメーション方向の指定ができます。

色の変化は、色相変換効果の**filterプロパティ**を使っています。

@keyframesに続けて名前を指定して、filterプロパティのhue-rotate()関数に1turnを指定し、360度の色循環を指定します。

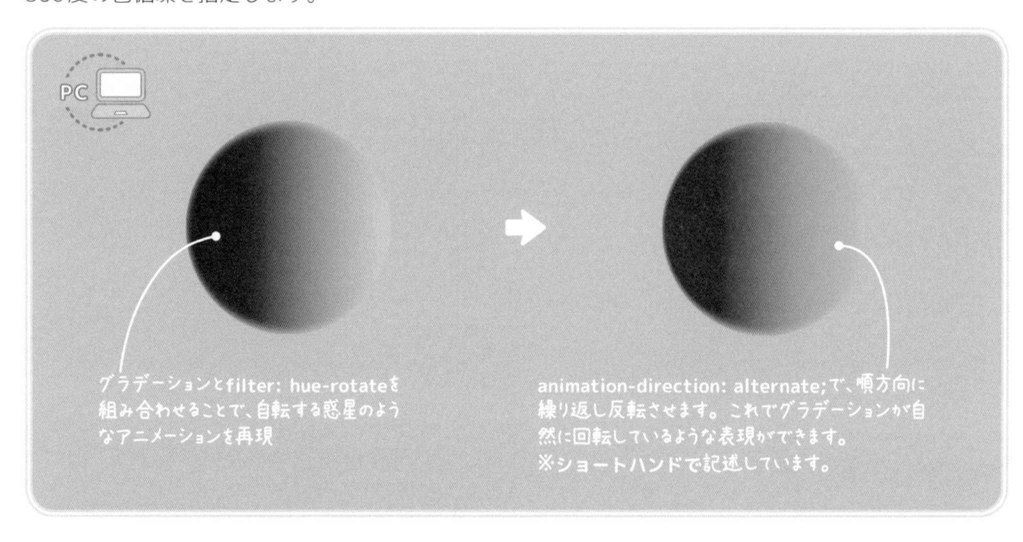

PC
グラデーションとfilter: hue-rotateを組み合わせることで、自転する惑星のようなアニメーションを再現
animation-direction: alternate;で、順方向に繰り返し反転させます。これでグラデーションが自然に回転しているような表現ができます。
※ショートハンドで記述しています。

HTML

sample/chapter2/2-5/index.html

```
：（省略）……………… 共通HTML
<div class="circle"></div>
：（省略）……………… 共通HTML
```

CSS

sample/chapter2/2-5/style.css

```
body {
  background-color: rgb(35, 33, 37); ……… 背景色
}
.circle {
  width: 200px;
  height: 200px; ……… 円の大きさを指定
  margin: 10rem auto; ……… 余白を10remに
  background-image: linear-gradient(90deg, rgba(52, 59, 202, 1), rgba(162, 120, 182, 1) 50%,
rgba(243, 196, 170, 1)); ……… 線形グラデーション
  border-radius: 50%;
  box-shadow: inset 0 0 8px 1px rgb(35, 33, 37); ……… 背景色と同じシャドウでぼかす
  animation: rotate 2s alternate infinite; ……… アニメーションの指定。infiniteは無限ループ。ショートハンドで技法で短く記述
}
@keyframes rotate {
  0% {
    filter: hue-rotate(1turn); ……… 色相環を回転。値は360degでも同じ
  }
```

● animationプロパティ

プロパティ名	意味	初期値
animation-name	アニメーションの名前です	none
animation-duration	アニメーションが始まってから終わるまでの１回あたりの時間を指定できます	0s
animation-timing-function	アニメーションが変化する加速度を指定できます	ease
animation-delay	アニメーションの始まりを指定します	0s
animation-iteration-count	アニメーションを反復させる回数を指定します	1
animation-direction	アニメーションを再生する方向（順番・逆再生・前後反転）を指定します	normal
animation-fill-mode	アニメーション開始と終了時のスタイルの状態を指定します	none
animation-play-state	アニメーションの再生・停止を指定します	running
animation	上記のプロパティを一括で指定できます。ショートハンドの手法です	上記のそれぞれの初期値と同じ

Section 2-6

CTAボタンでも使えるアニメーション

上下に浮遊する吹き出し

CTAとは、Call To Action（コールトゥーアクション）の略で、Webサイトの訪問者を何らかの行動に促すための仕掛けです。ボタンやリンクから購買サイトなどに導くためのテキストやデザインを設定します。ここでは、吹き出し形状のボタンを作ってみましょう。

ふわふわ動くアニメーション

幅300px、高さ300px、角丸50%にして正円を描き、線形のグラデーションで塗りつぶして立体感を出します。「POINT」は文字カラーを白に、文字書式も設定します。

animation: 2.5s up-down infinite;の指定は、1回で2.5秒間の再生、up-downというアニメーション名を付け、infiniteで無限に再生を続けます。

三角形の吹き出しは、**::before疑似要素**で作成します。

clip-path: polygon(100% 0, 0 0, 50% 64%)を指定し、3つの座標点を持つポリゴンを表します。このポリゴンは要素のクリッピングパスとして使用され、指定された座標点で囲まれた領域以外の部分は非表示になります。**clip-path**を使うことで、要素の形状を思い通りにできます。

三角形を作り、position: absoluteで絶対配置を指定します。bottom: -40pxにして下から-40pxの位置に配置します。z-index: -1は正円の背後に配置する指定です。

animationとセットで使う**@keyframes**ではtransform: translateYを使って、始まりと終わりの位置を同じにして、上下にふわふわ動くアニメーションを実装しています。

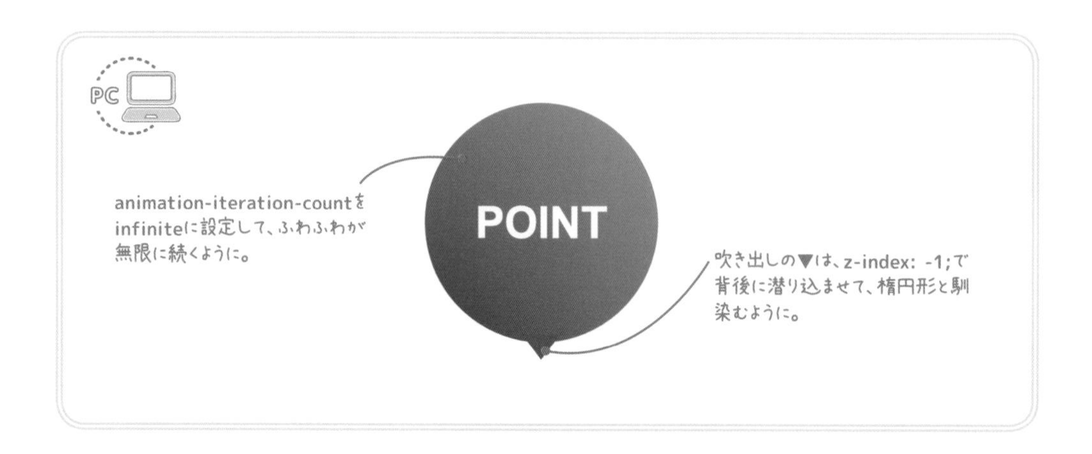
PC
POINT
animation-iteration-countをinfiniteに設定して、ふわふわが無限に続くように。
吹き出しの▼は、z-index: -1;で背後に潜り込ませて、楕円形と馴染むように。

HTML

sample/chapter2/2-6/index.html

```
：（省略） ……………… 共通HTML
<div class="fukidashi">POINT</div>
：（省略） ……………… 共通HTML
```

CSS

sample/chapter2/2-6/style.css

```
.fukidashi {
  width: 300px;
  height: 300px;
  border-radius: 50%; ……………… 円形を作る
  margin: 10rem auto;
Ⓐ background: linear-gradient(to bottom left, #10C2F2, #5A69AA); ……………… 線形グラデーション
  color:#fff;
  font-size: 56px; ……………… フォントの大きさ
  font-weight: bold; ……………… フォントの太さ
  font-family: Arial, Helvetica, sans-serif; ……………… フォント
  display: flex; ……………… 上下左右中央寄せのためのflex
  align-items: center;
  justify-content: center;
  position: relative;
  z-index: auto;
  animation: 2.5s up-down infinite; ……………… infiniteで無限に繰り返すように設定
}
.fukidashi::before { ……………… 三角形は擬似要素で作成
  content: "";
  background:#4581BD; ……………… カラーは、グラデーションが馴染む色に調整
  width: 50px;
  height: 50px;
  clip-path: polygon(100% 0, 0 0, 50% 64%); ……………… 三角形を作成
  position: absolute;
  bottom: -40px;
  left: 0;
  right: 0;
  margin: auto;
  z-index: -1; ……………… 背後に潜り込ませて馴染ませる
}
@keyframes up-down {
 0%, 100% {
  transform: translateY(0); ……………… アニメーションの始まりと終わりで元の位置に
 }
```

次ページへつづく

```
  50% {
    transform: translateY(-20px);
  }
```
-20px縦軸にずらす（20pxでもOK）

＼＼ アレンジ //

グラデーションの色を変えてみよう！

前ページの黄色で囲まれた行Ⓐのグラデーションの色を変えてみましょう。
グラデーションは開始色と終了色を指定します。

```
background: linear-gradient(to bottom left, #10C2F2, #5A69AA);
```

● グラデーション作成におすすめのジェネレーター

グラデーションを作るときに、頭の中だけでは思った通りの色にならないことがよくあります。
そんなときは、スライダーで色を調整するだけでソースコードを生成するジェネレーターを使うと便利です。

CSS Gradient（https://cssgradient.io/）

translateで要素を変化させる

変形しながら回転するアニメーション

マウスに合わせて、四角が転がり丸まっていくアニメーションです。
ポップな印象がほしいWebサイトなどで活躍してくれるアニメーションです。

border-radiusとtranslateで丸まる動きを作る

transform: translateとrotateを使って、変形しながら回転するアニメーションを実装しました。

マウスオーバーすると、正方形が転がりながら角丸四角形から正円形へと変化します。

コンテンツが入っていないelementクラスに幅300px、高さ300pxの正方形を描き、グラデーションで塗りつぶします。

transition: 2sのように2秒でのトランジションを設定します。

box-shadow: 0px 5px 15px 0px rgba(0, 0, 0, 0.5)と指定すると、オブジェクトに影を付けるbox-shadowプロパティで水平オフセット0px、垂直オフセット5px、ぼかし幅15px、影の広がり0px、影の色はrgba(0, 0, 0, 0.5)で黒、不透明度50%になります。

.elementクラスに:hoverでマウスオーバー時のスタイルを指定します。

border-radius: 50%で正円になります。

transform: translate(200%, 0%) rotate(135deg)では、**transformプロパティ**の**translate(x, y)関数**でx（水平）軸200%、y（垂直）軸0%の移動を指定し、**rotate()関数**で回転角度を135度に指定します。

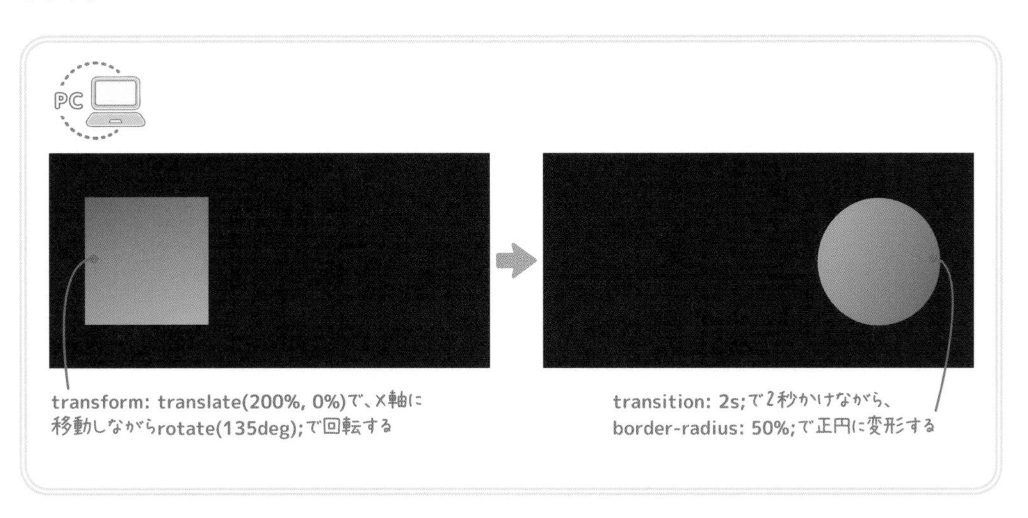
PC
transform: translate(200%, 0%)で、x軸に移動しながらrotate(135deg);で回転する
transition: 2s;で2秒かけながら、border-radius: 50%;で正円に変形する

HTML

sample/chapter2/2-7/index.html

```
：（省略） ······ 共通HTML
<div class="container">
    <div class="element"></div>
</div>
：（省略） ······ 共通HTML
```

CSS

sample/chapter2/2-7/style.css

```
body {
        min-height: 100vh; ······ ビューポイントに対してbody要素の最小の高さを100%
        background-color: #203046; ······ 背景色を紺色に指定
    }
    .container {
        width: 100%;
        height: 500px;
        margin: 200px 100px;
    }
    .element {
        width: 300px;
        height: 300px;
        background-color: #0093E9;
        background-image: linear-gradient(160deg, #0093E9 0%, #80D0C7 100%);
        transition: 2s; ······ アニメーションの秒数
        box-shadow: 0px 5px 15px 0px rgba(0, 0, 0, 0.5);
    }
    .element:hover { ······ マウスオーバー
        border-radius: 50%; ······ 正円形
        transform: translate(200%, 0%) rotate(135deg); ······ X軸に移動しながら回転する
    }
```

perspectiveプロパティで遠近感をつける

回転する3Dボタン

フラットデザインと質感あるデザインをかけ合わせた流行のニューモーフィズム・デザインは、ダークモードに対応しやすい一方で、ボタンと背景が同色で見にくくなりがちです。そこで、アニメーションを入れることで、ボタンの動作がわかりやすくなります。

3Dで回転するアニメーション

transform-style: preserve-3d;とperspectiveを使って、3Dで回転するホバーアニメーションを実装しました。

.conteinerクラスに幅300px、高さ80pxの四角形を指定します。

その下の<div class="button_wrap">のbutton_wrapクラスには、width:、height:ともに100%と指定して、親要素と同じ幅と高さになるようにします。

角丸border-radius: 60pxの指定は、2つのテキストを入れるbutton要素に指定します。

button要素にはwidth:とheight:ともに100%と指定して、親要素と同じ幅と高さになるようにします。**transform-styleプロパティの値にpreserve-3dを指定**すると、3Dの座標空間でアニメーションの動きが表現されます。ここでは、**perspective: 800pxと奥行きの深さ**を指定します。perspectiveはtransformで回転させるbutton要素の親要素に指定します。次にtransitionプロパティで1.4秒かけてtransformの変形を行ないます。

.container:hover .button_wrap要素にtransform: rotateX(180deg)を指定し、回転のtransformを指定しています。

文字の入っている2つのbutton要素には、幅と高さを100%サイズ、display: blockでブロック要素、box-shadowで影、border-radiusで角丸、position: absoluteで絶対位置をそれぞれ指定します。

button要素の.backクラスにも、transform: rotateX(180deg)を指定します。

同じ角度を指定することで、.back（Thanks!）ボタンが上手に隠れて、かつ同じ角度で回転するため、くるくる回っているように見せています。

transform: rotateX(180deg)を指定しなかった場合は崩れます

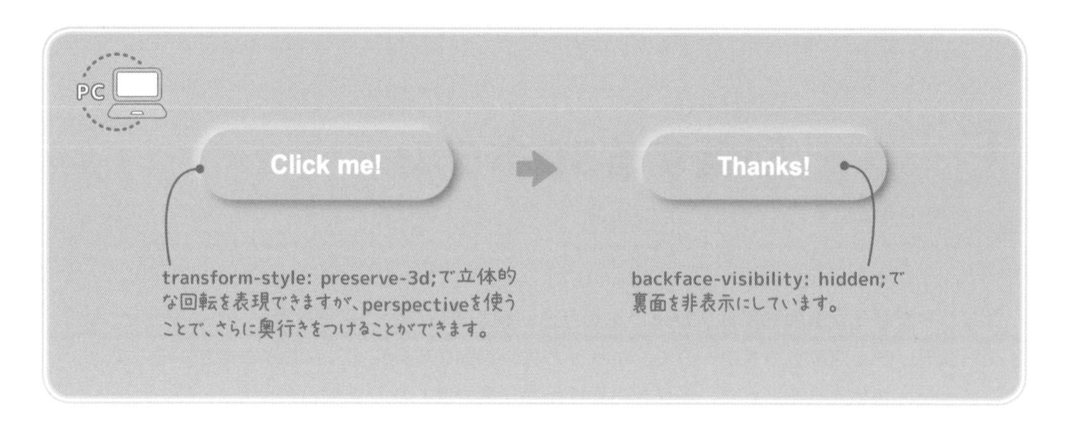
PC
Click me!
Thanks!
transform-style: preserve-3d;で立体的な回転を表現できますが、perspectiveを使うことで、さらに奥行きをつけることができます。
backface-visibility: hidden;で裏面を非表示にしています。

HTML　　sample/chapter2/2-8/index.html

```
:（省略）…………………………… 共通HTML
<div class="container">
    <div class="button_wrap">
      <button class="front" id="button">Click me!</button> …… 表面
      <button class="back">Thanks!</button> …… 裏面
    </div>
  </div>
:（省略）…………………………… 共通HTML
```

CSS　　sample/chapter2/2-8/style.css

```
body {
    min-height: 100vh;
    background-color: #b9c7da;
  }
  .container {
    width: 300px;
    height: 80px;
    margin: 200px auto;
  }
  .button_wrap {
    width: 100%;
    height: 100%;
    position: relative;
    transform-style: preserve-3d; …… 子要素のbuttonを3D化する
    perspective: 800px; …… 3Dの奥行きを指定。値が大きいほど「引き」
    transition: transform 1.4s; …… 変化の速度を1.4秒に指定
```

次ページへつづく

```
}
.container:hover .button_wrap {
  transform: rotateX(180deg); ········· 水平軸の周りを回転させる
}
button {
  display: block;
  width: 100%;
  height: 100%;
  border: none;
  background-color: #b9c7da;
  box-shadow: -5px -5px 10px 0px rgba(255, 255, 255, 0.5), 5px 5px 10px 0px rgba(0, 0, 0, 0.3);
  border-radius: 60px; ········· 四角形に角丸を指定する
  padding: 10px;
  font-weight: bold;
  color: #fff;
  font-size: 30px;
  backface-visibility: hidden; ········· 要素が裏側を向いたときに、裏側を非表示にする
  position: absolute; ········· 親要素に対して絶対位置で配置
}
button:hover {
  cursor: pointer;
}
.back {
  transform: rotateX(180deg); ········· 親要素の.button_wrapと同じ回転
}
p {
  text-align: center;
  font-size: 2rem;
}
```

Column

疑似要素「before」と「after」

擬似要素とは、対象の要素の一部を指定して修飾する内容を適用するセレクタのことです。
このうちbeforeは指定した要素内にあるコンテンツの直前に、afterは指定した要素内にあるコンテンツの直後に配置されます。

や<img>、<input>タグなど、要素の中にコンテンツがないタグには**::before**と**::after**は配置できません。

以前のCSSのバージョンでは**:after**、**:before**のようにコロン（**:**）が1つでしたが、CSS3ではコロンが2つの表記になりました。現在の主要なブラウザでは、どちらで記述しても動作するようになっています。

◌:beforeと::afterの重なり順

::beforeと::afterの重なり順は、**::beforeの上に::afterが配置されます。**
重なり順を変更したい場合には、z-indexプロパティ（286ページ参照）を使います。

<div>　コンテンツ　</div>

::before　::after　CSSの疑似要素

Chapter

3

ヘッダーデザインを作ってみよう

シンプルかつ使いやすい構成がポイント

ヘッダーデザインの共通コード

WEBサイトのヘッダーは、サイトのブランディングや使いやすさに大きく影響します。
以下の内容を意識して作りましょう。

- シンプルで明瞭なデザイン
- ロゴやメニューがわかりやすく配置されている
- 目立つ色やフォントを使い、サイトの特徴を強調する
- スクロールした際にも常に表示されるように固定する
- レスポンシブデザインに対応している（スマートフォンやタブレットでも見やすい）

HTMLのhead要素（共通）

Chapter 4で使用するHTMLファイルに共通するヘッダー部分です。meta要素では文字コードやビューポートなど、link要素では外部CSSファイルやWebフォントへのリンクを指定しています。

共通HTML　　sample/chapter3/header01/index.html

`<!DOCTYPE html>`	HTMLであることを宣言
`<html lang="ja">`	日本語ページであることを宣言
`<head>`	ヘッダーの始まり
`<meta charset="UTF-8">`	文字のエンコーディングをUTF-8に設定
`<meta http-equiv="X-UA-Compatible" content="IE=edge">`	Internet Explorerの互換性モードを無効、最新バージョンで表示
`<meta name="viewport" content="width=device-width, initial-scale=1.0">`	モバイルデバイスやブラウザの表示領域に合わせて調整
`<title>ヘッダーデザイン01</title>`	ページタイトルを入れます
`<link rel="stylesheet" href="assets/style.css">`	style.cssという外部のスタイルシートをリンク
`<link href="https://fonts.googleapis.com/css2?family=Libre+Baskerville:wght@700&family=Ropa+Sans&display=swap" rel="stylesheet">`	Google Fontsからページで使うフォントを取得
`</head>`	ヘッダーの終わり
`<body>`	

リセットCSS

ChromeやSafariなどのブラウザには、初期設定でCSSが設定されています。**リセットCSS**とは、ブラウザ間の異なるスタイルをなくして、同じように表示するために使うCSSファイルです。

リセットCSSファイルは、<link>タグで最初に読み込むようにします。

すべての要素*（ユニバーサルセレクタ）とその前後の要素（::beforeと::after）に対して、box-sizing: border-boxでボックスやボーダー、マージンを指定します。

body要素にはフォントの指定や水平方向のオーバーフローを非表示にし、ul要素にはpadding:0とマーカーをなしに設定しています。

a要素には透明な背景・テキスト要素なし、親要素のテキスト色を継承するようにしています。

リセットCSSはあらかじめ設定されたセットが無料で何種類も公開されているので、それらをそのまま使用してもかまいませんが、自分で使いやすいようカスタマイズするのがおすすめです。

共通CSS（リセット）　sample/chapter3/header01/style.css

```
*,
::before,
::after { ………… すべての要素、擬似要素に対して以下のスタイルを適用
  box-sizing: border-box; ………… 要素のボーダーやパディングが要素のサイズに影響を与えないように
  border-style: solid; ………… すべての要素のボーダーを直線（1本線）に
  border-width: 0; ………… すべての要素のボーダーの幅を0に
  margin: 0; ………… すべての要素のマージンを0に
}

body {
  font-family: "Hiragino Kaku Gothic ProN", "Hiragino Sans", sans-serif;
  overflow-x: hidden; ………… ブラウザの横方向にはみ出した要素を非表示に
}

ul {
  padding: 0;
  list-style: none; ………… リスト左側についている「・」を消す
}

a {
  background: transparent;
  text-decoration: none;
  color: inherit; ………… リンクテキスト色を親要素から継承。リンクテキストの初期色はブルー
}
```

フレックスボックスで作る

ベーシックなヘッダーデザイン

ヘッダー（header）とは、Webサイトの上部に位置し、ユーザーが最初に目にするサイトのタイトルやナビゲーションリンクなどが配置されている部分です。
どのページにも表示され、他の役割を持つページへの移動ボタンとなり、サイトイメージを左右する大事なパーツです。

横並びのリンクボタンが並ぶヘッダーデザイン

ここで作るヘッダーは横一列のレイアウトで、左端にサイトのロゴ、右側には各ページへのリンクボタンが並んでいます。

PC
シンプルでわかりやすい、ベーシックなヘッダーデザイン。
よく使われるレイアウトです。
LOGO
ABOUT
SERVICE
PLANS
INFOMATION
CONTACT
ベーシックなヘッダーデザイン。

HTMLの構造とソースコード

ヘッダー全体をheader要素のheader01クラスでマークアップします。

固定するロゴをdiv要素のlogoクラスで囲みます。

nav要素の中にulクラスを使い、ナビゲーションリンクの各項目をli要素で並べましょう。

スマートフォン用の**ハンバーガーアイコン**（ボタン）とは、横三本線をタップすると下にメニューが伸びるアイコンです。形状がハンバーガーに似ていることからそう呼ばれています。

<input id="nav-input" type="checkbox" class="nav-hidden">では、type属性にcheckboxを指定し、id属性も指定します。

<label id="menu-btn" for="nav-input">のid属性には、input属性で指定したid名と同じ名前を指定します。これによってlabel要素をクリックしたとき、チェックボックスのオン／オフが可能になり、CSSでハンバーガーボタンの開閉が可能になります。

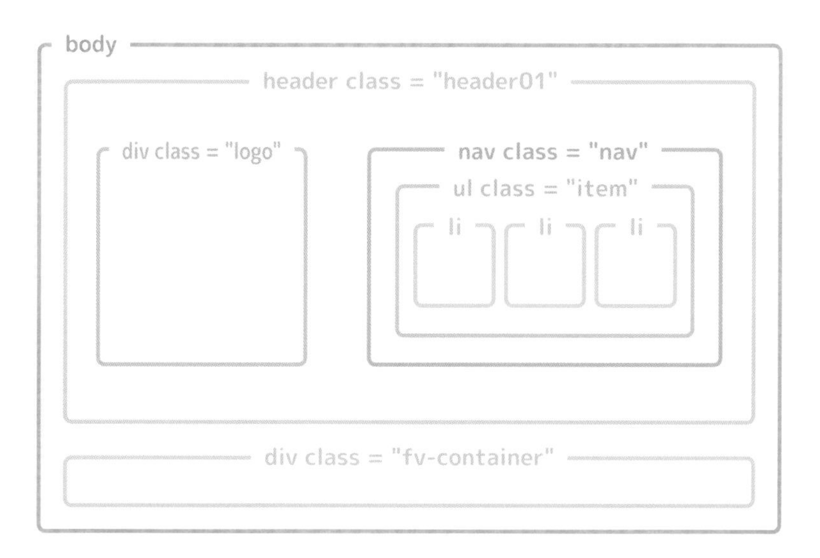

HTML　　sample/chapter3/header01/index.html

```
：（省略）…………………………………… 共通HTML
<header class="header01">
  <input id="nav-input" type="checkbox" class="nav-hidden">……  ハンバーガーアイコンの切り替えスイッチ。CSSで常に非表示にする
  <label id="menu-btn" for="nav-input"><span></span></label>…  ハンバーガーアイコン
  <div class="logo"><img src="./assets/img/logo-black.svg" alt="ロゴ"></div>
  <nav class="nav">
    <ul class="item">
      <li class="list">
        <a href="">ABOUT</a> ……………………………… a href=""にリンク先URLを入れる
      </li>
      <li class="list">
```

次ページへつづく

```
      <a href="">SERVICE</a>
    </li>
    <li class="list">
      <a href="">PLANS</a>
    </li>
    <li class="list">
      <a href="">INFOMATION</a>
    </li>
    <li class="list">
      <a href="">CONTACT</a>
    </li>
  </ul>
 </nav>
</header>
<div class="fv-container"></div> ········· ファーストビジュアル
</body>
</html>
```

CSSのポイント

ヘッダーの横並び表示には、フレックスボックス**display: flex**を利用すると便利です（32ページ）。次のセットはよく使うので、覚えておきましょう。

- 横並び　**display: flex;**
- 上下中央寄せ　**align-items: center;**
- 水平方向に両端揃え　**justify-content: space-between;**

左上のロゴは幅と高さを指定し、logoクラス内のimg要素には**object-fit: containで縦横比を保持して親要素に収まるよう表示**します。

スマートフォン用のハンバーガーボタンはlabel要素で設置して、対で使用するinput要素はdisplay: noneで非表示にします。

CSS　sample/chapter3/header01/style.css

```
 ：（省略）········· 共通CSS
header.header01 {
  display: flex; ········· 子要素（div.logoとnav.nav）を横並びに
  align-items: center; ········· 子要素を上下中央寄せに
  justify-content: space-between; ········· 子要素を両端から均等に配置
  padding: 1rem; ········· ヘッダー内側に余白をつけてスッキリ見せる
```

次ページへつづく

```
}
div.logo {
  width: 60px;
  height: 30px;
}
div.logo img {
  width: 100%;  ……… 画像がsvgの場合、imgにwidthとheightを指定しないと表示されないブラウザがある
  height: 100%;
  object-fit: contain;  ……… 縦横比を維持して、親要素内に収まるようにする
}
nav.nav ul.item {
  display: flex;  ……… 子要素（li.list）を横並びに
}
li.list {
  padding-left: 1.5rem;  ……… ナビゲーションリンクの余白を空ける
}
a {
  font-weight: bold;  ……… ナビゲーションリンクを太字に
}
#menu-btn,
.nav-hidden {
  display: none;  ……… ハンバーガーアイコンはPC用ソースでは非表示に
}
/* キービジュアル */
.fv-container {
  width: 100%;  ……… 横幅を親要素いっぱいに広げる
  height: 80vh;  ……… 縦幅をビューポートに対して80%にする（1vhはビューポートの高さの1%）
  background: url(./img/fv.jpg) no-repeat;  ……… 背景画像をリピートしないで表示
  background-size: cover;  ……… 背景画像をコンテナいっぱいに広げてトリミングする
}
```

CSSのポイント

@media (max-width: 768px) を使用して、Webブラウザの幅が768px以下の場合は、スマートフォン用のCSSが適用されてデザインされます。

ハンバーガーアイコンをクリックすると、ナビゲーションが右側からスライドして表示される動きを実装します。

ハンバーガーメニューはjQueryを使った実装が一般的ですが、CSSのinputとlabelを使うことで、CSSのみでも実装することができます。

jQueryの読み込みはWebサイトの表示速度に多少影響するので、CSSによるアニメーションはユーザビリティの観点からも大変便利です。

ハンバーガーボタンの3本線は、#menu-btn span、#menu-btn span::before、#menu-btn span::afterにそれぞれ同じ高さと幅の線を指定すると3本並びます。

position: absoluteを指定し、#menu-btn spanがtop: 0px、beforeとafter要素をtop: 8px、top: 16pxとしてずらして配置してデザインします。

クリックしてメニューが表示されると、ハンバーガーアイコンは×マークになります。これは、1本目の横棒と3本目の横棒を45度、-90度回転させてデザインしています。

また、header.header01 nav.navでright: -100%を指定してメニューを外に外して非表示にしておいたものを、right: 0で画面内に表示させます。

CSS　sample/chapter3/header01/style.css

```
@media (max-width: 768px) {          メディアクエリを指定
  #menu-btn {
    display: block;                  ハンバーガーアイコンを表示
    width: 30px;                     positionを使う際はwidthとheightを指定しないと何も表示されないので、必ず指定
    height: 20px;
    position: fixed;                 右上に固定表示する
    top: 1rem;
    right: 1rem;
    z-index: 3;                      重なりが一番上にくるように
  }
  #menu-btn span,                    ハンバーガーアイコンの横棒
  #menu-btn span::before,            ハンバーガーアイコンの横棒2本目
  #menu-btn span::after {            ハンバーガーアイコンの横棒3本目
    content: "";                     擬似要素を使用する際は必ず指定する
    height: 2px;
    width: 100%;
    border-radius: 3px;              線先を丸くする
    background: #3656a7;
    position: absolute;
    transition: 0.2s;                アニメーションの秒数
  }
  #menu-btn span {
    top: 0;                          1本目のハンバーガーアイコン棒線の位置
  }
  #menu-btn span::before {
    top: 8px;                        2本目のハンバーガーアイコン棒線の位置
  }
```

次ページへつづく

```
#menu-btn span::after {
  top: 16px; ·········· 3本目のハンバーガーアイコン棒線の位置
}
#nav-input:checked~#menu-btn span {
  top: 8px; ·········· クリック時の、1本目のハンバーガーアイコン棒線の位置
  transform: rotate(45deg); ·········· クリック時の、1本目のハンバーガーアイコン棒線を45度に回転
}
#nav-input:checked~#menu-btn span::before {
  opacity: 0; ·········· クリック時の、2本目のハンバーガーアイコン棒線。非表示にする
}
#nav-input:checked~#menu-btn span::after {
  top: 0; ·········· クリック時の、3本目のハンバーガーアイコン棒線の位置
  transform: rotate(-90deg); ·········· クリック時の、3本目のハンバーガーアイコン棒線を-90度に回転
}
div.logo { ·········· ヘッダーロゴサイズは少し小さくする
  width: 50px;
  height: 20px;
}
nav.nav {
  width: 300px; ·········· ナビゲーションの横幅
  height: 100vh; ·········· ナビゲーションの縦幅。画面の縦いっぱいに
  position: fixed;
  top: 0;
  right: -100%; ·········· 通常時は、画面外（右側）に置いておく
  z-index: 2;
  background: #fff;
  transition: 0.5s;
}
nav.nav ul.item {
  display: block; ·········· ナビゲーションの横並びを解除
  padding: 4rem 2rem;
}
nav.nav ul.item li.list {
  padding-left: 0; ·········· ナビゲーションの左余白を解除
  padding-bottom: 1.5rem; ·········· ナビゲーションの下側に余白を追加
}

header.header01 #nav-input:checked~nav.nav {
  right: 0; ·········· ハンバーガーアイコンをクリック時に、ナビゲーションを画面外から画面内に表示させる
}
}
```

問い合わせボタンを目立たせる

求人サイトやサービス紹介サイト、ポートフォリオサイトなどでよく見かける「お問い合わせ（CONTACT）」ボタンのデザインだけを変更して目立たせるヘッダーデザインを作成してみます。

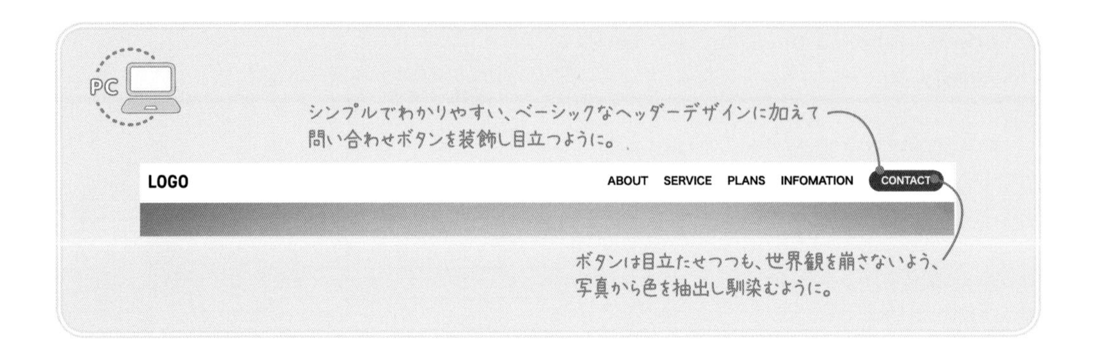
PC
シンプルでわかりやすい、ベーシックなヘッダーデザインに加えて
問い合わせボタンを装飾し目立つように。
LOGO
ABOUT
SERVICE
PLANS
INFOMATION
CONTACT
ボタンは目立たせつつも、世界観を崩さないよう、
写真から色を抽出し馴染むように。

● HTMLソースの変更点

「CONTACT」だけをボタンの形状にするので、header01のソースでlist要素のclass名を「list contact」に変更します。

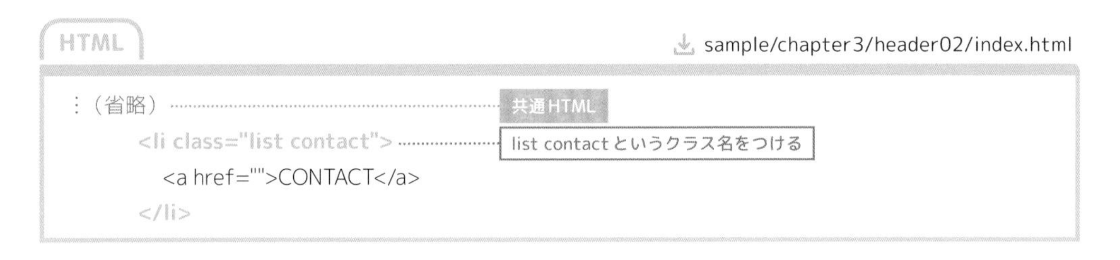
HTML　sample/chapter3/header02/index.html

```
：（省略）　…… 共通HTML
      <li class="list contact">　…… list contactというクラス名をつける
        <a href="">CONTACT</a>
      </li>
```

PC

CSSのポイント

「CONTACT」ボタンのnav.nav ul.item li.contact aセレクタを追加します。

border-radiusで角丸にし、背景色（background）はメインビジュアル内の濃紺の部分の色を拾ってトーンを合わせます。

「CONTACT」の文字書式も白抜き文字で設定します。

ボタンデザインは、a要素ではなくli要素をつけてもOKです。その場合、a要素はインライン要素のためクリック領域が狭くなるので、display:blockでli要素いっぱいに広がるようにしましょう。

CSS　sample/chapter3/header02/style.css

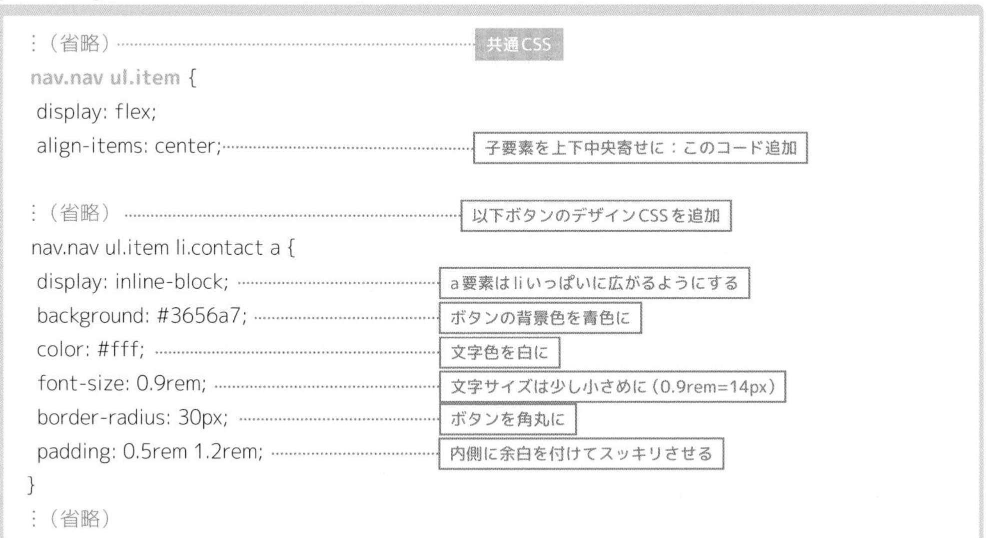

```
：（省略） ………………………… 共通CSS
nav.nav ul.item {
  display: flex;
  align-items: center; ………… 子要素を上下中央寄せに：このコード追加

：（省略） ………………………… 以下ボタンのデザインCSSを追加
nav.nav ul.item li.contact a {
  display: inline-block; ………… a要素はliいっぱいに広がるようにする
  background: #3656a7; ………… ボタンの背景色を青色に
  color: #fff; ………… 文字色を白に
  font-size: 0.9rem; ………… 文字サイズは少し小さめに（0.9rem=14px）
  border-radius: 30px; ………… ボタンを角丸に
  padding: 0.5rem 1.2rem; ………… 内側に余白を付けてスッキリさせる
}
：（省略）
```

スマホ CSSのポイント

また、opacityだけだとクリック（タップ）によるイベントが発生しますが、visibility: hiddenを指定してイベントは発生させない見えない領域にします。

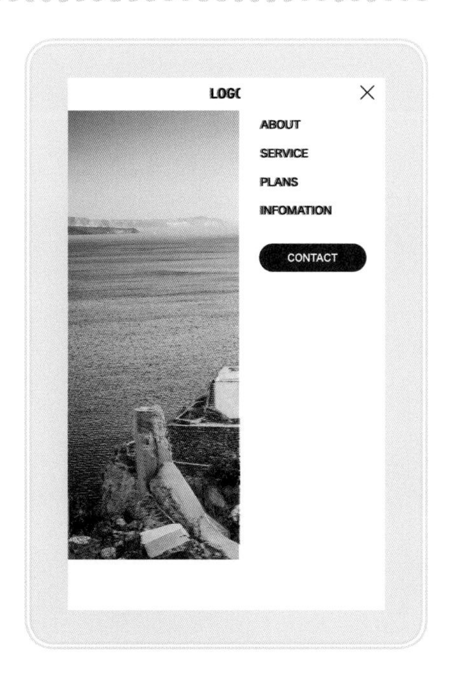

CSS　sample/chapter3/header02/style.css

```
：（省略）
}
div.logo {
  width: 50px;
  height: 20px;
  margin: 0 auto; ………… ロゴは中央寄せに
}
nav.nav {
  width: 230px; ………… ナビゲーションの横幅を230pxに変更
  height: 100vh;
  position: fixed;
  top: 0;
  right: 0;
  z-index: 2;
  opacity: 0; ………… ナビゲーションを非表示にを追加
  visibility: hidden; ………… opacityだけだとクリックできてしまうので、visibility: hidden;を追加
  background: #fff;
  transition: 0.5s;
}
：（省略） ………… 以下のコードを追加・変更
nav.nav ul.item li.contact {
  text-align: center; ………… 「CONTACT」ボタンを中央寄せに
  padding-top: 0.5rem; ………… ボタンをクリックしやすいように少し上に余白をつける
}
nav.nav ul.item li.contact a {
  width: 100%; ………… 幅を100%に指定
  padding: 0.8rem; ………… 左右上下に0.8remの余白
}
#nav-input:checked ~ nav.nav {
  opacity: 1; ………… ハンバーガーアイコンをクリックでナビゲーションを表示
  visibility: visible; ………… ハンバーガーアイコンをクリックでナビゲーションをクリックできるように
}
}
```

ナビゲーションを中央に配置して「CONTACT」は右に残す

ボタン数が多かったり、各種SNSのボタンなどを入れるヘッダーの場合には、コンテンツを左右中央に揃えてみましょう。「CONTACT」ボタンは右揃えのままにします。

PC
左にロゴ、中央にナビゲーション、右にボタンを配置したシンプルなヘッダーデザイン。
LOGO
ABOUT
SERVICE
PLANS
INFOMATION
CONTACT
ナビゲーションとボタンの間にスペースを確保できるため、問い合わせボタンの隣にSNSボタンを配置することもできます。

HTMLと構造図の解説

ヘッダー全体をheader要素のheader03クラスでマークアップします。

左に固定するロゴをdiv要素のlogoクラス、「CONTACT」ボタンをdiv要素のcontact-btnクラスでマークアップします。

中央の4つのナビゲーションボタンはnav要素の中にul要素のitemクラスを使い、ナビゲーションリンクの各項目をli要素で並べましょう。

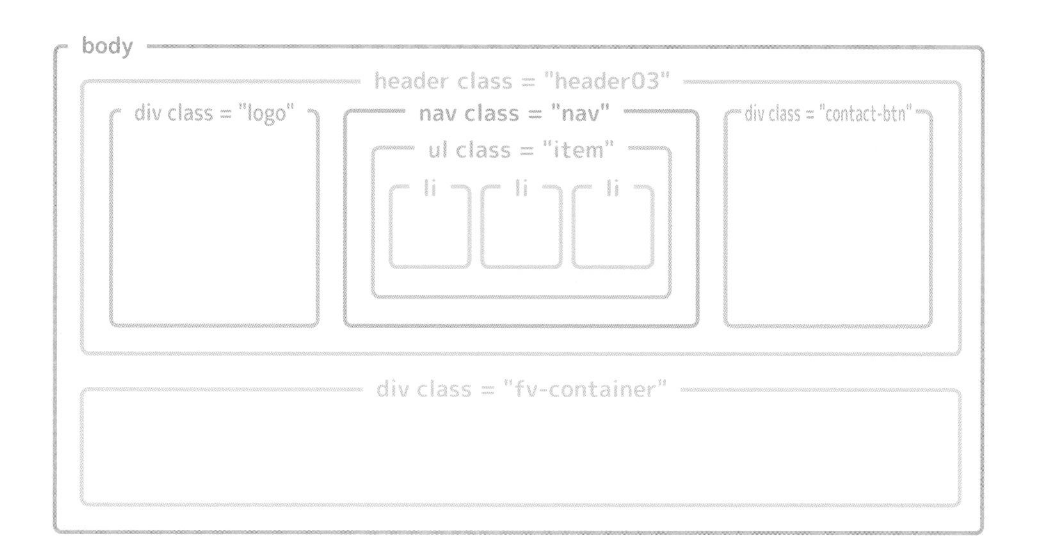

HTML　sample/chapter3/header03/index.html

```
⋮（省略） ………………………………… 共通HTML
  <header class="header03">
    <input id="nav-input" type="checkbox" class="nav-hidden">
    <label id="menu-btn" for="nav-input"><span></span></label>
    <div class="logo"><img src="./assets/img/logo-black.svg" alt="ロゴ"></div>
    <nav class="nav">
      <ul class="item">
        <li class="list">
          <a href="">ABOUT</a>
        </li>
⋮（省略）
    </nav>
    <div class="contact-btn">
      <a href="">CONTACT</a>
    </div>
  </header>
⋮（省略）
```

CSSのポイント

marginプロパティは、指定した要素と外側の要素の余白を設定します。ナビゲーションにmargin: 0 auto;を指定すると左右の余白が自動調整され、ブロック要素を左右の中央寄せにすることができます。ちなみに、img要素などインライン要素を中央寄せにするときには、text-align: center;を使用します。

なお、このレイアウトでは水平方向に両端揃えにするjustify-content: space-between;は使用していません。

CSS　sample/chapter3/header03/style.css

```
⋮（省略） ………………………………… 共通CSS
nav.nav {
  margin: 0 auto; ………………… 中央のボタンは左右の要素を押し出して、中央寄せする
}
nav.nav ul.item {
  display: flex;
  align-items: center;
}
```

次ページへつづく

```
nav.nav ul.item li.list {
 padding-left: 2rem; ················ ナビゲーションリンクの余白を2remに
}
：（省略）
div.contact-btn a { ················ ボタンをデザインするCSS
 display: inline-block;
 background: #3656a7;
 color: #fff;
 font-size: 0.9rem;
 font-weight: bold;
 border-radius: 30px;
 padding: 0.5rem 1.2rem;
}
：（省略）
```

CSSのポイント

「CONTACT」ボタンをハンバーガーメニューの左に表示させるために、div.contact-btn aセレクタに絶対配置を指定し、上から0.6rem下、右端から3.4rem左に配置します。

CSS　sample/chapter3/header03/style.css

```
：（省略）
  div.logo {
   width: 50px;
   height: 20px;
   margin: 0; ……… logo要素が余分な余白を持たないようにする
  }
  nav.nav {
   width: 230px; ……… logoが隠れずメニューが見やすい230pxに変更
   height: 100vh;
   position: fixed;
   top: 0;
   right: 0; ……… メニューの位置を画面の右端に配置
   z-index: 2;
   opacity: 0; ……… メニューを徐々に透明に非表示に
   background: #fff;
   transition: 0.5s;
  }
：（省略）
  div.contact-btn a {……… div要素div.contact-btnのアンカー要素にスタイルを指定
   position: absolute;
   top: 0.6rem; ……… 上から0.6rem下に配置
   right: 3.4rem; ……… 右端から3.4rem左に配置
  }
  #nav-input:checked ~ nav.nav {
   opacity: 1; ……… メニューを透明から徐々に表示させる
  }
}
```

marginで簡単に中央寄せ！

ロゴを中央に配置したヘッダーデザイン

ロゴをヘッダーの中央に配置すると、ブランドを印象づけることができます。
左上にロゴを配置したときよりも、ポップなデザインになります。

中央にロゴ・左右にリンクボタンを配置する

中央にロゴを配置して、よりブランドを強調するヘッダーデザインです。
ナビゲーションリンクは、左右を同じ数にするとデザイン的にもきれいに見えます。

PC
中央にロゴを配置して、ブランドを強調します。
ABOUT
SERVICE
LOGO
PLANS
INFOMATION
ナビゲーションリンクは偶数にするとバランスが取れます。

HTMLと構造図の解説

navクラスにmargin: 0 autoで左右中央揃えにします。
3つ目の<li>タグに<img>タグを追加し、ブランドのロゴ用のlist logoクラスを割り当てました。
ナビゲーションリンクの数が偶数の場合に活かせるシンメトリックなヘッダーレイアウトです。

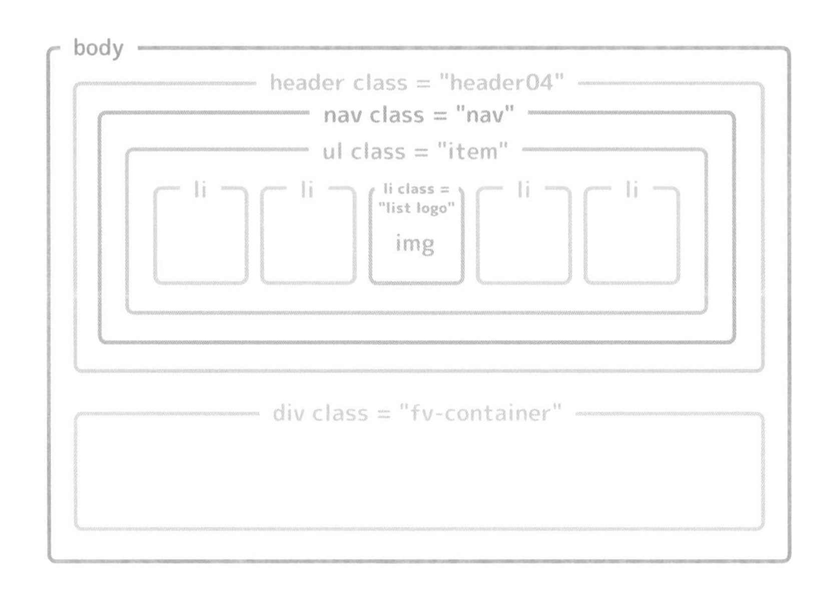

HTML　sample/chapter3/header04/index.html

```
⋮（省略）······························ 共通HTML
<header class="header04">
  <input id="nav-input" type="checkbox" class="nav-hidden">
  <label id="menu-btn" for="nav-input"><span></span></label>
  <nav class="nav">
    <ul class="item">
      <li class="list">
        <a href="">ABOUT</a>
      </li>
      <li class="list">
        <a href="">SERVICE</a>
      </li>
      <li class="list logo">
        <a href=""><img src="./assets/img/logo-black.svg" alt="ロゴ"></a>
      </li>
      <li class="list">
        <a href="">PLANS</a>
```

次ページへつづく

```
        </li>
        <li class="list">
          <a href="">INFOMATION</a>
        </li>
      </ul>
    </nav>
  </header>
  <div class="fv-container"></div>
</body>
</html>
```

CSSのポイント

ボタンデザインは、<a>タグではなく<li>タグにつけてもOKです。

その場合、<a>タグはインライン要素のためクリック領域が狭くなるので、display: blockで<li>タグいっぱいにクリック領域が広がるようにします。

CSS　sample/chapter3/header04/style.css

```
：（省略） ………………………… 共通CSS
header.header04 {
  padding: 1rem;
}
nav.nav {
  max-width: 660px; ………………………… メニューのコンテンツ幅を最大660pxに
  margin: 0 auto; ………………………… メニューコンテンツを水平方向に中央に配置
}
nav.nav ul.item {
  display: flex; ………………………… フレックスボックスを適用して横並びにする
  align-items: center; ………………………… 子要素を上下中央寄せに
}
nav.nav ul.item li.list {
  padding: 0 1.5rem; ………………………… メニューのアイテムの左右に1.5rem余白をつける
}
nav.nav ul.item li.list a {
  font-weight: bold; ………………………… テキストリンクを太字に
}
nav.nav ul.item li.logo {
  margin: 0 auto; ………………………… ロゴアイテムを水平方向に中央に配置
  padding: 0 2rem; ………………………… ロゴアイテムの左右に0.2rem余白をつける
```

次ページへつづく

```
}
nav.nav ul.item li.logo img {
  width: 80px; ………… ロゴ画像の幅を80ピクセルに設定
  height: 30px; ………… ロゴ画像の高さを30ピクセルに設定
  object-fit: contain;
}
#menu-btn,.nav-hidden {
  display: none; ………… ハンバーガーボタンと.nav-hidden要素を非表示に
}
/* キービジュアル */
：（省略）
}
```

CSSのポイント

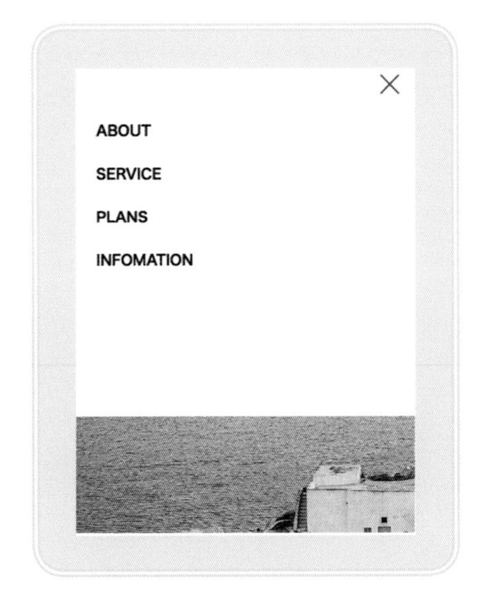

写真内に配置されたハンバーガーアイコンをクリックするとキービジュアルの写真が隠れ、メニューが表示されます。

パソコン表示で真ん中に配置したロゴは、スマートフォンでは非表示にしています。

ヘッダーの白枠内に要素がなくなるので、padding: 0;にして白枠自体をなくしています。

ハンバーガーアイコンは空の画像上に配置されるので視認性を上げるために、通常時（ナビゲーションが閉じた状態）は白色に、クリック時（ナビゲーションが開いた状態）は青色に変化する動きを設定しています。

CSS　sample/chapter3/header04/style.css

```
@media (max-width: 768px) {
 #menu-btn{ ………… ハンバーガーアイコンを配置するCSS
   display: block;
   width:30px;
   height: 20px;
   position: fixed;
   top: 1rem;
   right: 1rem;
   z-index: 3;
```

次ページへつづく

```
}
#menu-btn span,
#menu-btn span::before,
#menu-btn span::after {
  content: "";
  height: 2px;
  width: 100%;
  border-radius: 3px;
  background: #fff; ........ 通常時、ハンバーガーアイコンは白色に
  position: absolute; ........ 要素を非表示にしつつ、スペースを確保
  transition: 0.2s;
}
#menu-btn span {
  top: 0;
}
#menu-btn span::before {
  top: 8px;
}
#menu-btn span::after {
  top: 16px;
}
#nav-input:checked ~ #menu-btn span {
  top: 8px;
  transform: rotate(45deg);
  background: #3656a7; ........ クリックしたら、ハンバーガーアイコン×は青色に
}
#nav-input:checked ~ #menu-btn span::before {
  opacity: 0;
}
#nav-input:checked ~ #menu-btn span::after {
  top: 0;
  transform: rotate(-90deg);
  background: #3656a7; ........ クリックしたら、ハンバーガーアイコン×は青色に
}
header.header04 {
 padding: 0; ........ 余白を0にすることで、ヘッダー白背景をなくす
}
nav.nav {
  max-width: 100%; ........ PCのmax-width: 660px;を100%で横幅いっぱいに
  width: 100%;
  height: 40vh;
  position: fixed;
```

次ページへつづく

```
  top: -100%; ……………… 通常時、ナビゲーションは画面外の上部に置いておく
  right: 0;
  z-index: 2;
  opacity: 0;
  visibility: hidden; ……………… 非表示だが、要素のスペースを確保
  background: #fff;
  transition: 0.5s;
 }
 nav.nav ul.item {
  display: block; ……………… 要素をブロック要素として表示
  padding: 4rem 2rem; ……………… 上下4rem,2remの余白を設定
 }
 nav.nav ul.item li.list {
  padding-left: 0;
  padding-bottom: 1.5rem;
 }
 nav.nav ul.item li.logo {
  display: none; ……………… 真ん中にあるロゴは非表示に
 }
 #nav-input: checked ~ nav.nav { ……………… ハンバーガーアイコンをクリックで
                                           ナビゲーションを画面内に
  top: 0;
  opacity: 1; ……………… メニューを不透明に
  visibility: visible; ……………… 要素は表示
 }
}
```

メニューを下部に配置したデザイン

キービジュアルをヘッダーメニューの上に大きく表示して、より強調したいときに使えるヘッダーデザインです。

最初にキービジュアルで引きつけて、次にヘッダーに誘導することができるので、自然な導線が作れます。

HTMLコードでは上にナビゲーション、下に写真のキービジュアルの順に記述されています。CSSで位置を指定しなければ、「ナビゲーション→キービジュアル」の順に表示されます。

キービジュアルの下にロゴとメニューが入ったナビゲーションを配置する方法は、CSSの**positionプロパティ**を使います。

HTMLと構造図の解説

通常、<header>タグはページのヘッダーコンテンツを表すものであり、その中にナビゲーションメニューやロゴなどのコンテンツが含まれます。しかし、これだけでは今回のように画像をナビの前に用いたりすると、ヘッダー内のコンテンツが複雑になる場合があります。

そこで、<div class="header05-container">～</div>を使用することでヘッダー内のコンテンツをグループ化し、コードの構造をより明確にすることでスタイルを適用しやすくします。

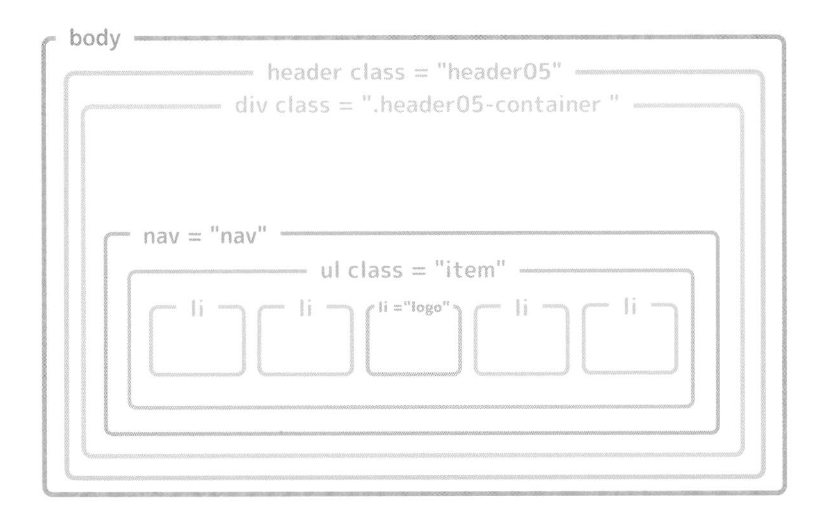

sample/chapter3/header05/index.html

```
：（省略） ･･････････････････････････････････････････････ 共通HTML
  <header class="header05"> ･･････････････････････ キービジュアルが背景画像として指定される要素
    <div class="header05-container"> ･･････････ header05クラスの下に絶対位置指定で配置される
      <input id="nav-input" type="checkbox" class="nav-hidden">
       <label id="menu-btn" for="nav-input"><span></span></label>
       <nav class="nav">
         <ul class="item">
           <li class="list">
             <a href="">ABOUT</a>
           </li>
           <li class="list logo">
           <a href=""><img src="./assets/img/logo-black.svg" alt="ロゴ"></a>
          </li>
：（省略）
         </ul>
       </nav>
   </div>
   </header>
</body>
</html>
```

CSSのポイント

ヘッダー4（93ページ）のヘッダーデザインを活かして、キービジュアルの下部にロゴとナビゲーション部分を配置しています。

ここでは、header.header05セレクタに幅と高さを指定し、background: url()でキービジュアルを背景画像として設置しました。

ヘッダーが動く基準点としてposition: relative;でナビゲーションの左上を指定し、.header05-containerセレクタでposition: absoluteとbottom: 0と基準点からの位置を絶対配置で指定して、キービジュアルの位置を決めます。

CSS　sample/chapter3/header05/style.css

```
：（省略） ･･････････････････････････････････････････ 共通CSS
header.header05 { ･･････････････････････････････ positionを操作するために、ヘッダーの中にキービジュアルを含める
  width: 100%;
  height: 80vh;
  background: url(./img/fv.jpg) no-repeat; ･･････ キービジュアルを指定
  background-size: cover; ･･････････････････････ 要素全体を覆うように表示
```

次ページへつづく

```
  position: relative;  ナビゲーションをposition: absolute;で配置するための基準値
}
.header05-container {
  width: 100%;
  background-color: #fff;
  padding: 1rem;
  position: absolute;  要素を非表示にしつつ、スペースを確保
  bottom: 0;  header.header05の下部に配置する
  left: 0;
}
nav.nav {
  max-width: 660px;
  margin: 0 auto;  左右の要素を押し出して、中央寄せする
}
nav.nav ul.item {
  display: flex;
  align-items: center;
}
nav.nav ul.item li.list {
  padding: 0 1.5rem;
}
nav.nav ul.item li.list a {
  font-weight: bold;
}
nav.nav ul.item li.logo {
  margin: 0 auto;
  padding: 0 2rem;
}
nav.nav ul.item li.logo img {
  width: 80px;
  height: 30px;
  object-fit: contain;  要素のコンテンツボックスに収めて拡大縮小させる
}
#menu-btn,.nav-hidden {
  display: none;  ナビを非表示に
}
```

CSSのポイント

ロゴはスマートフォンでの表示にmarginを使って中央寄せしています。

ナビゲーションはopacityとtransitionでふわっと表示します。

横幅が768px以下になると、ハンバーガーメニューになるように設定します。#nav-inputというチェックボックスに応じて、ナビゲーションメニューの表示を切り替えています。

また、表示と非表示の間にアニメーションを入れて動きをつけています。

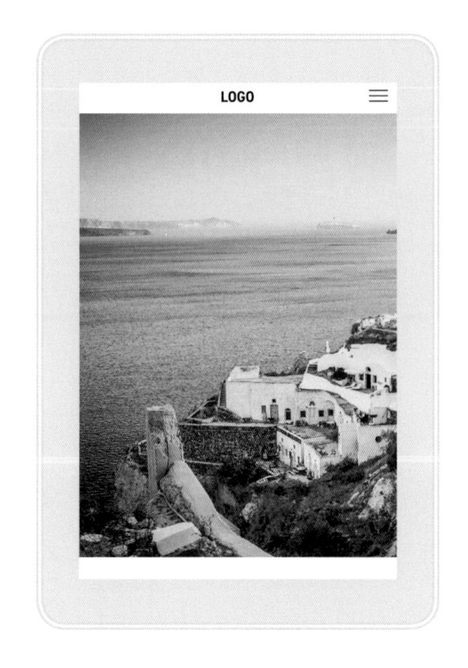

CSS　　sample/chapter3/header05/style.css

```
@media (max-width: 768px) {
 .header05-container#menu-btn{
⋮（省略）…（header04の#menu-btnセレクタと同じ）
 }
  #menu-btn span,
  #menu-btn span::before,
  #menu-btn span::after {
⋮（省略）…（header04の#menu-btn spanの3つのセレクタと同じbackground: #3656a7;に）
 }
  #menu-btn span {
⋮（省略）…（ハンバーガーアイコンの指定）

 #nav-input:checked ~ #menu-btn span {
   top: 8px;
   transform: rotate(45deg); ......... background: #3656a7は削除
 }
 #nav-input:checked ~ #menu-btn span::before {
   opacity: 0; ......... 左右の要素を押し出して、中央寄せする
 }
 #nav-input:checked ~ #menu-btn span::after {
   top: 0;
```

次ページへつづく

```
  transform: rotate(-90deg);
 }
 div.logo {
 width: 50px;
 height: 20px;
 margin: 0;
 }
 .nav.nav {
  width: 230px; ………… ナビの幅を230pxに
  height: 100vh; ………… ビューポートの高さを100%に指定
  position: fixed;
  top: 0; ………… ナビゲーションバーをビューポートの上端に置く
：（省略）…（以下04と同じ）
 }
 nav.nav ul.item {
  display: block;
  padding: 4rem 2rem;
 }
 nav.nav ul.item li.list {
  padding-left: 0;
  padding-bottom: 1.5rem;
 }
 nav.nav ul.item li.logo {
  display: none; ………… ロゴを非表示に
 }
  #nav-input:checked ~ nav.nav {
  opacity: 1; ………… メニューを不透明に
  visibility: visible; ………… 要素は表示
 }
}
```

ナビゲーションをキービジュアル内の下部に配置

ヘッダー5（99ページ参照）のキービジュアルの下に配置したナビゲーションをキービジュアル内の下部に配置してみます。

背景画像には黒フィルターをかけて暗くし、ナビゲーションの文字を読みやすくします。

写真と文字が組み合わさったおしゃれなデザインになります。

PC
背景画像に黒フィルターを被せることで、ナビゲーションの視認性を上げます。
ABOUT
SERVICE
LOGO
PLANS
INFOMATION
ナビゲーションの背景を透明にして下部に配置することで、キービジュアルを目立たせます。

HTMLと構造図の解説

header05（100ページ参照）と同じ構造のHTMLソースです。

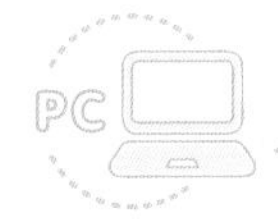
PC

CSSのポイント

ヘッダー5と同じレイアウトですが、ナビゲーションをキービジュアル内の下部に配置しています。

ナビゲーション背景は色を指定せず写真が地になります。白地の場合よりナビゲーションの視認性が下がるので、header.header06に擬似要素で黒フィルターを被せました。

キービジュアル、黒フィルター、ナビゲーションの3つの要素にz-indexで重なりを指定します。z-indexは数値が大きいほど上になります。

bottom;0をheader06-containerに指定して、メニューが画像の下部に配置されるようにしました。

CSS　　sample/chapter3/header06/style.css

```
：（省略）………………………………… 共通CSS
header.header06 {
  width: 100%;
  height: 80vh;
  background: url(./img/fv.jpg) no-repeat;
  background-size: cover;
  position: relative;
  z-index: 1; ………………………………… キービジュアルの重なりを一番下に
}
header.header06::before { ……………… 黒のフィルターを擬似要素で被せる
  content: "";
  display: inline-block;
  width: 100%;
  height: 100%;
  background: rgba(0, 0, 0, 0.2); ………… 不透明度20%の黒を被せる
  top: 0;
  left: 0;
  z-index: 2; ………………………………… キービジュアルの上に黒フィルターを重ねる
}
.header06-container {
  width: 100%;
  padding: 1rem;
  position: absolute;
  bottom: 0; ……………… 下部に表示させるように指定
  left: 0;
  z-index: 3; ………………………………… ナビゲーション部分を一番上に
}
nav.nav {
  max-width: 660px;
  margin: 0 auto;
}
nav.nav ul.item {
  display: flex;
  align-items: center;
}
nav.nav ul.item li.list {
  padding: 0 1.5rem;
}
nav.nav ul.item li.list a {
  font-weight: bold;
```

次ページへつづく

```
  color: #fff;  ......  文字色を白にして視認性を上げる
}
nav.nav ul.item li.logo {
  margin: 0 auto;
  padding: 0 2rem;
}
nav.nav ul.item li.logo img {
  width: 80px;
  height: 30px;
  object-fit: contain;
}
#menu-btn,.nav-hidden {
  display: none;
}
```

通常、ul.item内のリスト要素は横に並ぶインライン要素ですが、display: block;でブロック要素にしてスマートフォン用に縦方向に並べています。

CSS

sample/chapter3/header06/style.css

```
：（省略）
  nav.nav {
   width: 230px;
   height: 100vh;
   position: fixed;
   top: 0;
   right: 0;
   z-index: 2;
   opacity: 0;
   visibility: hidden;
   background: #3656a7; ········ 背景を青い色に指定
   transition: 0.5s;
  }
  nav.nav ul.item {
   display: block; ········ ブロック要素にして縦方向に並べる
   padding: 4rem 2rem;
  }
  nav.nav ul.item li.list {
   padding-left: 0;
   padding-bottom: 1.5rem;
  }
  .nav.nav ul.item li.logo {
   display: none;
  }
  . #nav-input:checked ~ nav.nav {
   opacity: 1;
   visibility: visible;
  }
}
```

疑似要素でラインを追加する

ナビゲーションに区切りラインを入れたヘッダーデザイン

文字だけのナビゲーションを配置しただけでは何か物足りないときに簡単に追加できるのが、項目間に縦のボーダーを入れたラインデザインです。

リンクアイテム間に疑似要素でボーダーを入れる

縦のボーダーは、borderプロパティではなく、**::before**や**::after**の**疑似要素**を使ってデザインすると扱いやすくなります。

PC
ヘッダーに少し変化が欲しい時に簡単にできます。
LOGO
ABOUT
SERVICE
PLANS
INFOMATION
CONTACT
擬似要素でラインを配置することで調整しやすくします。

HTMLと構造図の解説

ここで使用するコードは、header01のHTMLファイルと同じです。
コードの内容は、81ページを参照してください。

CSSのポイント

header01（82ページ）と同じレイアウトですが、ナビゲーションリンクの項目間に縦ラインを引いて変化を出しました。今回は**::before擬似要素**にwidth: 1pxのラインを配置し、**:first-child::before擬似クラス**にcontent: noneを指定して、一番目のABOUTのラインを消すことができます。

また、li要素に対してborder-leftを指定することでも縦ボーダーを配置できます。

CSS　sample/chapter3/header07/style.css

```
：（省略）……………………………… 共通CSS
header.header07 {
  width: 100%; ……………………… ヘッダーセクションが画面全体の幅を占めるようにします
  display: flex;
  align-items: center;
  justify-content: space-between;
  padding: 1rem;
}
div.logo {（省略）…（01と同じ）}
div.logo img {（省略）…（01と同じ）}
nav.nav ul.item {（省略）…（01と同じ）}
nav.nav ul.item li.list {
  padding-left: 1.5rem; ……………… ラインの内側の余白
  margin-left: 1.5rem; ……………… ラインの外側の余白
  position: relative; ………………… 擬似要素で作成したラインの位置を決める基準点
}
nav.nav ul.item li.list::before { ……… ライン用の擬似要素
  display: inline-block;
  content: "";
  width: 1px;
  height: 100%;
  background: #000;
  position: absolute;
  top: 0;
  left: 0;
```

次ページへつづく

```
}
 nav.nav ul.item li.list:first-child::before {
  content: none;  ………… 1番最初のli.listの擬似要素を解除する
}
 nav.nav ul.item li.list a {
  font-weight: bold;
  font-size: 0.9rem;  ………… フォントサイズを0.9remに設定
}
#menu-btn,.nav-hidden {
  display: none;
}

/* キービジュアル */
.fv-container {（省略）…（01と同じ）}
```

CSSのポイント

基本的にはheader01と同じですが、メニューボタンのアニメーションやナビゲーションメニューの表示方法が違います。メニューの幅も230pxと少しスリムになっています。

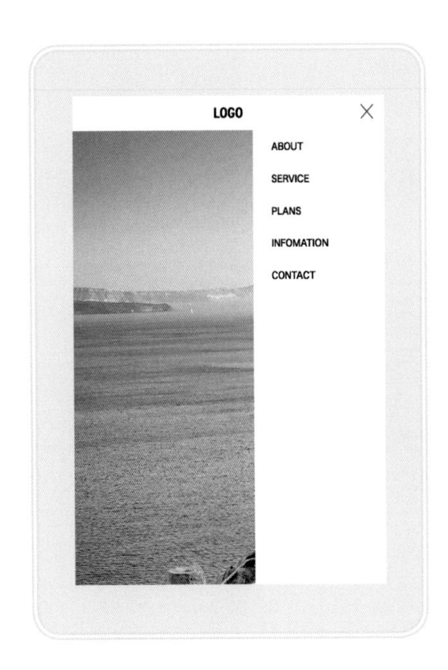

CSS

sample/chapter3/header07/style.css

```
@media (max-width: 768px) {
 #menu-btn{
 ︙（省略）
  #nav-input:checked ~ #menu-btn span::after {
   top: 0;
   transform: rotate(-90deg);
  }
  div.logo {
   width: 50px;
   height: 20px;
   margin: 0 auto; ………………… ロゴを水平方向に中央に配置
  }
  nav.nav {
   width: 230px; ………………… 01では300pxを230pxにしてスリムに
   height: 100vh;
   position: fixed;
   top: 0;
   right: 0;
   z-index: 2;
   opacity: 0;
   visibility: hidden; ………………… スペースを確保して非表示に
   background: #fff;
   transition: 0.5s;
  }
  nav.nav ul.item {（省略）…（01と同じ）}
  nav.nav ul.item li.list {
   padding-left: 0; ………………… 左側の内部余白を0に指定
   margin-left: 0;
   padding-bottom: 1.5rem;
  }
  nav.nav ul.item li.list::before { ………………… ::before擬似要素に対して、content: none;を適用することで、縦線を非表示に
   content: none;
  }
  #nav-input:checked ~ nav.nav { ………………… チェックボックスがチェックされた状態で、ナビを表示するように設定
   opacity: 1;
   visibility: visible;
  }
}
```

ナビゲーションとロゴをセンターに配置する

ヘッダー4（93ページ）とヘッダー7（108ページ）の構成を応用したヘッダーデザインです。
リンク数が多い場合、2段にすることでスッキリとまとめることができます。

PC
ロゴを中央に配置してブランディング訴求を強めます。
LOGO
ABOUT
SERVICE
PLANS
INFOMATION
CONTACT
余白を広くとってスッキリしたヘッダーデザインに。

HTMLと構造図の解説

HTML構成はヘッダー1「ベーシックなヘッダーデザイン」（80ページ）と同じなので、そちらを参照してください。

PC

CSSのポイント

ロゴとナビゲーションは、横並びではなく縦並びになるようにCSSを適用します。
ロゴはmargin: autoを使って中央寄せにします。
ナビゲーションはdisplay: flexでフレックスボックスを指定し、子要素のリンクボタンを横並びにし、水平方向中央揃えのjustify-content: center;を使用して中央寄せにしました。
header07と同様に疑似要素を使って、縦ラインをデザインしています。

CSS　sample/chapter3/header08/style.css

```
：（省略）・・・・・・・・・・・・・・・・・・・・・・・・・ 共通CSS
header.header08 {
  width: 100%;
  padding: 1.5rem 1rem; ・・・・・・・・・・・・・ 上下余白は少し広めにとる
}
```

次ページへつづく

```
div.logo {
 width: 60px;
 height: 30px;
 margin: 0 auto 1.5rem; ……………… 中央寄せにしつつ、下部に余白をつける
}
div.logo img {
 width: 100%;
 height: 100%;
 object-fit: contain;
}
nav.nav ul.item {
 display: flex; ……………… ナビゲーションにフレックスボックスを指定、子要素を横並びに
 justify-content: center; ……………… 水平方向に中央に配置する
}
nav.nav ul.item li.list { ……………… リンクボタンの余白と位置指定
 padding-left: 1.5rem;
 margin-left: 1.5rem;
 position: relative;
}
nav.nav ul.item li.list::before { ……………… 疑似要素で縦ラインを指定
 display: inline-block;
 content: "";
 width: 1px;
 height: 100%;
 background: #000;
 position: absolute;
 top: 0;
 left: 0;
}
nav.nav ul.item li.list:first-child::before {
 content: none; ……………… リスト項目の前に表示される縦線を非表示に
}
nav.nav ul.item li.list a {
 font-weight: bold;
 font-size: 0.9rem;
}
/* キービジュアル */
.fv-container {（省略）…（01と同じ）}
#menu-btn,.nav-hidden {
 display: none;
}
```

CSSのポイント

基本的には、header07と同じですが、ヘッダー要素全体に対して1remの余白（padding）を指定しています。また、メニューを開いたときにロゴが少し隠れます。

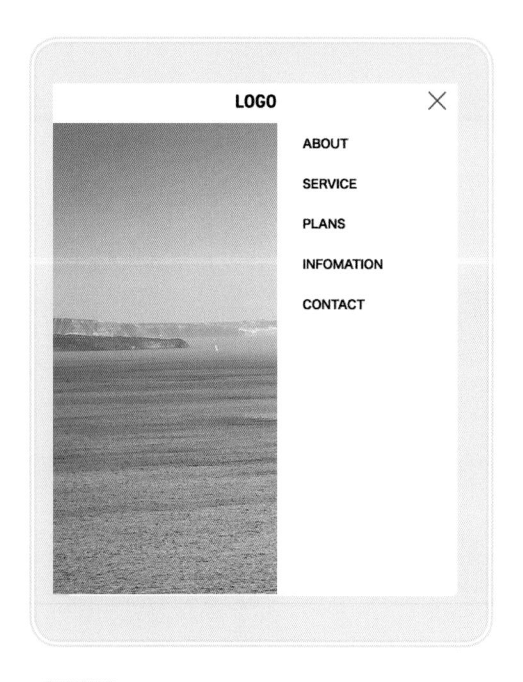

CSS　sample/chapter3/header08/style.css

```
@media (max-width: 768px) {
  #menu-btn{（省略）…（01と同じ）}
  #menu-btn span,
  #menu-btn span::before,
  #menu-btn span::after {（省略）…（01と同じ）}
  #menu-btn span {（省略）…（01と同じ）}
  #menu-btn span:before {（省略）…（01と同じ）}
  #menu-btn span:after {（省略）…（01と同じ）}
  #nav-input:checked ~ #menu-btn span {（省略）…（01と同じ）}
  #nav-input:checked ~ #menu-btn span::before {（省略）…（01と同じ）}
  #nav-input:checked ~ #menu-btn span::after {（省略）…（01と同じ）}
  header.header08 {
   padding: 1rem; ………… 上下左右に1remの内部余白を指定
  }
```

次ページへつづく

```
  div.logo {
    width: 50px;
    height: 20px;
    margin: 0 auto;                         ロゴを水平方向の中央に配置
  }
  nav.nav {
    width: 230px;                           header01よりスリムなメニューに
    height: 100vh;
    position: fixed;
    top: 0;
    right: 0;                               ナビゲーションメニューを画面の右端に配置
    z-index: 2;
    opacity: 0;
    visibility: hidden;                     ナビゲーションメニューを非表示に
    background: #fff;
    transition: 0.5s;
  }
  nav.nav ul.item {
    display: block;
    padding: 4rem 2rem;
  }
  nav.nav ul.item li.list {
    padding-left: 0;
    margin-left: 0;                         リストアイテムの左側のマージンをなくす
    padding-bottom: 1.5rem;
  }
  nav.nav ul.item li.list::before {
    content: none;                          リストを非表示に
  }
  #nav-input:checked ~ nav.nav {            クリックでメニューを表示
    opacity: 1;
    visibility: visible;
  }
}
```

ロゴの下に横ラインを引きスタイリッシュなデザインに

ロゴを上センターに配置して左右の余白を広く取ることで、フォトブックのようなデザインにしてみましょう。ロゴとナビゲーションの間には、横長の罫線をデザインします。

全幅にしないで幅を小さくすることで、デスクトップPCとノートPCで同じ表示にすることができます。

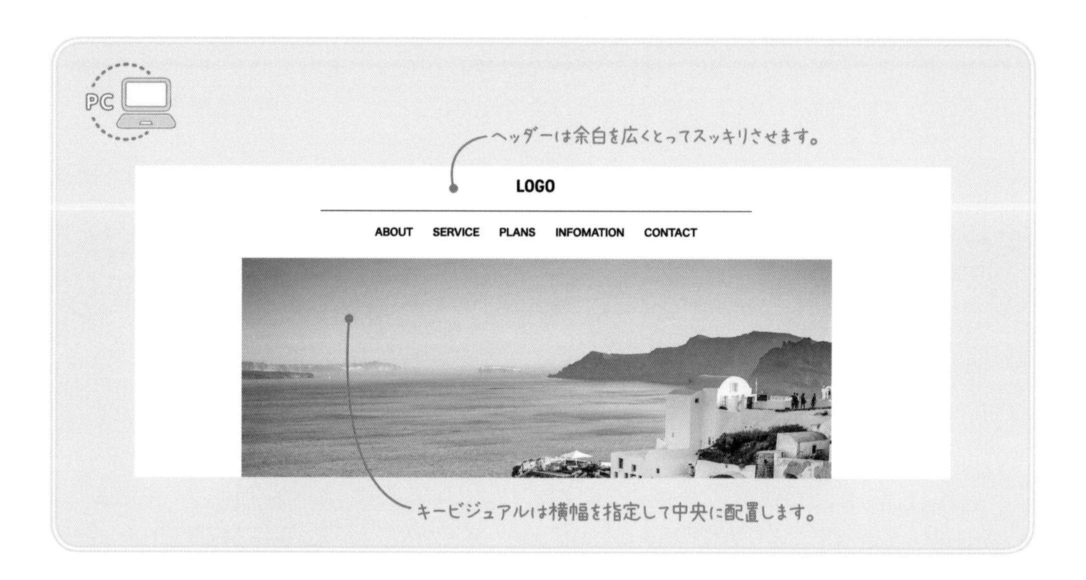
PC
ヘッダーは余白を広くとってスッキリさせます。
LOGO
ABOUT
SERVICE
PLANS
INFOMATION
CONTACT
キービジュアルは横幅を指定して中央に配置します。

HTMLと構造図の解説

HTML構成はヘッダー1「ベーシックなヘッダーデザイン」(80ページ)と同じなので、そちらを参照してください。

PC

CSSのポイント

ヘッダー8のロゴの下にナビゲーションを配置したデザインと同じですが、リンクボタン間の縦ラインがなくなり、ロゴの下に長い横ラインを入れました。

ロゴとナビゲーションの間の横ラインは、ナビゲーションにborder-topで上に罫線を指定します。あるいは、ロゴにborder-bottomをつけてもOKです。

ボーダーのマージンはmargin: 1.5rem auto 0;と指定し、上マージンを1.5rem、左右にautoを指定してセンター寄せにしています。

ボーダーラインがあると窮屈に見えることがあるので、広めに余白を取ってスッキリさせます。

キービジュアルはmax-width: 960pxと横幅の最大サイズを960pxに指定し、横に余白が出るようにデザインします。

CSS

sample/chapter3/header09/style.css

```
：（省略）………………………………… 共通CSS
header.header09 {
  padding: 2rem 1rem; ………………… ヘッダーは余白を多めに取ることでスッキリさせる
}
div.logo {
  width: 60px;
  height: 30px;
  margin: 0 auto;
}
div.logo img {（省略）…（08と同じ）}
 nav.nav {
  border-top: 1px solid #000; ………… ボーダーを指定します
  padding-top: 1.5rem;
  margin: 1.5rem auto 0; ……………… 中央寄せにしつつ、上部に余白をつける
  max-width: 700px;
}
nav.nav ul.item {
  display: flex;
  justify-content: center; ………… 水平方向に中央寄せにする
}
nav.nav ul.item li.list {
  padding: 0 1rem;
}

nav.nav ul.item li.list a {
  font-weight: bold;
}
/* キービジュアル */
.fv-container09 {
  max-width: 960px; …………………… キービジュアルを小さくすることで
                                    余白を作りスッキリする
  height: 40vh;
  background: url(./img/fv.jpg) no-repeat;
  background-size: cover;
  margin: 0 auto; ……………………… 左右中央寄せ
}
#menu-btn,.nav-hidden {
  display: none;
}
```

CSSのポイント

パソコンでは表示されていたボーダーのデザインをとって、シンプルなハンバーガーメニューにしました。

CSS　sample/chapter3/header09/style.css

```
@media (max-width: 768px) {
  #menu-btn{（省略）…（08と同じ）}
  #menu-btn span,
  #menu-btn span::before,
  #menu-btn span::after {（省略）…（08と同じ）}
  #menu-btn span {（省略）…（08と同じ）}
  #menu-btn span:before {（省略）…（08と同じ）}
  #menu-btn span:after {（省略）…（08と同じ）}
  #nav-input:checked ~ #menu-btn span {（省略）…（08と同じ）}
  #nav-input:checked ~ #menu-btn span::before {（省略）…（08と同じ）}
  #nav-input:checked ~ #menu-btn span::after {（省略）…（08と同じ）}
```

次ページへつづく

```
  {（省略）…（08と同じ）}
  div.logo {（省略）…（08と同じ）}
  nav.nav {
    width: 230px;
    height: 100vh;
    position: fixed;
    top: 0;
    right: 0;
    z-index: 2;
    opacity: 0;
    visibility: hidden;
    background: #fff;
    transition: 0.5s;
    border-top: 0; ........ PCでは表示される下線のデザインを非表示にする
    margin-top: 0; ........ ナビゲーションメニューの上の余白を0に
    padding-top: 0; ....... ナビゲーションメニューの上の内部余白を0に
  }
  nav.nav ul.item {
    display: block;
    padding: 4rem 2rem;
  }
  nav.nav ul.item li.list { ........ リストのスタイルを指定
    padding-left: 0;
    padding-bottom: 1.5rem;
  }
    nav-input:checked ~ nav.nav {
    opacity: 1;
    visibility: visible;
  }
}
```

＼＼ アレンジ //

2つのheaderの特徴を組み合わせてみよう！

ヘッダー1（80ページ）のような基本的なヘッダーデザインを、キービジュアルの上の空の部分に配置してみました。ナビゲーションの視認性を保つには、背景に黒フィルターをかけるか、テキストにシャドウを入れましょう。

黒フィルターをつけたメニューを上部に入れたデザイン

header01のHTMLの構造に、header06のデザインをつけていきます。

PC
ロゴ、文字色を白にすることで文字の視認性を確保します。
LOGO
ABOUT
SERVICE
PLANS
INFOMATION
CONTACT
キービジュアルを目立たせたい時に使えます。

HTMLと構造図の解説

HTML構成はヘッダー1「ベーシックなヘッダーデザイン」（81ページ）と同じなので、そちらを参照してください。

CSSのポイント

ヘッダー6のナビゲーションを、ヘッダー1と同じHTMLの構成に再利用したものです。
position: absolute; をbottomではなくtopにすることで、キービジュアルの上部に配置できます。

CSS　sample/chapter3/header10/style.css

```
：（省略）…………………… 共通CSS
header.header10 {
  width: 100%;
  height: 80vh;
  background: url(./img/fv.jpg) no-repeat;
  background-size: cover;
  position: relative;
  z-index: 1;
}
header.header10::before { …………………… 黒フィルター
  content: "";
  display: inline-block;
  width: 100%;
  height: 100%;
  background: rgba(0, 0, 0, 0.2);
  top: 0;
  left: 0;
  z-index: 2;
}
.header10-container {
  width: 100%;
  display: flex;
  align-items: center;
  justify-content: space-between;
  padding: 2rem 1rem;
  position: absolute;
  top: 0; …………………… キービジュアル上部に配置
  left: 0;
  z-index: 3;
}
div.logo {
  width: 80px;
  height: 30px;
```

次ページへつづく

```
}
div.logo img {
  width: 100%;
  height: 100%;
  object-fit: contain;
}
nav.nav ul.item {
  display: flex;
  align-items: center;
}
nav.nav ul.item li.list {
  padding-left: 2rem;
}
nav.nav ul.item li.list a {
  font-weight: bold;
  color: #fff;  ナビゲーションの文字色を白に
}
#menu-btn,.nav-hidden {
  display: none;
}
```

CSSのポイント

header09のスマートフォンの表示と大きく異なりますが、主に余白や背景色やz-indexの値を変えることで、この変化を出しています。

ナビゲーションメニューのスタイルは幅は230px、高さは画面全体の高さに設定され、右上に固定された位置に表示されます。

メニューの背景色は青色(#3656a7)に設定されています。

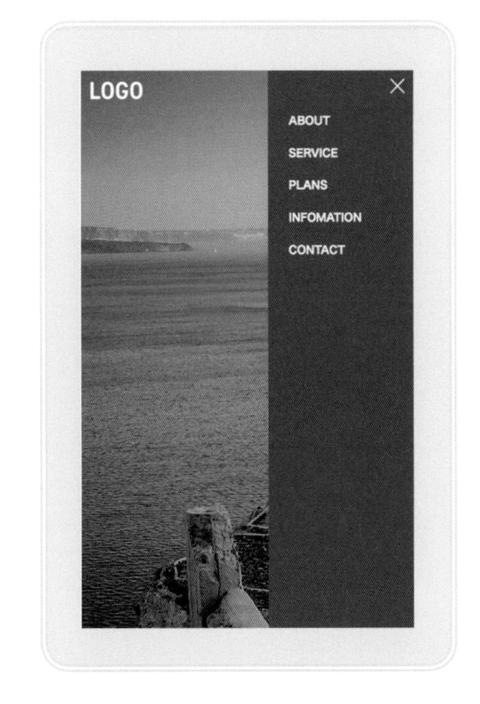

CSS

sample/chapter3/header10/style.css

```
@media (max-width: 768px) {
  #menu-btn{
   display: block;
   width:30px;
   height: 20px;
   position: fixed;
   top: 1rem;
   right: 1rem;
   z-index: 4;
  }
  #menu-btn span,
  #menu-btn span::before,
  #menu-btn span::after {
   content: "";
   height: 2px;
   width: 100%;
   border-radius: 3px;
   background: #fff;
   position: absolute;
   transition: 0.2s;
  }
  #menu-btn span {
   top: 0;
  }
  #menu-btn span:before {
   top: 8px;
  }
  #menu-btn span:after {
   top: 16px;
  }
  #nav-input:checked ~ #menu-btn span {
   top: 8px;
   transform: rotate(45deg);
  }
  #nav-input:checked ~ #menu-btn span::before {
   opacity: 0;
  }
  #nav-input:checked ~ #menu-btn span::after {
   top: 0;
   transform: rotate(-90deg);
  }
 .header10-container {
```

次ページへつづく

```
    padding: 1rem;
  }
  div.logo {
    width: 50px;
    height: 20px;
    margin: 0 auto;
  }
  nav.nav {
    width: 230px;
    height: 100vh;
    position: fixed;
    top: 0;
    right: 0;
    z-index: 3;
    opacity: 0;
    visibility: hidden;
    background: #3656a7;  ナビメニューの背景を青色に
    transition: 0.5s;
  }
  nav.nav ul.item {
    display: block;
    padding: 4rem 2rem;
  }
  nav.nav ul.item li.list {
    padding-left: 0;
    padding-bottom: 1.5rem;
  }
  #nav-input:checked ~ nav.nav {
    opacity: 1;
    visibility: visible;
  }
}
```

Chapter

4

カードデザインを作ってみよう

商品・メニュー一覧やブログ記事で使える
カードデザインの共通コード

カードのような四角形を並べたスタイルのデザインです。多くの場合、ひとつの項目に対して画像やテキスト、ボタン等、様々な要素が含まれています。
リンク先の内容をキャッチーにまとめたテキストや、思わずクリックしたくなるキレイな写真のセレクトが大切です。

- 思わずクリックしたくなる画像をセレクトする
- リンク先の内容をキャッチーにまとめたテキスト
- 目に入るリンクボタン
- 各デバイスの画面幅に収まる
- レスポンシブデザインに対応している（スマートフォンやタブレットでも見やすい）

HTMLのhead要素（共通）

Chapter 4で使用するHTMLファイルに共通するヘッダー部分です。meta要素では文字コードやビューポートなど、link要素では外部CSSファイルへのリンクを指定しています。

共通HTML　　sample/chapter4/card01/index.html

```
<!DOCTYPE html> ………… HTMLであることを宣言
<html lang="ja"> ………… 日本語ページであることを宣言
<head> ………… ヘッダーの始まり
  <meta charset="UTF-8"> ………… 文字のエンコーディングをUTF-8に設定
  <meta http-equiv="X-UA-Compatible" content="IE=edge"> ……
                    Internet Explorerの互換性モードを無効、最新バージョンで表示
  <meta name="viewport" content="width=device-width, initial-scale=1.0"> ……
                    モバイルデバイスやブラウザの表示領域に合わせて調整
  <title>カードデザイン01</title> ………… ページタイトルを入れます
  <link rel="stylesheet" href="assets/style.css"> … style.cssという外部のスタイルシートをリンク
</head>
```

共通CSS（リセット）

このCSSは、デフォルトのスタイルをリセットするために使います。

すべての要素*（ユニバーサルセレクタ）とその前後の要素（::beforeと::after）に対して、box-sizing: border-boxでボックスやボーダー、マージンを指定します。

すべての要素とその前後に作成される要素に対して、ボックスモデルの設定を行ったり、フォントや線を指定します。

body要素では、over flow-xで水平方向のオーバーフローを非表示にしています。

ul要素では、padding:0とlist-style: noneで余白とマーカーをなしに設定しています。

リンクのa要素には、透明な背景・テキスト要素なし、親要素のテキスト色を継承するようにしています。

Chapter 3の共通CSS（79ページ参照）からフォントに関する指定を除いた内容になっています。

共通CSS（リセット）　sample/chapter4/card01/style.css

```
*,
::before,
::after {
  box-sizing: border-box;
  border-style: solid;
  border-width: 0;
  margin: 0;
}

body {
  overflow-x: hidden; ........ 水平方向のオーバーフローを非表示に
}

ul {
  padding: 0;
  list-style: none; ........ リストのマーカーをなしに
}

a {
  background: transparent;
  text-decoration: none; ........ リンクの下線を消す
  color: inherit; ........ リンク要素のカラーを親要素から継承
}
```

Section
4-2

object-fit: cover;を使って画像を揃える

シンプルなカードデザイン

メニューや商品一覧ページなどで使いやすいデザインです。画像の善し悪しもデザインの決め手となるので、センスのある画像を使うようにしましょう。

画像とテキスト、リンクだけの基本のデザイン

このデザインは、<li>ダグの並びを組み替えるだけでレスポンシブデザインにしやすく、ボタンなどにエフェクトを加えやすいことが特徴です。ここでは、div要素のcontainerクラスを使って全体を作るシンプルなカードデザインを学びましょう。

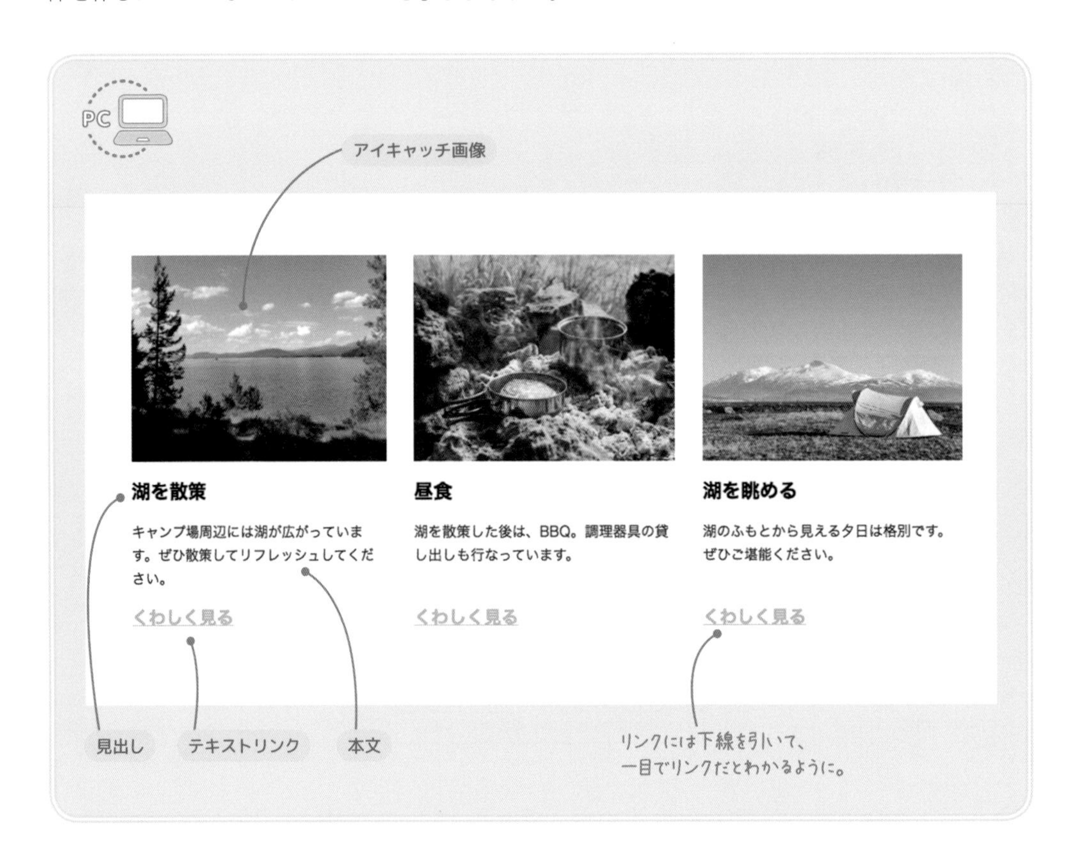
PC
アイキャッチ画像
湖を散策
キャンプ場周辺には湖が広がっています。ぜひ散策してリフレッシュしてください。
くわしく見る
昼食
湖を散策した後は、BBQ。調理器具の貸し出しも行なっています。
くわしく見る
湖を眺める
湖のふもとから見える夕日は格別です。ぜひご堪能ください。
くわしく見る
見出し
テキストリンク
本文
リンクには下線を引いて、
一目でリンクだとわかるように。

● HTMLと構造図の解説

構成要素は、画像・テキスト（見出しと本文）・リンクの3つの要素です。
リンクを入れる場所は、「詳しく見る」などリンクがあることがわかるテキストにしましょう。
<ul>を<div class="container">タグで囲み、ここでセクション間の余白を取っています。
さらに<ul>で<li>タグを囲み、リストの中に画像・見出し・本文・リンクを納めています。
<ul>の入れ子は<li>タグのみなので、注意しましょう。

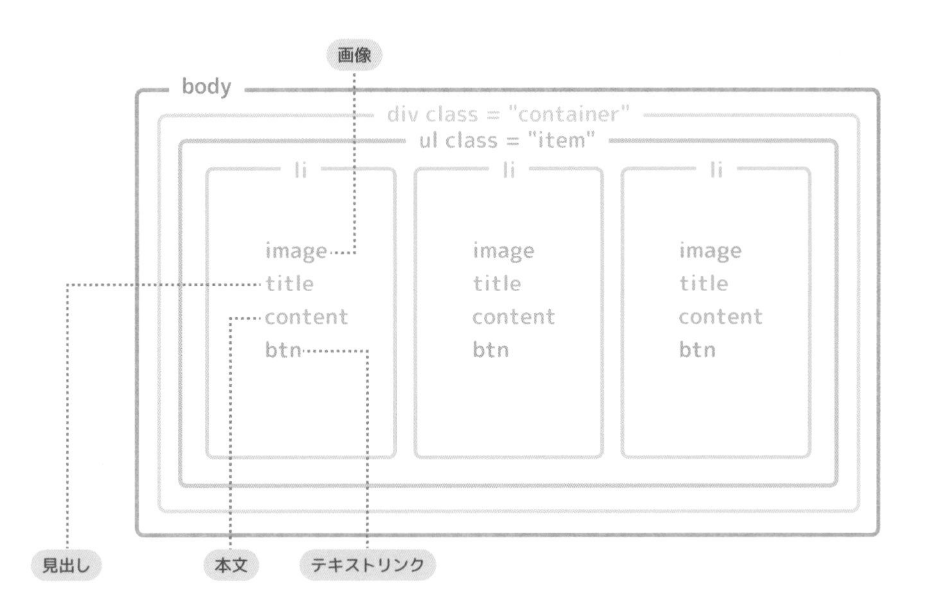

HTML　sample/chapter4/card01/index.html

```
：（省略）　……………… 共通HTML
<body>
  <div class="container">
    <ul class="item">
      <li class="list">
        <div class="image"> 画像
          <img src="./assets/img/img01.jpg" alt="きれいな湖の写真">
        </div>
        <h3 class="title">湖を散策</h3> 見出し
        <p class="content"> 本文
         キャンプ場周辺には湖が広がっています。ぜひ散策してリフレッシュしてください。
        </p>
        <a href="#" class="btn">くわしく見る</a> テキストリンク
      </li>
      <li class="list">
```

次ページへつづく

```
        <div class="image">
          <img src="./assets/img/img02.jpg" alt="キャンプで調理する写真">
        </div>
        <h3 class="title">昼食</h3>
        <p class="content">
          湖を散策した後は、BBQ。調理器具の貸し出しも行なっています。
        </p>
        <a href="#" class="btn">くわしく見る</a>
      </li>
      <li class="list">
        <div class="image">
          <img src="./assets/img/img03.jpg" alt="山の麓でテントを張る写真">
        </div>
        <h3 class="title">湖を眺める</h3>
        <p class="content">
          湖のふもとから見える夕日は格別です。ぜひご堪能ください。
        </p>
        <a href="#" class="btn">くわしく見る</a>
      </li>
    </ul>
  </div>
</body>
</html>
```

CSSのポイント

containerクラスにwidth: 100%と指定することで、一緒に指定しているpaddingも含めて横幅いっぱいに表示します。paddingのremの単位は親要素に影響を受けない相対的な単位です。

ul要素のitemクラスでは、display: flex;を指定することで子要素のli要素内の写真、タイトル、本文を横並びにしています。

さらにjustify-content: center;で子要素を左右中央寄せにします。

写真はdiv要素のimageクラスに**object-fit: cover;**で写真の縦横比を維持しながら、はみ出す部分をトリミングしています。

リンクボタンは、text-decoration: underline;で下線を引き、margin-top: auto;の指定で下揃えにします。

◆ object-fit: cover; について

画像を一覧表示する場合など、画像サイズを統一するとキレイに見えますね。

しかし、画像を１枚ずつトリミングするのは大変です。

こんなときは、CSSのobject-fitプロパティで画像を中央の位置でトリミングすると便利です。

object-fitプロパティにcoverを指定すると、画像領域内に縦横比を保持しつつ、上下か左右の短い辺が画像領域にフィットし、長い辺のほうがトリミングされます。

：トリミングでカットされた部分

CSS　sample/chapter4/card01/style.css

```
：（省略）………………………………… 共通CSS
.container {
  width: 100%;
  padding: 10rem 1rem;
}

ul.item {
  list-style: none; ……………… ulのドットを消す
  display: flex; ……………… 子要素を横並びに
  justify-content: center; ……………… 子要素を左右中央寄せに
  max-width: 960px; ……………… コンテンツ幅。デスクトップ、ノートPCでも見れるサイズ
  margin: 0 auto; ……………… ulを中央寄せに
}

li.list {
  width: 33.3%; ……………… カード3つを均等に配置
  min-height: 420px; ……………… 縦幅の最小サイズ
  margin-right: 2rem;
  display: flex; ……………… ボタンを下揃えにするために一旦フレックスで横並びに
  flex-direction: column; ……………… 横並びを縦並びに戻す
}

li.list:last-child {
  margin-right: 0; ……………… liの最後は、右側の余白を消す
}
```

次ページへつづく

```
div.image {
  width: 100%;
  height: 230px;
}

div.image img {
  width: 100%;
  height: 100%;
  object-fit: cover; ········ imgを自動でトリミング
}

h3.title {
  padding: 1rem 0;
  font-weight: bold;
  font-size: 22px;
}

p.content {
  line-height: 1.6;
  color: #333;
}

a.btn {
  display: inline-block;
  text-decoration: underline; ········ 下線を引く
  font-weight: bold;
  font-size: 20px;
  color: #e4c140;
  margin-top: auto; ········ 下揃えにするためにtopはauto
}

a.btn:hover {
  opacity: 0.8; ········ カーソルを当てると半透明に
}
```

画像

見出し

本文

テキストリンク

CSSのポイント

スマートフォンでは、flex-wrap:wrapで要素を自動で折り返すように記述します。

flex-wrapは、フレックスアイテムを一行に押し込むか複数行に折り返すかを指定するプロパティです。wrapを値として指定すると、複数行に折り返されます。

また、li.listについていた右側の余白margin-rightを解除し、margin-bottomで下部に余白をつけています。

昼食
湖を散策した後は、BBQ。調理器具の貸し出しも行なっています。
くわしく見る

CSS　sample/chapter4/card01/style.css

```
@media screen and (max-width: 956px) {
  ul.item {
    flex-wrap: wrap;           子要素を自動で折り返し
    max-width: 420px;
  }

  li.list {
    width: 100%;
    min-height: 400px;
    margin-right: 0;           余白を解除して下に余白をつける
    margin-bottom: 3rem;
  }

  li.list:last-child {
    margin-bottom: 0;          liの最後は余白を消す
  }
}
```

グリッドを使った

ポラロイド風カードデザイン

ブログなどでもよく見かける、画像と日付、タイトルで構成されたカードデザインです。写真を横位置で使用して、ポラロイド風にしてみましょう。

カード全体をリンクにするデザイン

背景色をカードと分けたり、マウスオーバーすると半透明になるなどのエフェクトを入れると、クリックするとリンク先に飛ぶことが直感的に理解できるデザインになります。

ここでカードを横並びのレイアウトにするCSSは、Flexboxではなく**グリッドレイアウト**（grid-template-columns）を使ってみます。

Flexboxよりもコード数が少なく、効率的に行・列のグリッドレイアウトができます。

● HTMLと構造図の解説

<a>タグで画像・日付・見出しを囲み、カード自体にリンクを設定し、その外側に<li>、<ul>タグでマークアップし、さらに外側に<div>タグでコンテナにしています。

このとき、<li>を<a>タグで囲んでしまうと**入れ子ルール**に反してしまうので、注意が必要です。

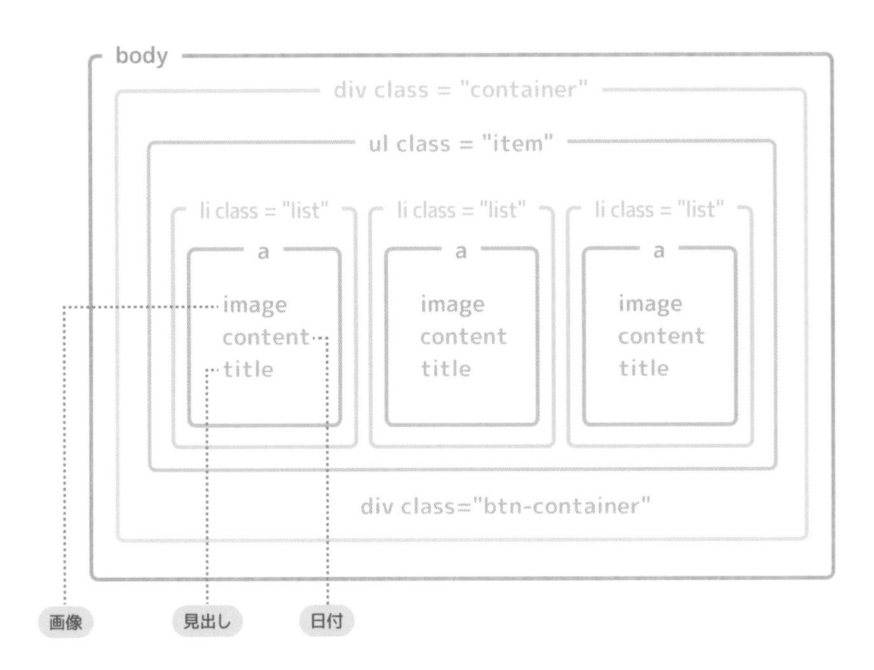

HTML　sample/chapter4/card02/index.html

```
：（省略）………………………… 共通HTML
<body>
  <div class="container">
    <ul class="item">
     <li class="list">
       <a href="">
       <div class="image">  画像
         <img src="./assets/img/img01.jpg" alt="ビルが並ぶ写真">
       </div>
       <p class="content">  日付
         2022.02.22
       </p>
       <h3 class="title">タイトルが入ります</h3>  見出し
     </a>
     </li>
```

次ページへつづく

```
：（省略） ······························ 残りのカードを繰り返す
      </ul>
      <div class="btn-container">
        <a href="">ブログ一覧</a>
      </div>
    </div>
</body>
</html>
```

CSSのポイント

フレックスボックス（32ページ参照）ではなく、**グリッドレイアウト**（35ページ参照）を使ったカードデザインです。このような一定間隔で並べるデザインをグリッドレイアウトで実装すると、コードの記述が少なく、フレックスボックスではできない複雑なレイアウトも可能になります。

グリッドデザインは、ul.itemセレクタに指定します。

最初にdisplay: gridを指定してグリッドコンテナを作成し、その中にアイテムが入ります。

列トラックを指定し、親要素いっぱいに3つずつ横に並べる書き方は、grid-template-columns: repeat(3, 1fr)のようにgrid-template-columnsでグリッドコンテナの列数や列幅を指定します。

1frは、display: gridを指定した要素の未指定の横幅をfrの合計値で割った幅です。1、2、3トラック幅がそれぞれ300pxで、4トラック目は残りの幅となります。

次のように、repeat(繰り返し回数, 各トラックの値);を使って省略することができます。

grid-template-columns: repeat(3, 1fr);

gap: 2rem;はグリッドの間隔を指定しています。今回は、2remの余白を指定していることになります。

なお、grid-template-rowsで行方向の行数やトラック幅を指定することができます。

CSS　sample/chapter4/card02/style.css

```
：（省略） ······························ 共通CSS
.container {
  background-color: #f7f7f7; ············ 背景色
  width: 100%;
  padding: 10rem 1rem;
}

ul.item {
  list-style: none;
  max-width: 960px;
  margin: 0 auto;
```

次ページへつづく

```
  display: grid;                              グリッドコンテナを指定
  grid-template-columns: repeat(3, 1fr);      3トラックをすべて同じ比率で並べる
  gap: 2rem;                                  余白は2remに
}

li.list {
  min-height: 300px;                          高さの最小値を指定
  background: #fff;
  padding: 1.5rem 1rem;
}

div.image {
  width: 100%;
  height: 154px;
}

div.image img {
  width: 100%;
  height: 100%;
  object-fit: cover;                          imgを自動でトリミング
}
                                              (画像)
p.content {
  line-height: 1.6;
  color: #333;
  padding: 0.5rem 0;
  margin-bottom: 1rem;
  border-bottom: 1px solid #9a9696;           日付の下に線を引く
}
                                              (日付)
h3.title {
  font-weight: bold;
  font-size: 1.2rem;
}
                                              (見出し)
li.list a {
  display: block;
  transition: 0.2s;
}

li.list a:hover {
  opacity: 0.7;
```

次ページへつづく

```
}

/* ボタン */
.btn-container {
  text-align: center;
}

.btn-container a {
  display: inline-block;
  background: #f5c160;
  color: #fff;
  padding: 8px 50px 8px 30px; ·········· 右側に矢印アイコンがあるため、右側に多めに余白を取る
  font-weight: bold;
  margin-top: 50px;
  position: relative;
}

.btn-container a::after {
  content: ""; ·········· 擬似要素を使用する時は必ず必要
  background: url(./img/arrow.svg) no-repeat; ·········· 矢印アイコンを表示
  background-size: contain;
  width: 15px;
  height: 15px;
  position: absolute;
  top: 0;
  bottom: 0;
  right: 10px; ·········· 右から10px内側にずらす
  margin: auto; ·········· 中央寄せ
  transition: 0.2s;
}

.btn-container a:hover::after {
  right: 5px; ·········· カーソルを当てると矢印アイコンが右に5px移動
}
```

CSSのポイント

grid-template-columns: repeat(1, 1fr);と記述することで、親要素いっぱいに1トラック（列）で並べることができます。

このままでもレスポンシブになりますが、この時にmax-widthの値を調整することで、間伸びしたレイアウトを避けることができます。

CSS　　sample/chapter4/card02/style.css

```
@media screen and (max-width: 768px) {
 ul.item {
  max-width: 420px;
  grid-template-columns: repeat(1, 1fr);  ……… 1カラムに
 }

 /* ボタン */
 .btn-container a::after {
  position: absolute;
  right: 15px;  ……… 矢印アイコンを少し内側に
 }

 .btn-container a:hover::after {
  right: 10px;
 }
}
```

backgroundで背景に画像を使った

シンプルで優しいテイストのカードデザイン

背景にテクスチャ素材の画像を使ったり、影を入れたりするとグッとシックでおしゃれな雰囲気になります。

テクスチャーと影でおしゃれ感をアップさせる

ランディングページなどでリンク先への回遊を促したい場合は、ボタンを使ってアイチャッチを作るとよいでしょう。

ボタンのデザインについては、Chapter 9（270ページ以降）でさらに詳しく解説します。

このカードデザインに使用するCSSはSection 4-3で使ったグリッドレイアウトではなく、**フレックスボックス**を使います。

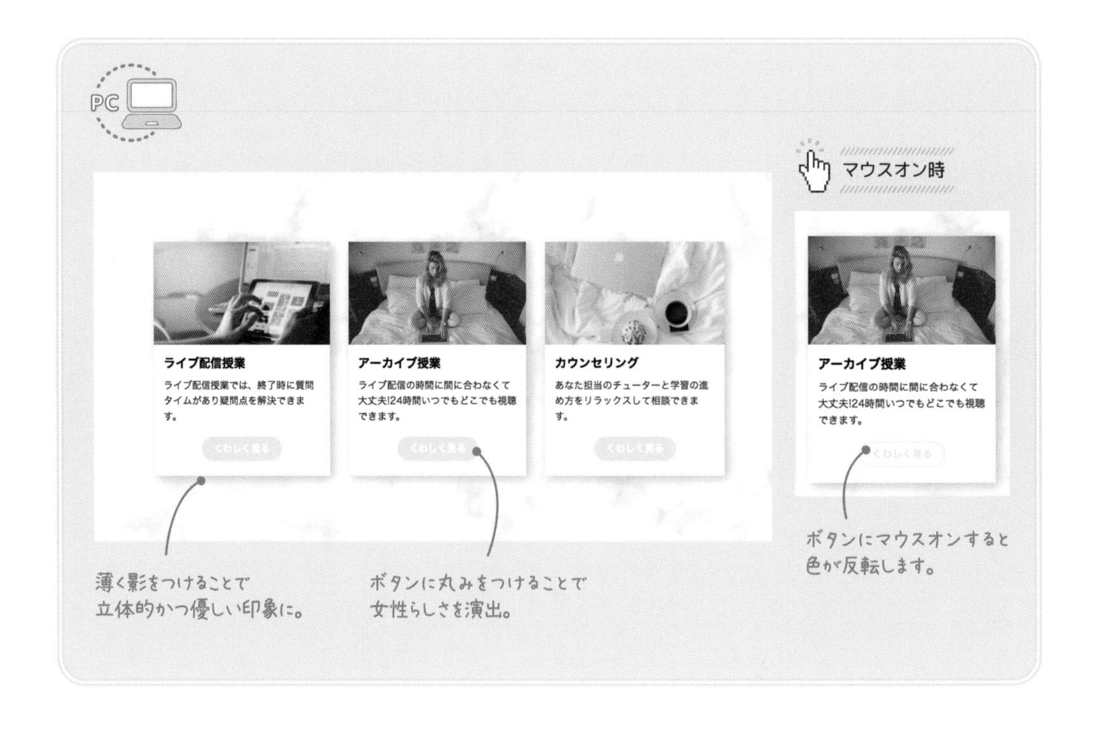

HTMLと構造図の解説

<ul>を<div class="container">タグで囲み、ここでセクション間の余白を取っています。
さらに<ul>で<li>タグを囲み、<li>タグの中に画像・見出し・本文・リンクを納めています。
<ul>の入れ子は<li>タグのみなので、注意しましょう。

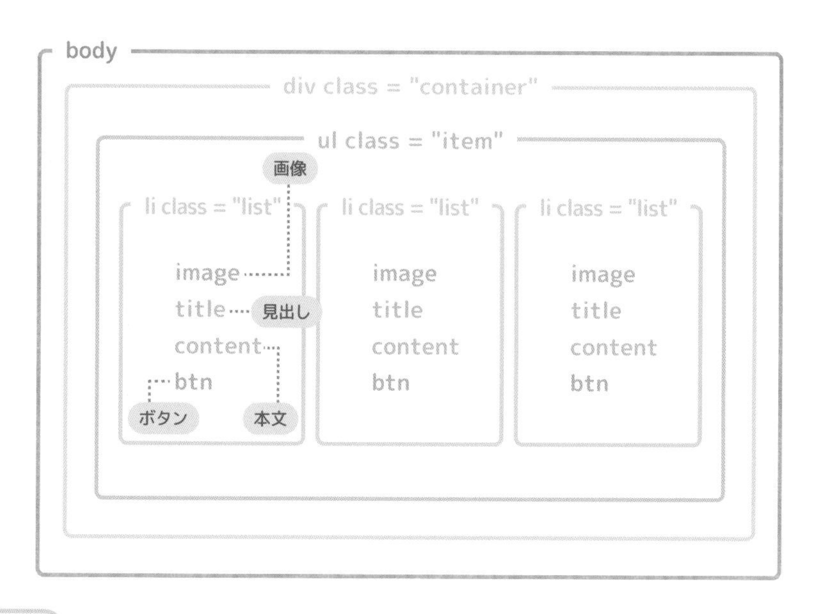

HTML

sample/chapter4/card03/index.html

```
：（省略）…………………… 共通HTML
<body>
  <div class="service-container container">
    <ul class="item">
      <li class="list">
        <div class="image"> 画像
          <img src="./assets/img/service01.jpg" alt="ダブレットで授業を受ける写真">
        </div>
        <h3 class="title">ライブ配信授業</h3> 見出し
        <p class="content"> 本文
          ライブ配信授業では、終了時に質問タイムがあり疑問点を解決できます。
        </p>
        <a href="#" class="btn">くわしく見る</a> ボタン
      </li>
：（省略）…………………… 残りのカードを繰り返す
    </ul>
  </div>
</body>
</html>
```

CSSのポイント

　ここでは、ul.itemセレクタにdisplay: flexを指定し、フレックスボックスでレイアウトします。display: flexを指定すると、その下の要素が並列になります。カードは、要素内のコンテンツ量によって縦幅がガタつきやすいので、min-heightで高さの最小値を固定するのがおすすめです。

　その時に、ボタンを下揃えにするためにmarginプロパティでtopはauto、左右にもautoをつけて左右中央揃え、下は1.5remのマージンを指定します。

CSS　　sample/chapter4/card03/style.css

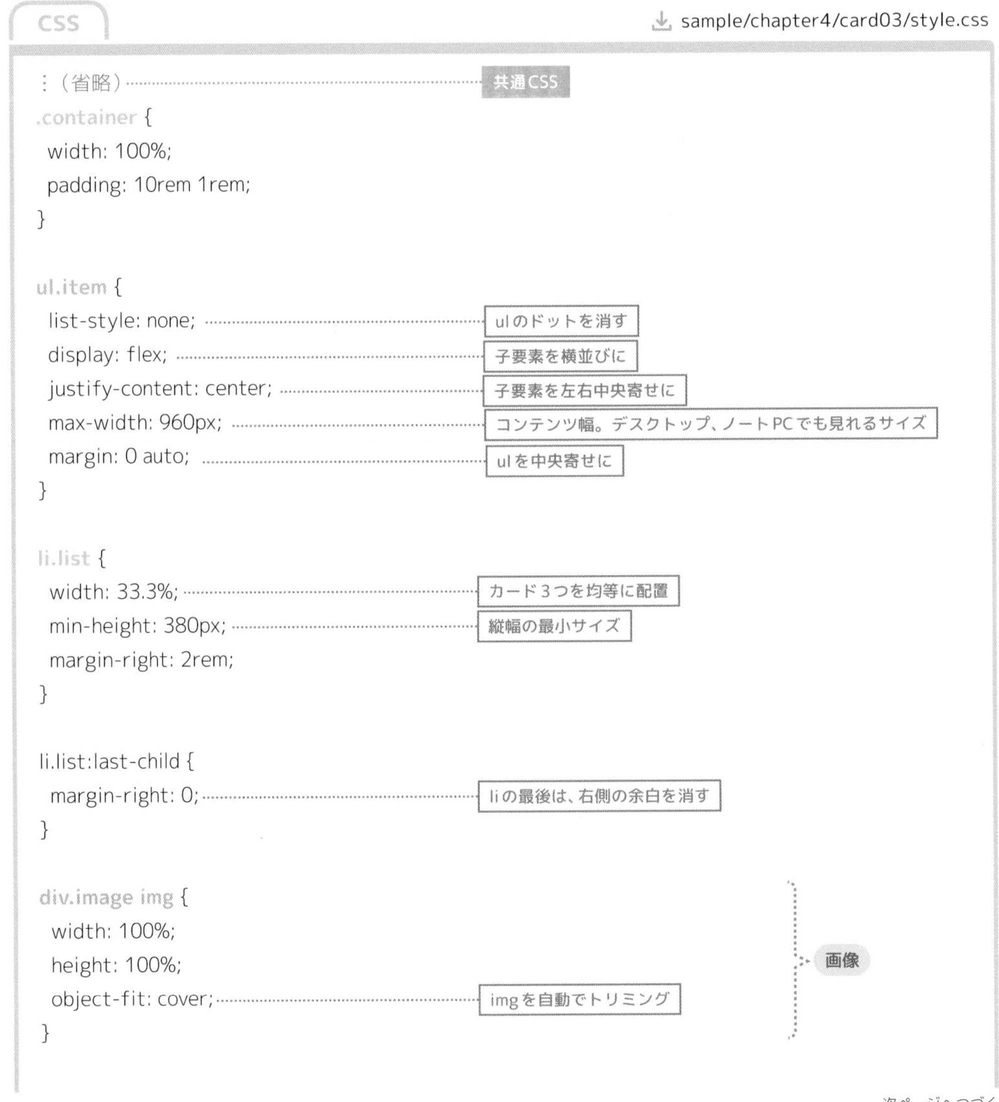

```
：（省略）
.container {
  width: 100%;
  padding: 10rem 1rem;
}

ul.item {
  list-style: none;
  display: flex;
  justify-content: center;
  max-width: 960px;
  margin: 0 auto;
}

li.list {
  width: 33.3%;
  min-height: 380px;
  margin-right: 2rem;
}

li.list:last-child {
  margin-right: 0;
}

div.image img {
  width: 100%;
  height: 100%;
  object-fit: cover;
}
```


次ページへつづく

```
h3.title {
  font-weight: bold;
  font-size: 20px;
}                                                    見出し

p.content {
  line-height: 1.6;
  color: #333;
}                                                    本文

/* サービス内容 */
.service-container {
  background: url(./img/bg.png); ········· 大理石柄の背景画像
}

li.list {
  display: flex; ········· ボタンを下揃えにするために一旦フレックスで横並びに
  flex-direction: column; ········· 横並びを縦並びに戻す
  min-height: 380px;
  background: #fff;
  box-shadow: 5px 5px 25px rgba(0, 0, 0, 0.2); ········· ボックスの影
}

li.list div.image {
  width: 100%;
  height: 167px;
}

h3.title {
  padding: 1rem 1rem 0.5rem;
}

p.content {
  padding: 0 1rem;
}
```

次ページへつづく

```
li a.btn {
 display: inline-block;
 text-align: center;
 font-weight: bold;
 font-size: 16px;
 border-radius: 30px;
 padding: 6px 18px;
 color: #fff;
 background: #ccebe6;
 margin: auto auto 1.5rem auto; ……… 下揃えにするためにtopはauto、左右にもautoをつけて左右中央揃え
 border: 2px solid #ccebe6; ……… ボーダー
 transition: 0.2s; ……… アニメーションの秒数
}

li a.btn:hover {
 color: #ccebe6; ……… マウスオンしたら文字を水色に
 background: #fff; ……… マウスオンしたら背景を白色に
}
```

ボタン

CSSのポイント

スマートフォンでは、flex-wrap:wrapで要素を自動で折り返すように記述します。

また、li.listについていた右側の余白margin-rightを解除し、margin-bottom（下）に余白をつけています。

imgを囲むimageのheightは、PCのままだと狭いので、200pxに広げています。

CSS

sample/chapter4/card03/style.css

```
@media screen and (max-width: 956px) {
  ul.item {
    flex-wrap: wrap;
    max-width: 420px;
  }

  ul.item li.list {
    width: 100%;
    margin-right: 0;
    margin-bottom: 3rem;
  }

  li.list:last-child {
    margin-bottom: 0;
  }

  /* サービス内容 */
  .service-container ul.item li.list {
    min-height: 380px;
  }

  .service-container ul.item li.list .image {
    height: 200px;
  }
}
```

横並びの子要素の幅がセクション幅を超えたら、自動で折り返す（flex-wrap: wrap;）

border-radiusで丸を作る

丸数字カードデザイン

手順やランキング紹介など、カードデザインに順番などの数字が必要なときは、丸つき数字を写真の右上に配置してデザインしてみましょう。

数字付きのカードデザイン

カードデザインに丸つき数字のあしらいを入れる方法として、ここではpositionプロパティを使って位置を指定して配置してみます。

PC
番号を振って手順がわかるように。
余白を取ってスッキリみせます。
Flow
お申し込みの流れ
1
2
3
メールでお申し込み
まずは、メールにて興味のある講座を申し込む。
※複数講座のお申し込みOK
無料講座受講
実際の講座を体験して頂きます。
続けられそうか、興味のある分野かなど再考ください。
ご契約
無料体験のあと、講座に満足頂ければお申し込み下さい。
※挫折せずに続けるため１講座の申し込みにして下さい

HTMLと構造図の解説

li要素に番号・見出し・画像・本文を納めています。番号はわかりやすく一番上に記述していますが、もし<p>タグで番号を記述する場合、HTML構成的にh3 =" title" より下に記述しましょう。また、今回は<div>タグで記述していますが、<span>タグを使用しても問題ありません。

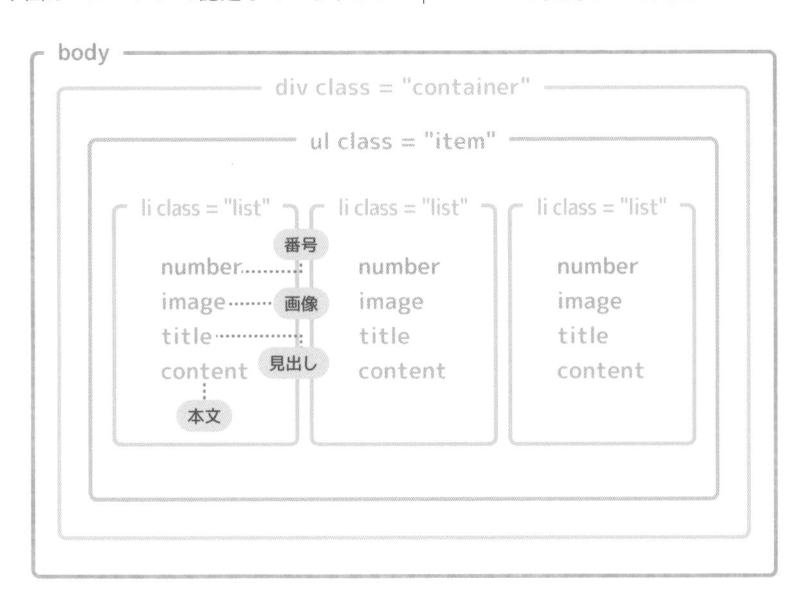

HTML

sample/chapter4/card04/index.html

```
：（省略） ………… 共通HTML
<body>
  <div class="container">
    <ul class="item">
      <li class="list">
        <div class="number">1</div> 番号
        <div class="image"> 画像
          <img src="./assets/img/img01.jpg" alt="パソコンとスマホの写真">
        </div>
        <h3 class="title">メールでお申し込み</h3> 見出し
        <p class="content"> 本文
         まずは、メールにて興味のある講座を申し込む。<br>※複数講座のお申し込みOK
        </p>
：（省略） ………… 残りのカードを繰り返す
    </ul>
  </div>
</body>
</html>
```

CSSのポイント

numberセレクタにpositionを使って丸つき番号を配置しています。position: absoluteを指定することで他の要素に影響を与えることなく配置場所を**絶対位置で指定**することができます。

top: -20px、left: -20pxで、起点の上端から-20px、左端から-20pxの位置になります。数字の背面の正円はborder-radius: 50%とし、幅、高さを50pxに指定します。

CSS　sample/chapter4/card04/style.css

```
：（省略）　　　　　　　　　　　　　　共通CSS
/* お申し込みの流れ */
.container {
  background-color: #faf7f5;
}
 ul.item li.list {
  position: relative;
}
. div.image {                             ┐
  width: 100%;                            │ アイキャッチ画像
  height: 230px;                          │
}                                         ┘
. h3.title {                              ┐
  color: #fdc2b6;                         │
  text-align: center;                     │ 見出し
  padding: 1rem 0;                        │
}                                         ┘
.number {                                 ┐
  background-color: #fdc2b6;              │
  color: #fff;                            │
  font-weight: bold;                      │
  font-size: 20px;                        │
  border-radius: 50%;  ……… 要素を丸く      │
  width: 50px;                            │
  height: 50px;                           │ 番号
  display: flex;                          │
  align-items: center;  ……… 番号を上下中央寄せにする
  justify-content: center;  ……… 番号を左右中央寄せにする
  position: absolute;  ……… 楕円形ごと左上にずらす
  top: -20px;                             │
  left: -20px;                            │
}                                         ┘
```

CSSのポイント

スマートフォンでは、flex-wrap:wrapで要素を自動で折り返すように記述します。

また、li.listについていた右側余白margin-rightを解除し、margin-bottom（下）に余白をつけています。

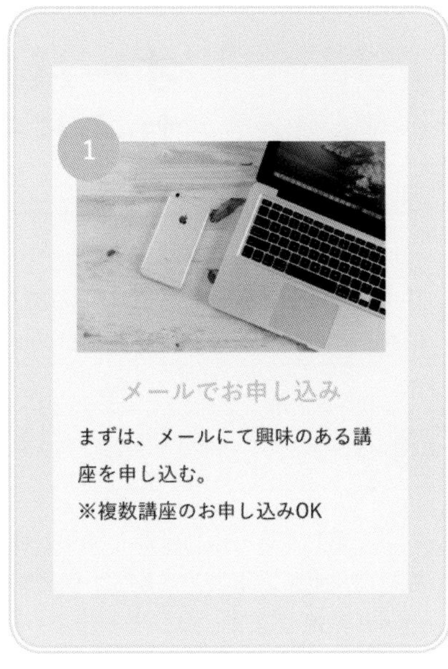

1
メールでお申し込み
まずは、メールにて興味のある講座を申し込む。
※複数講座のお申し込みOK

CSS　sample/chapter4/card04/style.css

```
@media screen and (max-width: 956px) {
  ul.item {
    flex-wrap: wrap; ……… 横並びの子要素の幅がセクション幅を超えたら、自動で折り返す
    max-width: 420px;
  }
  ul.item li.list {
    width: 100%;
    margin-right: 0;
    margin-bottom: 3rem;
  }
  li.list:last-child {
    margin-bottom: 0;
  }
  /* お申し込みの流れ */
  ul.item li.list {
    min-height: auto;
  }
}
```

Section
4-6

backdrop-filterとfilter: drop-shadowで作る

オーバル型のおしゃれなカードデザイン

サイトの中心となる商品紹介のリンクなどで、カードデザインを使うときは少し凝ったデザインにすると、サイトのおしゃれ感がグッと上がります。

グラスモーフィズムデザイン

ここで紹介するのは、ぼかし効果と横スクロールを採用した中級レベルのデザインです。

縦長の角丸長方形カードを3つ横に配置し、真ん中のカードは下にずらしています。

カード背面にはオレンジのグラデーションを敷き、カードを半透明にすることでカードの色もグラデーションになっています。

中にはドーナッツの写真、種類名、ボタンを配置しました。

角丸長方形と写真には影をつけることで立体的でポップなデザインになります。

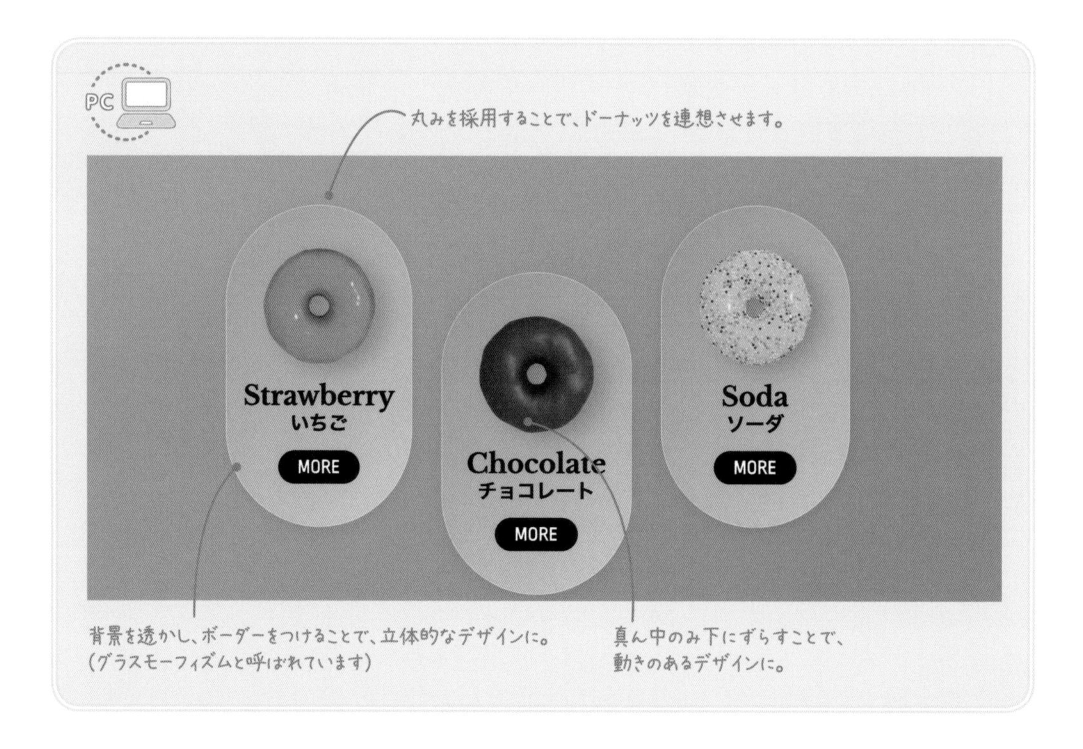
PC
丸みを採用することで、ドーナッツを連想させます。
Strawberry
いちご
MORE
Chocolate
チョコレート
MORE
Soda
ソーダ
MORE
背景を透かし、ボーダーをつけることで、立体的なデザインに。
(グラスモーフィズムと呼ばれています)
真ん中のみ下にずらすことで、
動きのあるデザインに。

HTMLと構造図の解説

<ul>を<div class="container">タグで囲み、ここでセクション間の余白を取っています。さらに<ul>で<li>タグを囲み、リストの中に画像・見出し・リンクを納めています。<ul>タグの入れ子は<li>タグのみなので、注意しましょう。

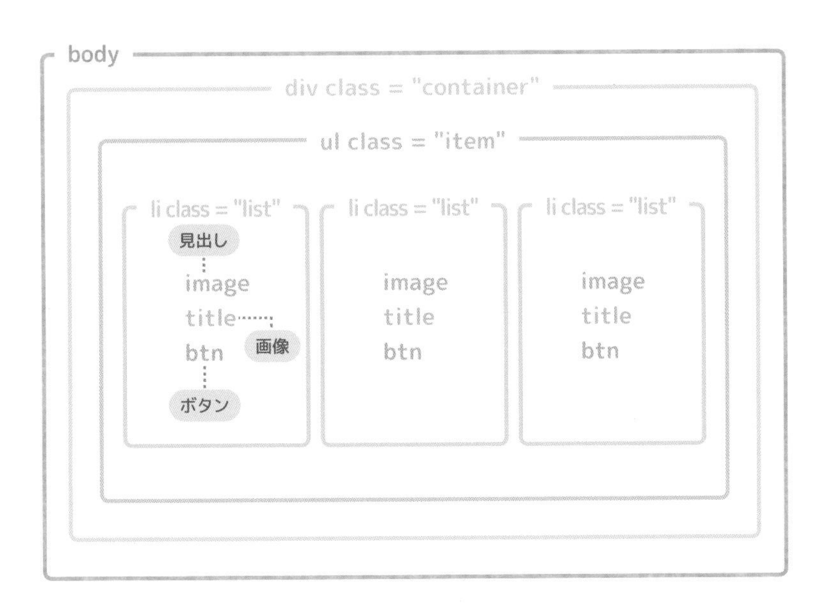

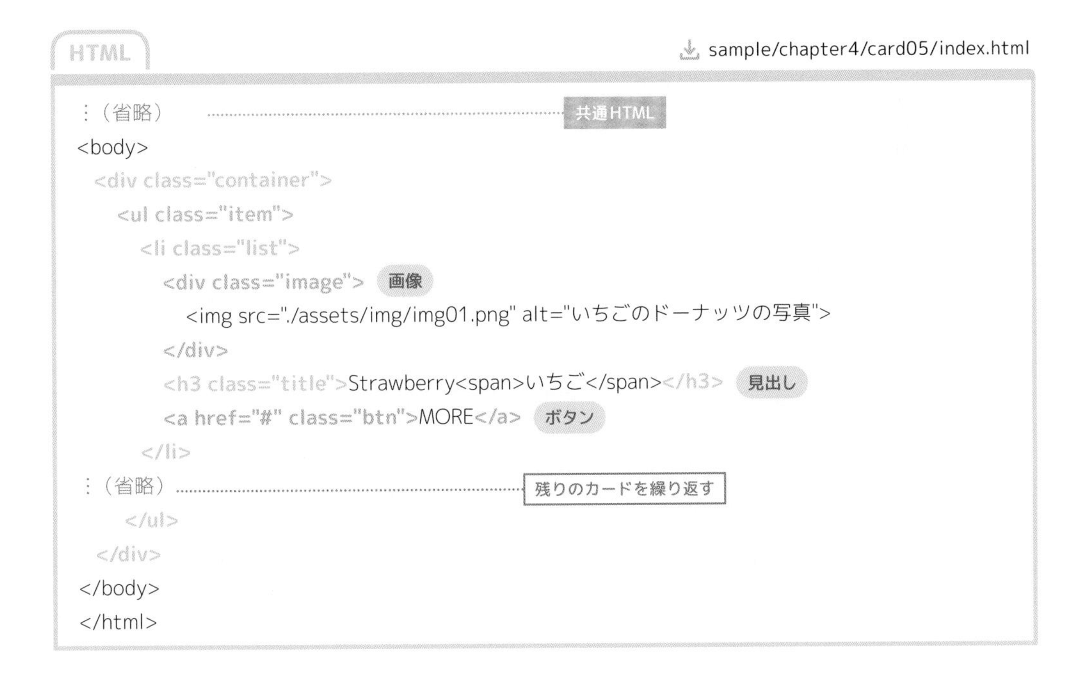

HTML　　sample/chapter4/card05/index.html

```
：（省略）  ………………………… 共通HTML
<body>
  <div class="container">
    <ul class="item">
      <li class="list">
        <div class="image"> 画像
          <img src="./assets/img/img01.png" alt="いちごのドーナッツの写真">
        </div>
        <h3 class="title">Strawberry<span>いちご</span></h3> 見出し
        <a href="#" class="btn">MORE</a> ボタン
      </li>
：（省略） ………………………… 残りのカードを繰り返す
    </ul>
  </div>
</body>
</html>
```

CSSのポイント

ここでは、ul.itemセレクタに**display: flex**を指定して子要素のカードを横並びにします。

カードに半透明のborderを指定し、背景色をbackground-image: linear-gradientを使ってグラデーションにすることで、オレンジ背景を透かして見せることができます。

borderや背景色の不透明度を調整したり、ぼかしの**backdrop-filter: blur**の値を調整することで、違ったデザインを再現できます。

CSS　sample/chapter4/card05/style.css

```
：（省略）………………………… 共通CSS
.container {
  background: linear-gradient(to top left, #e68b28, #eba85e);
  width: 100%;
  padding: 10rem 1rem 15rem;
}

ul.item {
  list-style: none; ………… ulのドットを消す
  display: flex; ………… 子要素を横並びに
  justify-content: center; ………… 子要素を左右中央寄せに
  max-width: 960px; ………… コンテンツ幅。デスクトップ、ノートPCでも見れるサイズ
  margin: 0 auto; ………… ulを中央寄せに
}
li.list {
  width: 380px;
  min-height: 480px; ………… 縦幅の最小サイズ
  margin-right: 2.8rem;
  background-image: linear-gradient(135deg, transparent 1%, rgba(255, 255, 255, 0.5) 100%); ………… 背景を白のグラデーションに
  border-radius: 185px; ………… 角丸
  border: 1px solid rgba(255, 255, 255, 0.5); ………… ボーダーを白の半透明に
  -webkit-backdrop-filter: blur(30px); ………… ぼかしエフェクト
  /* ぼかしエフェクト */
  backdrop-filter: blur(30px);………… ぼかしエフェクト
  box-shadow: 0 5px 20px rgba(0, 0, 0, 0.1); ………… ボックスの影
  display: flex; ………… ボタンを下揃えにするために一旦フレックスで横並びに
  flex-direction: column; ………… 横並びを縦並びに戻す
}
```

次ページへつづく

```
li.list:nth-child(2) {
  position: relative; ………… 要素を移動させるために指定
  bottom: -100px; ………… 下に100pxずらす
}

li.list:last-child {
  margin-right: 0;
}

div.image {
  width: 175px;
  margin: 4rem auto auto; ………… 画像を中央寄せに
}

div.image img {
  width: 100%;
  filter: drop-shadow(20px 10px 15px rgba(0, 0, 0, 0.2)); ………… 画像に影をつける
}
                                                    画像

h3.title {
  padding: 1rem 0;
  color: #1c0d02;
  font-weight: bold;
  text-align: center;
  font-size: 40px;
  font-family: "Libre Baskerville", serif; ………… フォント指定
}
                                                    見出し

h3.title span {
  display: block; ………… 改行させるために指定
  font-family: "Hiragino Kaku Gothic ProN", "Hiragino Sans", sans-serif; ………… フォント指定
  font-size: 30px;
}

a.btn {
  width: 127px;
  background: #1c0d02;
  border-radius: 30px;
  font-size: 29px;
  font-weight: bold;
  color: #fff;
  font-family: "Ropa Sans", sans-serif; ………… フォント指定
                                                    ボタン
```

次ページへつづく

```
  padding: 8px 0;
  text-align: center;
  margin: auto auto 4rem; ........ 下・左右中央揃え
  transition: 0.3s; .............. アニメーションの秒数
}

a.btn:hover {
  opacity: 0.8; .................. ボタンを半透明に
}
```

ボタン

CSSのポイント

タブレット以下の幅のデバイスでは、水平スクロール（overflow-x: scroll）を指定することで、PCと同じ並びを引き続き使用することができます。

overflow-x: scroll; で要素内が水平にスクロールできるようにします。

次に、子要素の横幅はflex: 0 0 auto; を指定します。

flex: に続く3つの変数は、flex:[grow][shrink][basis]の指定となります（flexはflex-grow、flex-shrink、flex-basisのショートハンドです）。

growは、親要素のflexコンテナの余っているスペースをflexアイテムに分配して、flexアイテムを伸ばすプロパティです。ここでは0なので、伸張しません。

flex-shrinkは、親要素のflexコンテナからはみ出した分を、子要素のflexアイテムで縮めるプロパティです。ここでは0なので、はみ出したままです。

flex-basisはflexアイテムの基準となる幅を設定するプロパティで、px、emなどの数値や%で指定します。ここではautoを指定しているので、flexアイテムの幅は自動的に設定されます。

CSS

sample/chapter4/card05/style.css

```
@media screen and (max-width: 956px) {
  ul.item {
    max-width: 720px;
    overflow-x: scroll; ········ 横スクロールを指定
    padding: 1rem 1rem 7rem; ········ ボックス内に余白をつける
  }

  li.list {
    width: 300px;
    flex: 0 0 auto; ········ フレックスアイテムの伸長・収縮を指定
    margin-right: 0; ········ PCで指定した右側余白を打ち消す
    margin-left: 3rem; ········ 左側に余白を付け直す
  }

  li.list:first-child {
    margin-left: 30rem; ········ 最初のli.listの左側の余白を大きく取る
  }
}

@media screen and (max-width: 420px) {
  ul.item {
    max-width: 420px;
  }

  li.list:first-child {
    margin-left: 42rem;
  }
}
```

Column

色の指定について

CSSによる色の指定は、**color**プロパティ（文字・28ページ参照）や**background-color**プロパティ（背景色）で行います。指定できる値には、主に以下の3つがあります。

◌キーワード

「**red**」（赤）や「**blue**」（青）など、色を表す英単語（**色名**）で指定します。
CSS3の仕様では、147の色名が定義されています。

◌カラーコード

「**#000000**」（黒）や「**#ffffff**」（白）など、「**#**」記号から始まる6桁の16進数で構成される色の表現方法で指定します。光の三原色である赤(R)・緑(G)・青(B)を、「**#RRGGBB**」とそれぞれ**00**～**ff**までの16進数で記述します。「#337700」や「#aa44ff」など各色で同じ数字が連続する場合に限り、「#**370**」や「#**a4f**」とそれぞれ1文字にまとめることができます。

◌RGB値

光の三原色で指定するのは上記のカラーコードと同じですが、各色を**0**～**255**と256階調の10進数で指定します。赤(R)・緑(G)・青(B)の順に、例えば「**rgb(255, 0, 128)**」と「**,**」（カンマ）で区切って指定します。

◌ジェネレーターを使う

色を数値で指定するのが難しい場合には、ネットで公開されている各種のジェネレーターを使ってみましょう。
ブラウザ上でドラッグやクリックするだけで、指定したい色の値を調べることができます。

● コントラストチェック

文字色と背景色のコントラスト比がチェックできます。特にボタンデザインで活躍します。

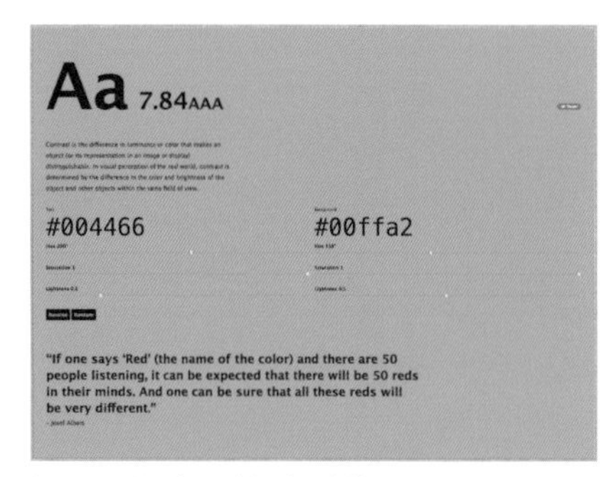

https://colorable.jxnblk.com/

● CSS グラデーション ジェネレーター

色の組み合わせが難しいグラデーションも、スライダーで簡単にCSSが作成できます。

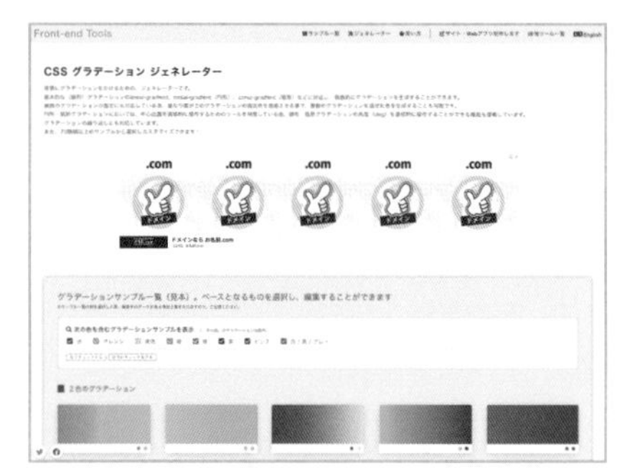

https://front-end-tools.com/generategradient/

Chapter

…

5

フォームデザインを作ってみよう

間違いを減らすデザインがポイント

フォームデザイン

予約や問い合わせに使われるフォームデザインは、Webサイトのゴールと言える箇所です。
デザイン面はもちろん、ユーザーが使いやすい・入力しやすいように項目を設定する必要があります。

- シンプルで明瞭なデザイン
- 自動入力やラジオボタンを活用し、入力ミスを減らす工夫
- 目立つ色やフォントを使い、入力項目を目立たせる
- レスポンシブデザインに対応している（スマートフォンやタブレットでも見やすい）

HTMLのhead要素（共通）

Chapter 5で使用するHTMLファイルに共通するヘッダー部分です。meta要素では文字コードやビューポートなど、link要素では外部CSSファイルへのリンクを指定しています。

共通HTML　　sample/chapter5/form01/index.html

```
<!DOCTYPE html>
<html lang="ja">
<head>
  <meta charset="UTF-8">
  <meta http-equiv="X-UA-Compatible" content="IE=edge">
  <meta name="viewport" content="width=device-width, initial-scale=1.0">
  <title>フォームデザイン01</title>
  <link rel="stylesheet" href="assets/style.css">
</head>
<body>
<!-- フォーム01 -->
  <div class="form01 mb-5"> ………… それぞれのフォームの番号に変える
    <form> ………… フォームを作成する際に必要。送信ボタンまでを囲います
```

共通CSS(リセット)

bodyセレクタでは、本文に使用されるフォントを指定します。

font-familyプロパティ中をカンマで区切って複数のフォントファミリーを指定できます。このコードでは、最初に「Hiragino Kaku Gothic ProN」というフォントの使用を試み、それが使用できない場合には「Hiragino Sans」、それも使用できない場合にはデフォルトのサンセリフ(sans-serif)フォントを使用する指定をしています。

共通CSS(リセット)　　sample/chapter5/form01/style.css

```
：(省略) ………… カードデザインと同じ
  padding: 0;
}

body {
  font-family: "Hiragino Kaku Gothic ProN", "Hiragino Sans", sans-serif; ………… フォントを指定
}

ul,
ol {
  list-style: none;
}

dt {
  font-weight: bold; ………… dt要素内のフォントを太字に
}

table {
  border: inherit; ………… table要素のボーダーを親要素から継承
  /* 1 */
  border-collapse: collapse; ………… table要素のボーダーが1つに統合されるように指定
}

td,
th {
  vertical-align: top; ………… セル内のコンテンツを垂直方向に上端に配置
}

th {
  text-align: left; ………… 表の見出しセルを左寄せに配置
  font-weight: bold;
}
```

<div>タグで作る

シンプルで定番なフォームデザイン

サービスの予約や体験の申込みなど、問い合わせのフォームをデザインしてみましょう。必須項目の指定や自動入力などで、間違いなく手軽に入力できるように工夫しましょう。

入力ミスを減らす自動入力機能を採用する

フォームラベルと入力フォームを縦に並べた一般的なデザインです。入力ミスが起こりにくいように、ブラウザに登録された情報が自動入力される機能を採用するといいでしょう。

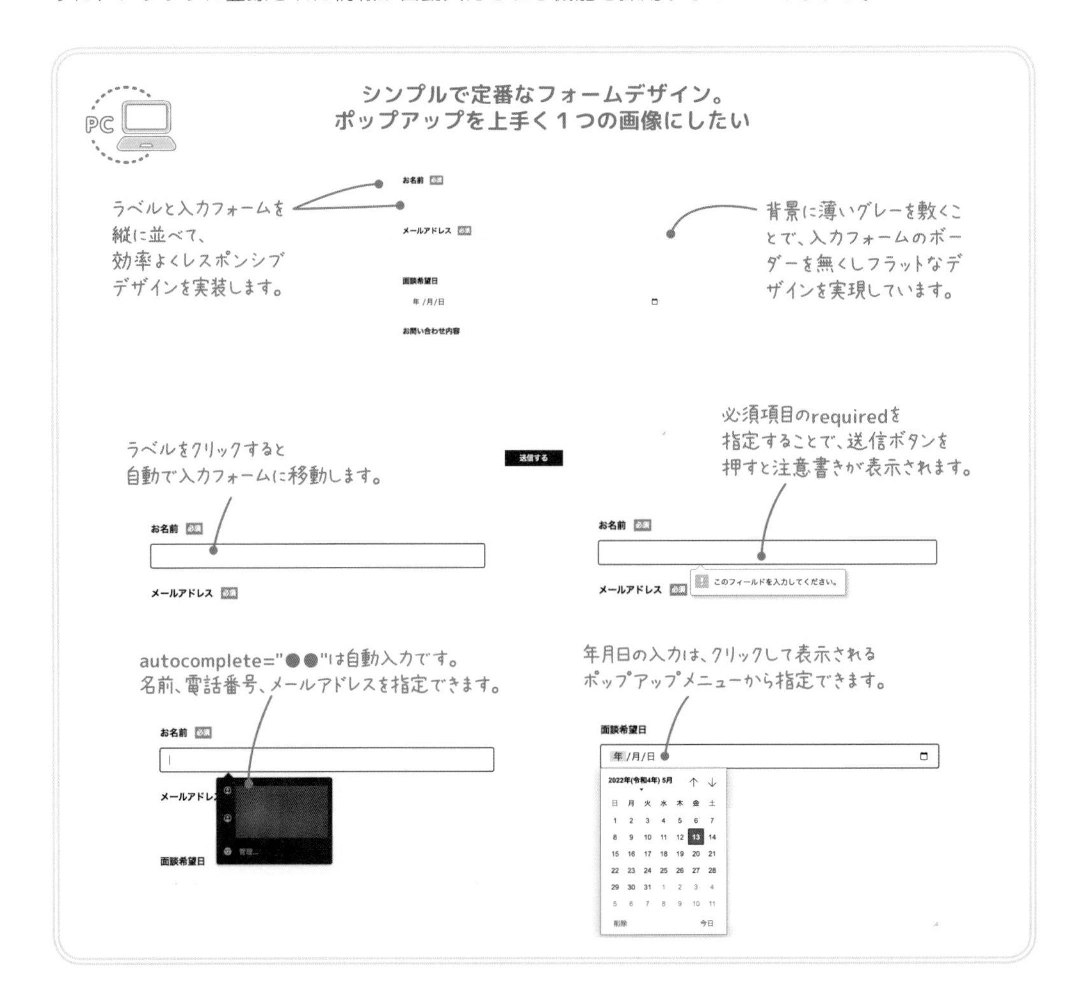

● HTMLと構造図の解説

label要素のfor属性の名前とinput要素のid属性の名前を同じにして紐づけることで、ラベルをクリックすると自動で入力フォームに移動します。

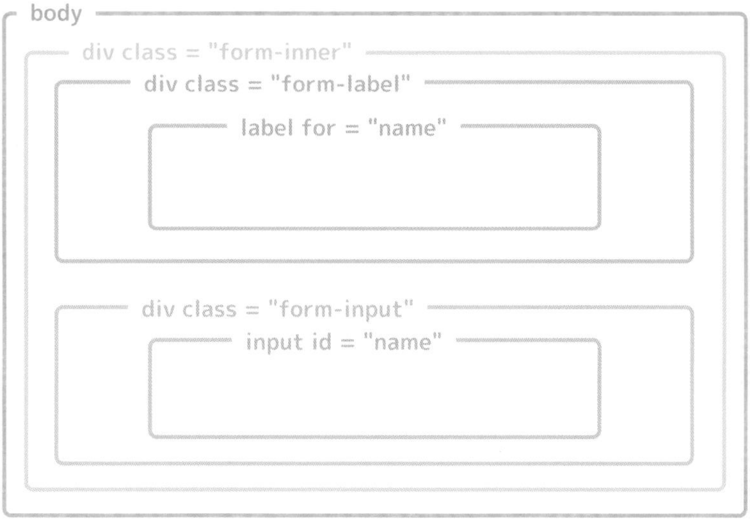

body
div class = "form-inner"
div class = "form-label"
label for = "name"
div class = "form-input"
input id = "name"

◆ 自動入力のautocomplete属性の設定

自動入力は、input要素のautocomplete属性とrequiredの記述で行います。autocomplete属性の値にブラウザに保存された入力情報の名前を適切に設定する必要があります。

代表的なautocomplete属性名は、次のとおりです。

name	姓名
family-name	姓
given-name	名
sex	性別
tel	電話番号
postal-code	郵便番号
address-level1	都道府県

address-level2	市区町村
address-line1	番地・マンション名（1行目）
email	メールアドレス
organization	会社名
cc-name	クレジットカード記載の氏名
cc-number	クレジットカード番号
cc-exp	クレジットカードの有効期限

HTML　sample/chapter5/form01/index.html

```
：（省略）................ 共通HTML
    <div class="form-inner">
      <div class="form-label">
        <label for="name">お名前</label>.......... labelとinputを紐づけることで、labelに囲まれた箇所（お名前）をクリックすると、自動で入力フォーム（input）に移動します
        <span class="required">必須</span>
      </div>
      <div class="form-input">
        <input type="text" id="name" name="name" autocomplete="name" required> .......... 入力フォーム。type=“” でフォームタイプを指定します。idは、label for=“” と同じ値を指定することで紐づきます。autocomplete="name" は自動入力。requiredは必須項目です
      </div>
    </div>
    <div class="form-inner">
      <div class="form-label">
        <label for="email">メールアドレス</label>
        <span class="required">必須</span>
      </div>
      <div class="form-input">
        <input type="email" id="email" name="email" autocomplete="email" required>
      </div>
    </div>
    <div class="form-inner">
      <div class="form-label">
        <label for="date">面談希望日</label>
      </div>
      <div class="form-input">
        <input type="date" id="date" name="date"> .......... 日付input
      </div>
    </div>
    <div class="form-inner">
      <div class="form-label">
        <label for="details">お問い合わせ内容</label>
      </div>
      <div class="form-input">
        <textarea id="details" name="details""></textarea> .......... テキストエリア。文字数を制限することも可能
      </div>
    </div>

    <button type="submit" class="form-btn">送信する</button> .......... 送信ボタン。formの中に記述する

  </form>
  </div>
</body>
</html>
```

CSSのポイント

ラベルと入力フォームを縦に並べ一列にすることで、入力完了率が上がります。
入力項目が増える場合は行数が増えるので、その場合は横に並べるのがおすすめです。

CSS　sample/chapter5/form01/style.css

```
：（省略） ……………… 共通CSS
.form01 {
  max-width: 650px;  ……………… グレーの囲み部分のサイズ指定
  margin: 0 auto;
  background: #F4F4F4;
  padding: 2rem;
}

.form-inner {
  margin-bottom: 2rem; ……………… 送信ボタンとの余白
}

.form-label {
  font-weight: bold;
  margin-bottom: 1rem;
}

.form-label label {
  vertical-align: middle; ……………… ラベルと必須マークを揃える
}

.required {
  display: inline-block;
  background: #EA7474;
  color: #fff;
  font-size: 0.75rem; ……………… 必須マークの文字サイズは小さめに
  padding: 0.2rem;
  margin-left: 0.5rem; ……………… ラベルとの余白
  vertical-align: middle; ……………… ラベルと必須マークを揃える
}

input[type="text"],
input[type="email"] {
```

次ページへつづく

```
  width: 100%;
  height: 40px;
  background: #fff; ······································ input の背景色を白に
  padding: 1rem; ········································· inputに入力する際に余白がないので、1rem分空けておく
}

input[type="date"] { ···································· 日付input
  width: 100%;
  height: 40px;
  background: #fff;
  padding: 1rem;
}

textarea { ·············································· テキストエリア
  width: 100%;
  height: 200px;
  background: #fff;
  padding: 1rem;
}

.form-btn { ············································· 送信ボタン
  display: block; ······································· ブロック要素に指定してスタイルが当たるようにする
  width: 130px;
  background: #3656a7;
  color: #fff;
  font-weight: bold;
  text-align: center;
  padding: 0.5rem 0;
  margin: 0 auto; ········································ 中央寄せに
}
```

CSSのポイント

PC用のレイアウトで、あらかじめ縦に並べているので、レイアウトを調整することなくレスポンシブデザインに対応できます。

文字サイズや余白等が大きすぎる場合は、調整しましょう。

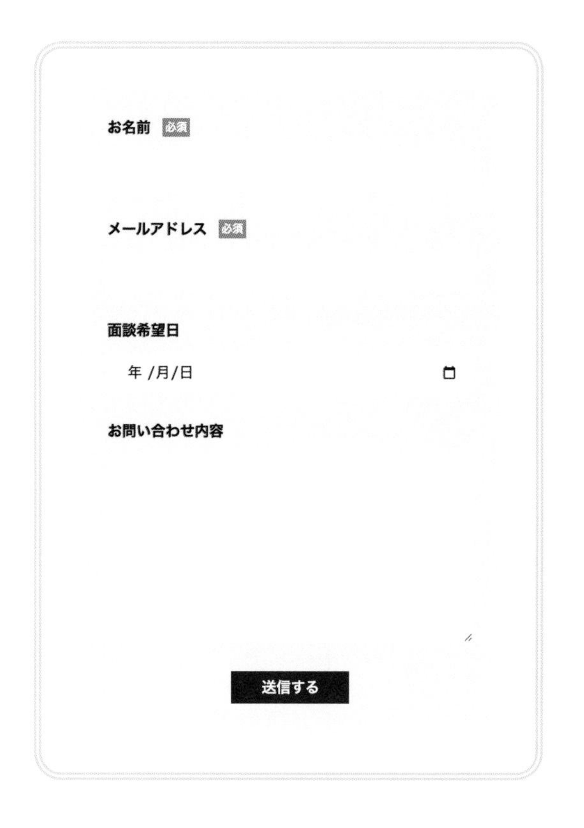

太めのボーダーが特徴的なフォームデザイン

border-radiusで入力フォームの囲み罫線を角丸にすることで、かわいさを演出できます。

背景の塗りをなくすことでスッキリとしたシンプルなデザインになり、わかりやすさがアップします。

「送信する」ボタンの塗り色は、入力フォームの囲み罫線と同じ色で統一します。

input要素で「placeholder="山田 太郎"」を指定すると、入力フォーム内に薄いグレーの入力例を示す内容や説明書きを指定することができます。

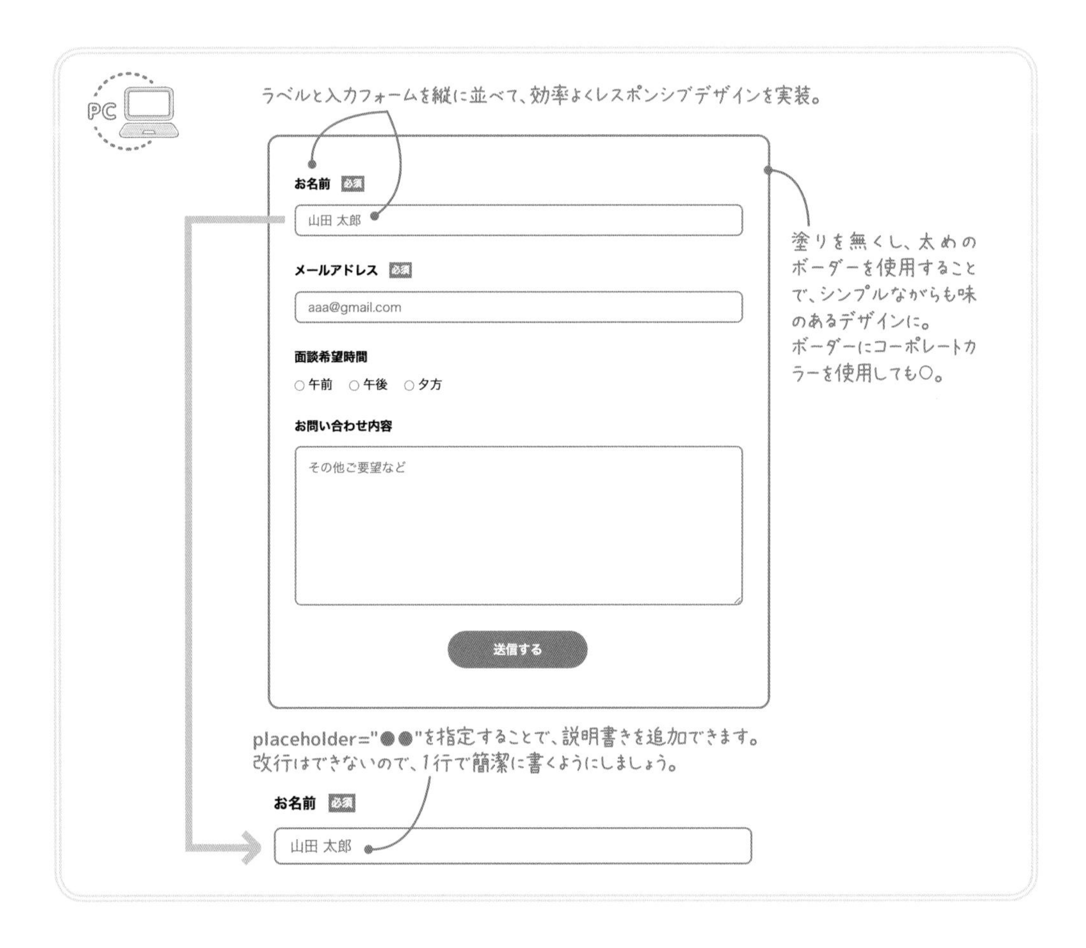

HTMLと構造図の解説

フォーム1「シンプルで定番なフォームデザイン」(161ページ)を参照してください。

HTML

sample/chapter5/form02/index.html

```
⋮(省略) ………………………… 共通HTML
    <div class="form-inner">
      <div class="form-label">
        <label for="form02-name">お名前</label>
        <span class="required">必須</span>
      </div>
      <div class="form-input">
        <input type="text" id="form02-name" name="name" autocomplete="name"
required placeholder="山田 太郎">
      </div>
    </div>
    <div class="form-inner">
      <div class="form-label">
        <label for="form02-email">メールアドレス</label>
        <span class="required">必須</span>
      </div>
      <div class="form-input">
        <input type="email" id="form02-email" name="email" autocomplete="email"
required placeholder="aaa@gmail.com">
      </div>
    </div>
    <div class="form-inner">
      <div class="form-label">
        <label for="form02-time">面談希望時間</label>
      </div>
      <div class="form-input">
        <span class="radio-inner">
          <input type="radio" id="form02-date-1" name="form02-date-1">
          午前
        </span>
        <span class="radio-inner">
          <input type="radio" id="form02-date-2" name="form02-date-2">
          午後
        </span>
        <span class="radio-inner">
          <input type="radio" id="form02-date-3" name="form02-date-3">
```

placeholderは、入力前に見本としてグレーで入るものです。簡単な説明を記述や見本を入れるとよい

面接時間をクリックして、ラジオボタンが選ばれないように、form-labelに入れる

ラジオボタン。テキストとセットで指定が親切です

次ページへつづく

```
        夕方
        </span>
      </div>
    </div>
    <div class="form-inner">
      <div class="form-label">
        <label for="form02-details">お問い合わせ内容</label>
      </div>
      <div class="form-input">
        <textarea id="form02-details" name="details" placeholder="その他ご要望など" ></textarea>
      </div>
    </div>
    <button type="submit" class="form-btn">送信する</button>
  </form>
</div>
</body>
</html>
```

CSSのポイント

全体とフォームの塗りを白にしてシンプルなレイアウトにすることで、一般的なフォームデザインに変化を付けました。border-radiusプロパティをフォームを囲む部分や入力フォームに指定して、丸みのあるデザインにしてみましょう。

CSS　sample/chapter5/form02/style.css

```
：（省略）………………………………… 共通CSS
.form02 {
  max-width: 650px;
  margin: 0 auto;
  border: 3px solid #e375aa;
  border-radius: 15px; ……………… フォーム全体を囲うボーダーを角丸に
  padding: 3rem 2rem;
}
.form-inner {
  margin-bottom: 2rem; ……………… フォーム内の要素の余白を設定
}

.form-label {
  font-weight: bold;
```

次ページへつづく

```
  margin-bottom: 1rem;
}

.form-label label {
  vertical-align: middle;
}

.required {
  display: inline-block;
  background: #e375aa;  ………… ボーダーと同色にして馴染ませる
  color: #fff;
  font-size: 0.75rem;
  padding: 0.2rem;
  margin-left: 0.5rem;
  vertical-align: middle;
}

.radio-inner {
  display: inline-block;  ………… ラジオボタンを横並びにする
  margin-right: 1rem;
}

input[type="text"],
input[type="email"] {
  width: 100%;
  height: 40px;
  border: 2px solid #e375aa;  ………… ボーダーと同色にして馴染ませる
  border-radius: 8px;  ………… 入力フォームも角丸に
  padding: 1rem;
}

textarea {
  width: 100%;
  height: 200px;
  border: 2px solid #e375aa;  ………… ボーダーと同色にして馴染ませる
  border-radius: 8px;  ………… 入力フォームも角丸に
  padding: 1rem;
}

.form-btn {  ………… 「送信する」ボタンのCSS指定部分
  display: block;
  width: 180px;
```

次ページへつづく

```
  background: #e375aa;
  color: #fff;
  font-weight: bold;
  text-align: center;
  border-radius: 30px; ........ ボタンを丸く
  padding: 0.9rem 0; .......... 余白を広めにつけてさらに丸っこく
  margin: 0 auto;
}
```

CSSのポイント

PC用であらかじめ縦に並べているので、レイアウトを調整することなくレスポンシブに対応できます。

文字サイズや余白等が大きすぎる場合は調整しましょう。

Section
5-3

入力項目が多い時は横並びでコンパクトに

塗りとボーダーを併用したフォームデザイン

入力項目が多くなるフォームでは、先ほどのように罫線で囲むデザインを使うと少し窮屈に見えます。そういうときは、ボーダーを使ったデザインがおすすめです。

入力部分の背景色を入れる

今回は、すべての項目の入力フォーム部分に薄いオレンジの背景色を敷きました。
項目が多いときは、必須事項だけを目立たせるために背景色を使ってもよいでしょう。

PC
お名前 必須
メールアドレス 必須
面談希望時間
○午前 ○午後 ○夕方
お問い合わせ内容
送信する
ボーダーとラベル・入力フォームの余白を広めに空けることでスッキリ見せることができます。
入力フォームにボーダーのオレンジを薄めたカラーを敷くことで、全体のデザインに馴染ませつつ目立たせることができます。

HTMLと構造図の解説

フォームラベルとフォーム入力欄を横並びにするには、上位のdiv class="form-inner"にdisplay: flexを指定します。display: flexを指定すると、直下の要素が並列になります。

<table>タグで作る場合は、この工程を短縮することができます。

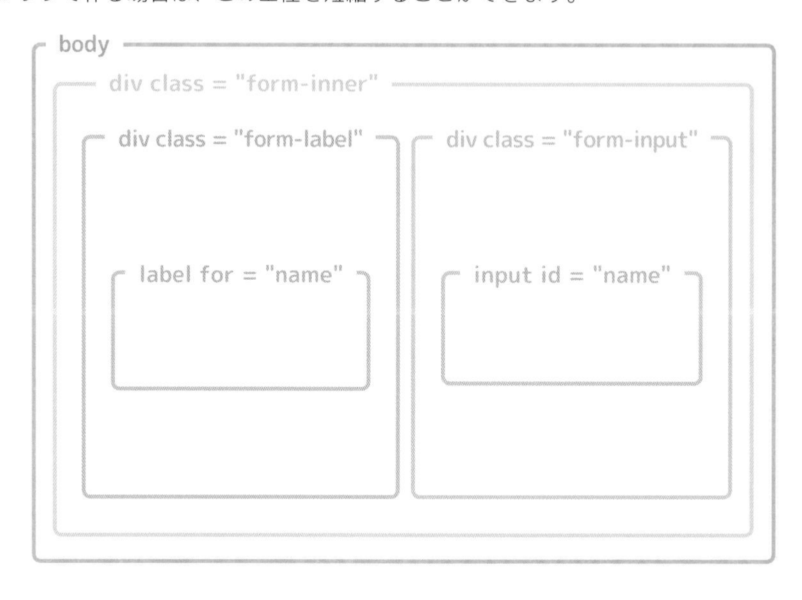

HTML　sample/chapter5/form03/index.html

```
⋮（省略）…………………………………… 共通HTML
  <div class="form-inner">
    <div class="form-label">
      <label for="form03-name">お名前</label>
      <span class="required">必須</span>
    </div>
    <div class="form-input">
      <input type="text" id="form03-name" name="name" autocomplete="name" required>
    </div>
  </div>
  <div class="form-inner">
    <div class="form-label">
      <label for="form03-email">メールアドレス</label>
      <span class="required">必須</span>
    </div>
    <div class="form-input">
  <input type="email" id="form03-email" name="email" autocomplete="email" required >
```

次ページへつづく

```
      </div>
    </div>
    <div class="form-inner">
      <div class="form-label">
        <label for="">面談希望時間</label>
      </div>
      <div class="form-input">
        <span class="radio-inner"> ·············· ラジオボタンについて
          <input type="radio" id="form03-date-1" name="form03-date-1">
          午前
        </span>
        <span class="radio-inner">
          <input type="radio" id="form03-date-2" name="form03-date-2">
          午後
        </span>
        <span class="radio-inner">
          <input type="radio" id="form03-date-3" name="form03-date-3">
          夕方
        </span>
      </div>
    </div>
    <div class="form-inner">
      <div class="form-label">
        <label for="form03-details">お問い合わせ内容</label>
      </div>
      <div class="form-input">
        <textarea id="form03-details" name="details"></textarea>
      </div>
    </div>
    <button type="submit" class="form-btn">送信する</button>
  </form>
</div>
</body>
</html>
```

CSSのポイント

ラベルと入力フォームをdisplay: flexで横並びにして、縦幅を抑えたデザインです。
塗りとボーダーを併用し、目立たせつつ圧迫感のないフォームデザインを実現しています。

CSS　sample/chapter5/form03/style.css

```
：（省略）……………………………………… 共通CSS
.form03 {
  max-width: 650px; ……………………… サイズ指定
  margin: 0 auto; ………………………… テーブル同士の余白指定
}
.form-inner {
  display: flex; ……………………………… ラベルとフォームを横並びに
  align-items: center; ……………………… ラベルとフォームを上下中央寄せに
  border-bottom: 2px solid #eda229; …… オレンジの下線
  padding: 1.5rem 0.5rem; ………………… 上下余白を広めに
}
.form-label {
  font-weight: bold;
  width: 30%; ………………………………… ラベルは横幅30%
}
.form-label label {
  vertical-align: middle;
}
.form-input {
  width: 70%; ………………………………… フォームは横幅70%
}
.required { ………………………………… 「必須」マークのデザイン部分
  display: inline-block; ………………… ブロック要素に幅・高さ、余白などを指定できるインラインブロック要素に
  background: #EA7474;
  color: #fff;
  font-size: 0.75rem;
  padding: 0.2rem;
  margin-left: 0.3rem;
  vertical-align: middle; ………………… 垂直方向に中央寄せ
}
.radio-inner { ……………………………… ラジオボタンのデザイン部分
  display: inline-block; ………………… インラインブロックにして横並びに
  margin-right: 0.5rem;
}
```

次ページへつづく

```
input[type="text"],
input[type="email"] {
  width: 100%;
  height: 40px;
  background: #fcf4e6; ........ 薄いオレンジ
  padding: 1rem;
}
textarea {
  width: 100%;
  height: 100px;
  background: #fcf4e6;
  padding: 1rem; ........ テキストの余白の余白
}
.form-btn { ........ 送信ボタンのデザイン部分
  display: block;
  width: 180px;
  background: #eda229;
  color: #fff;
  font-weight: bold;
  text-align: center;
  border-radius: 30px; ........ ボタンを角丸に
  padding: 0.9rem 0; ........ ボタンの内側の余白
  margin: 1.5rem auto 0; ........ ボタンの外側の余白
}
```

display: flexをdisplay: blockに書き換えてwidthを100%にするだけで、ラベルと入力欄を横並びから縦並びにすることができます。

CSS

sample/chapter5/form03/style.css

```
@media (max-width: 768px) {
  .form03 .form-inner {
    display: block; ········· flexを解除して縦並びに
  }
  .form-label {
    width: 100%; ········· ラベル横幅を30%→100%に
    margin-bottom: 1rem;
  }
  .form-input {
    width: 100%; ········· フォーム横幅を70%→100%に
  }
}
```

白ボーダーを強調したフォームデザイン

入力フォームでは、形式ばったデザインが多くなりがちです。background-colorで背景色を入れることで一気におしゃれになるので、雑貨やカフェなどのサイトで使う際におすすめです。

明るいブルーと白を合わせることで、さわやかな雰囲気に仕上げました。選択項目が多くなる部分は、<select>ダグを使ってセレクトボックスを実装します。

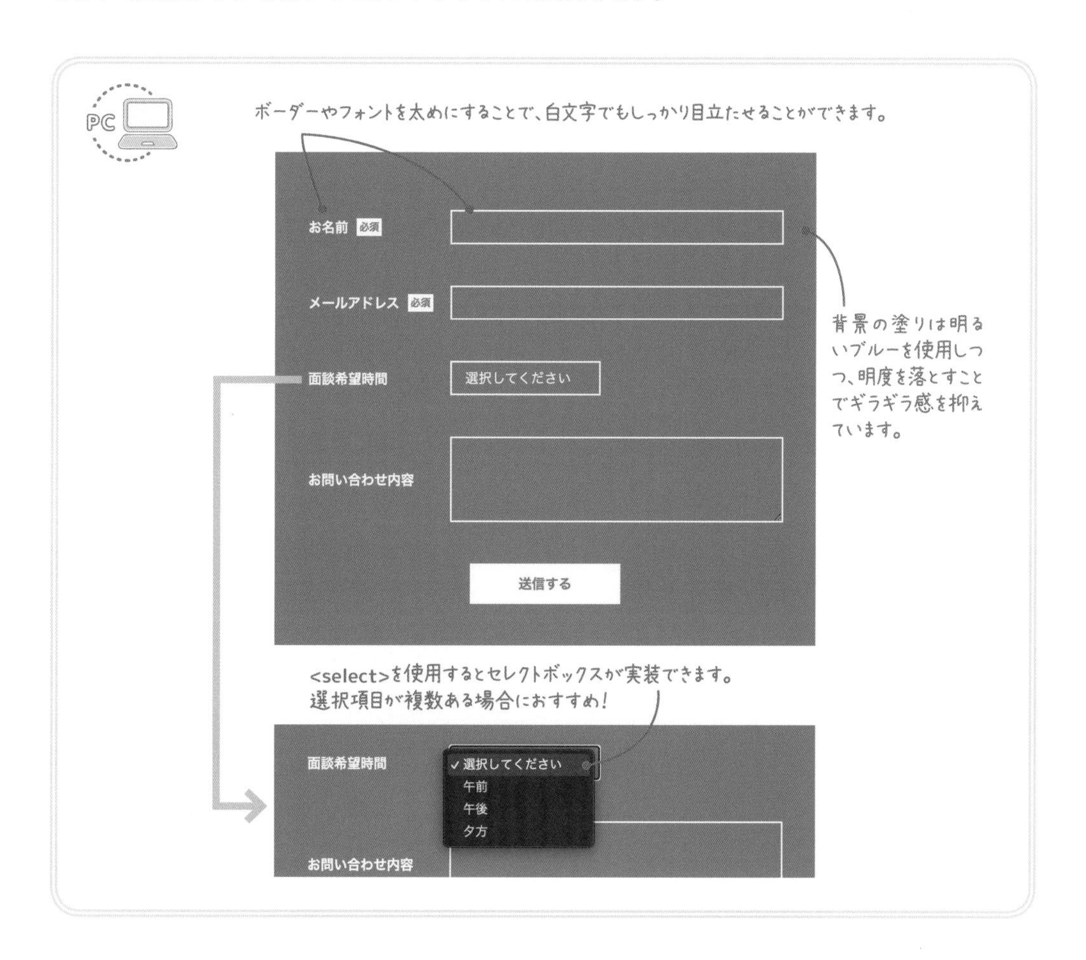

HTMLと構造図の解説

フォーム3「塗りとボーダーを併用したフォームデザイン」(172ページ)を参照してください。

select要素とその子要素にoption要素で選択項目を指定すると、選択項目を選べるメニュー(セレクトボックス)を作ることができます。select要素のname属性では、セレクトボックス名を指定します。option要素のvalue属性名を取得する際には、id属性を指定します。

HTML　sample/chapter5/form04/index.html

```
⋮（省略）………………………………………………………… 共通HTML
<div class="form-inner">
  <div class="form-label">
    <label for="form04-name">お名前</label>
    <span class="required">必須</span>
  </div>
  <div class="form-input">
    <input type="text" id="form04-name" name="name" autocomplete="name" required>
  </div>
</div>
<div class="form-inner">
  <div class="form-label">
    <label for="form04-email">メールアドレス</label>
    <span class="required">必須</span>
  </div>
  <div class="form-input">
    <input type="email" id="form04-email" name="email" autocomplete="email" required>
  </div>
</div>
<div class="form-inner">
  <div class="form-label">
    <label for="form04-date">面談希望時間</label>
  </div>
  <div class="form-input"> ………………… セレクトボタンの部分
    <select name="form04-date" id="form04-date"> ………………………… セレクトボックス
      <option value="">選択してください</option> ………………………… 1個目に表示される項目
      <option value="morning">午前</option>
      <option value="afternoon">午後</option>
      <option value="evening">夕方</option>
    </select>
  </div>
</div>
<div class="form-inner">
  <div class="form-label">
    <label for="form04-details">お問い合わせ内容</label>
  </div>
  <div class="form-input">
    <textarea id="form04-details" name="details"></textarea>
  </div>
</div>
```

次ページへつづく

```
        <button type="submit" class="form-btn">送信する</button>
      </form>
    </div>
</body>
</html>
```

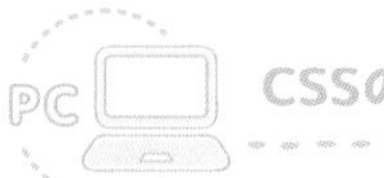

CSSのポイント

使用カラーを2色に抑えたシンプルな海外風デザインにしてみましょう。
[必須]バッジも同色にすることで馴染ませています。

CSS　sample/chapter5/form04/style.css

```
：（省略）………………………… 共通CSS
.form04 {
  max-width: 650px;
  margin: 0 auto;
  background: #43a3b7; ………… 明度を落としたブルー
  padding: 3rem 2rem;
}
.form-inner {
  display: flex; ………… 直下の要素が並列になるよう指定
  align-items: center; ………… 垂直方向に中央揃えに配置
  padding: 1.5rem 0.5rem;
}

 .form-label {
  color: #fff;
  font-weight: bold;
  width: 30%;
  height: 100%;
}

 .form-label label {
  vertical-align: middle; ………… ラベル要素の垂直配置を中央揃えに
}

 .form-input {
  color: #fff; ………… 入力する文字の色を白色に
  width: 70%; ………… 親要素の70%の幅に設定
```

次ページへつづく

```
}

.required { ……………… 「必須」のバッジ部分
  display: inline-block; ……………… 要素をインラインブロックに
  background: #fff;
  color: #43a3b7;
  font-size: 0.75rem;
  padding: 0.2rem;
  margin-left: 0.3rem;
  vertical-align: middle;
}

input,
textarea,
select { ……………… 3つのフォーム要素を設定
  background-color: transparent;……………… 背景色を透明に
  color: #fff;
}

input[type="text"],
input[type="email"] {
  width: 100%;
  height: 40px;
  border: 2px solid #fff;
  padding: 1rem;
}

select {
  width: 180px; ……………… セレクトボックスは横幅いっぱいよりも、格納している
                           テキストが収まる程度の横幅にしましょう
  height: 40px;
  border: 2px solid #fff;
  padding: 0 1rem;
}

textarea {
  width: 100%;
  height: 100px;
  border: 2px solid #fff;
  padding: 1rem;
}

.form-btn {
```

次ページへつづく

```
  display: block;
  width: 180px;
  background: #fff; ………… ボタン背景は白に
  color: #43a3b7; ………… ボタン文字色はブルーに
  font-weight: bold;
  text-align: center;
  padding: 0.9rem 0;
  margin: 1.5rem auto 0; ………… 広めに余白を取ってボタンだとわかりやすくする
}
```

CSSのポイント

display: flexをdisplay: blockに書き換えてwidthを100%にするだけで、縦並びにすることができます。

CSS sample/chapter5/form04/style.css

```
@media (max-width: 768px) {
  .form-inner {
    display: block; ………… フレックスコンテナをブロック要素に変更
  }

  .form-label {
    width: 100%;
    margin-bottom: 1rem;
  } ………… ラベル横幅を30%→100%に

  .form-input {
    width: 100%;
  } ………… フォーム入力欄の横幅を70%→100%に
}
```

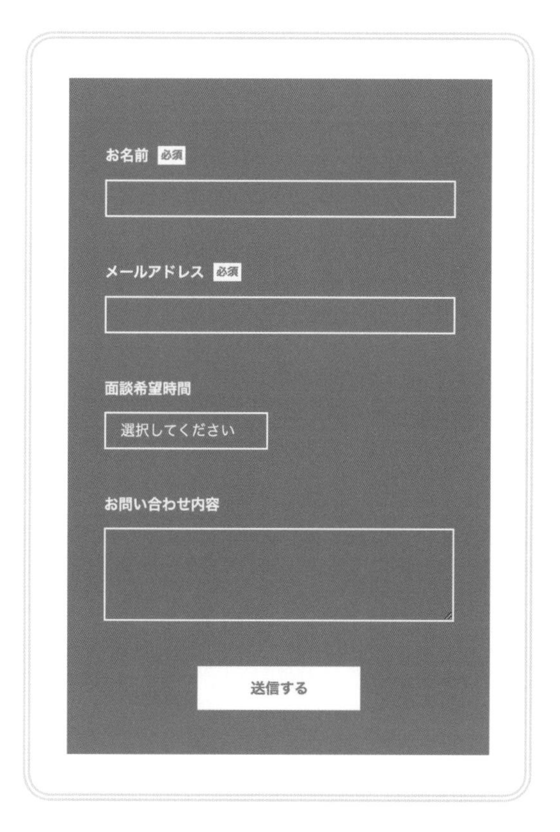

ラクラク横並びレイアウト

テーブルを使ったフォームデザイン

フレックスボックスを使ってラベルの背景を塗りつぶすのは、少し難易度が高いテクニックですが、table要素を使うと楽に塗りつぶしの指定ができます。

同系色のツートンでシックな印象に

タイトルを濃いめの色、その他を淡い色の同系色でまとめました。文字の入力部分の色ベタがあることで文字が見にくい場合には、入力部分の背景色を白にするのも一つの手です。

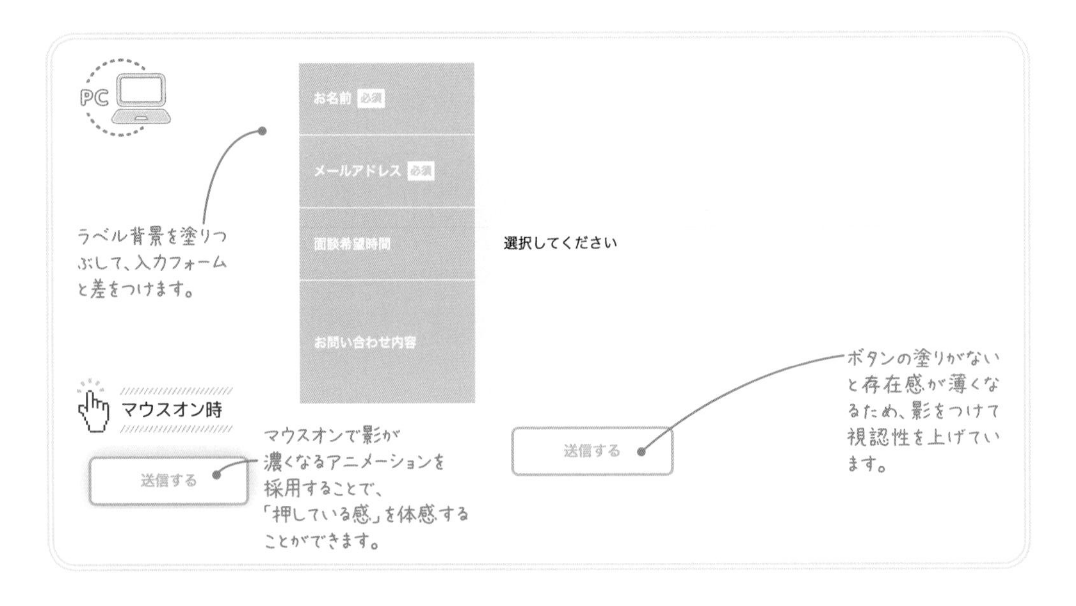

HTMLと構造図の解説

テーブルを使って、フォーム内の情報を整理しています。

<th class="form-label">はテーブルのヘッダーセルを示し、フォームフィールドに情報やラベルを格納しています。

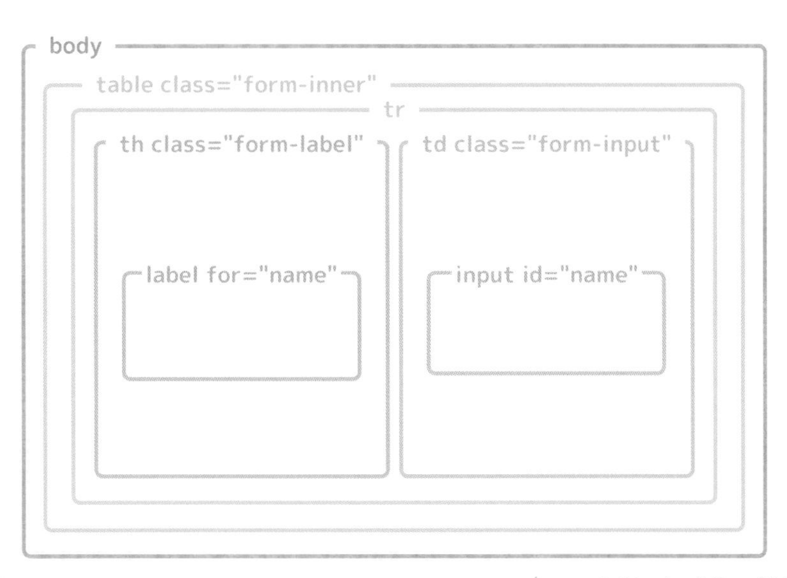

HTML　sample/chapter5/form05/index.html

```
：（省略）………………………………… 共通HTML
<div class="form05 mb-5">
 <form> …………………………………… 入力フォームを指定
  <table class="form-inner"> テーブル
   <tr>
    <th class="form-label"> ラベル
     <label for="form05-name">お名前</label>……… ユーザーの名前を入力するためのラベル
     <span class="required">必須</span>
    </th>
    <td class="form-input"> 入力フォーム
     <input type="text" id="form05-name" name="name" autocomplete="name" required>
    </td>
   </tr>
   <tr>
    <th class="form-label">
     <label for="form05-email">メールアドレス</label> ……… ユーザーのメールアドレスを入力するためのラベル
     <span class="required">必須</span>
    </th>
    <td class="form-input">
     <input type="email" id="form05-email" name="email" autocomplete="email" required>
    </td>
   </tr>
   <tr>
    <th class="form-label">
     <label for="form05-date">面談希望時間</label> ……… ユーザーが希望する面談時間を選択するためのラベル
    </th>
```

次ページへつづく

```
      <td class="form-input"> ······················ セレクトボタンの部分
        <select name="form05-date" id="form05-date"> ······ セレクトボックス
          <option value="">選択してください</option> ·········· 1個目に表示される項目
          <option value="morning">午前</option>
          <option value="afternoon">午後</option>
          <option value="evening">夕方</option>
        </select>
      </td>
    </tr>
    <tr>
      <th class="form-label">
        <label for="form05-details">お問い合わせ内容</label> ············ ユーザーがお問い合わせの詳細情報を入力するためのラベル
      </th>
      <td class="form-input">
        <textarea id="form05-details" name="details"></textarea>
      </td>
    </tr>
  </table>
  <button type="submit" class="form-btn">送信する</button>
 </form>
</div>
</body>
</html>
```

CSSのポイント

カラーの明度でくっきり分けるためにテーブルを使用します。フレックスボックスを使用しないで横並びにして、色分けするレイアウトを実装できます。

CSS　　sample/chapter5/form05/style.css

```
⋮（省略）········································· 共通CSS
.form05 {
  max-width: 650px;
  margin: 0 auto; ································· テーブル同士の余白設定
}
.form-inner {
  width: 100%;
}
.form-label {
```

次ページへつづく

```
  padding: 1rem;
  font-weight: bold;
  width: 30%;
  background: #e2c082;  背景色を濃いベージュに
  color: #fff;
  vertical-align: middle;  セル内を上下中央寄せに
  border-bottom: 1px solid #fff;  白ボーダーを敷いて境目をはっきりさせる
}
.form-label label {
  vertical-align: middle;
}
.form-input {
  padding: 1rem;
  width: 70%;
  border-bottom: 1px solid #fff;  白ボーダーを敷いて境目をはっきりさせる
  background: #fcf4e6;  背景色を薄いベージュに
}
.required {
  display: inline-block;
  background:#fff;
  color: #e2c082;  文字色を濃いベージュに
  font-size: 0.75rem;
  padding: 0.2rem;
  margin-left: 0.1rem;
  vertical-align: middle;
}
. input[type="text"],
input[type="email"] {
  width: 100%;
  height: 45px;
  background: #fff;  フォームは白塗りに
  padding: 1rem;
}
select {
  width: 180px;
  height: 45px;
  background: #fff;
  padding: 0 1rem;
}
textarea {
  width: 100%;
  height: 100px;
  background: #fff;
```

次ページへつづく

```
  padding: 1rem;
}
.form-btn {
  display: block;
  width: 180px;
  border:3px solid #eda229;
  color: #eda229;
  background-color: #fff;
  border-radius: 8px; ········· ボタンを角丸に
  font-weight: bold;
  text-align: center;
  padding: 0.9rem 0;
  margin: 1.5rem auto 0;
  box-shadow: 0 0 15px rgba(0, 0, 0, 0.1); ········· 影をつけてボタンを浮き上がらせる
  transition: 0.2s; ········· アニメーション速度
}
.form-btn:hover {
  box-shadow: 0 0 25px rgba(0, 0, 0, 0.3); ········· マウスオンで影を濃く
}
```

CSSのポイント

thとtd要素にdisplay: block;を指定して縦並びにします。

フォームの余白を空けることで、ラベルとのバランスを取っています。

CSS　sample/chapter5/form05/style.css

```
@media (max-width: 768px) {
  .form-inner {
    width: 100%;
  }
  .form-label {
    display: block;
    width: 100%;
    padding: 1rem;
  }
  .form-input {
    display: block;
    width: 100%;
    padding: 1rem 1rem 1.5rem;
  }
}
```

Chapter

6

フッターデザインを作ってみよう

企業情報やサイトマップなど不可欠な情報を載せる

フッターデザイン

フッターはWebサイトの最下部にレイアウトして、全ページに統一して表示されるのが一般的です。企業ロゴ、サイトマップ、コピーライト、CV（コンバージョン）ボタンを配置します。
フッターはページ下部まで読んだユーザーに、次の行動を促す役割があります（お問い合わせへの誘導など）。ページに載せきれなかった情報を捕捉するために掲載することもあります。

- サイトが網羅できるような構成にする
- サイトマップを入れる
- コピーライトがある場合は必ず入れる
- 公式のSNSがあるときは入れる
- お問い合わせや申込みがあるときは入れる

HTMLのhead要素（共通）

Chapter 6で使用するHTMLファイルに共通するヘッダー部分です。<head>タグ内に<meta>タグで文字コードセットやビューポート、<link>タグで外部CSSファイルへのリンクを指定しています（詳しくは、78ページを参照）。

共通HTML　　sample/chapter6/footer01/index.html

```
<!DOCTYPE html>
<html lang="ja">
  <head>
    <meta charset="UTF-8">
    <meta http-equiv="X-UA-Compatible" content="IE=edge">
    <meta name="viewport" content="width=device-width, initial-scale=1.0">
    <title>フッターデザイン01</title>
    <link rel="stylesheet" href="assets/style.css">
  </head>
  <body>
```

共通CSS（リセット）

＊（ユニバーサルセレクタ）と疑似要素（::beforeと::after）で、すべての要素およびその前後に対するスタイルを指定しています。

box-sizing: border-box; で余白と枠を横幅と高さに含めるように指定します。

overflow-x: hidden; でページの横方向に対するスクロールを非表示にします。

共通CSS（リセット）　sample/chapter6/footer01/style.css

```
*,
::before,
::after {
  box-sizing: border-box; ……… 余白と枠を横幅高さに含める
  border-style: solid;
  border-width: 0; ……… ボーダー幅を0に設定
  margin: 0;
}

body {
  font-family: "Hiragino Kaku Gothic ProN", "Hiragino Sans", sans-serif;
  overflow-x: hidden; ……… 横方向スクロールを非表示
}

ul {
  padding: 0;
  list-style: none;
}

a {
  background: transparent; ……… リンクの背景色を透明に
  text-decoration: none;
  color: inherit;
}
```

flexで簡単に作る

ベーシックな２カラムフッターデザイン

ロゴと各メニューのトップへのリンク、コピーライトのシンプルなフッターです。フッターにはサイトマップ、会社概要、コピーライト、特定商取引法に基づく表示、プライバシーポリシー、お問い合わせ、グループ会社などへのリンクが入るのが一般的です。

フレックスボックスで作るフッター

ロゴの部分と各メニューのトップへのリンクを２つのカラムに分けたシンプルなフッターです。コピーライトの部分は、段落にすることで２カラムで下部に入れることができます。

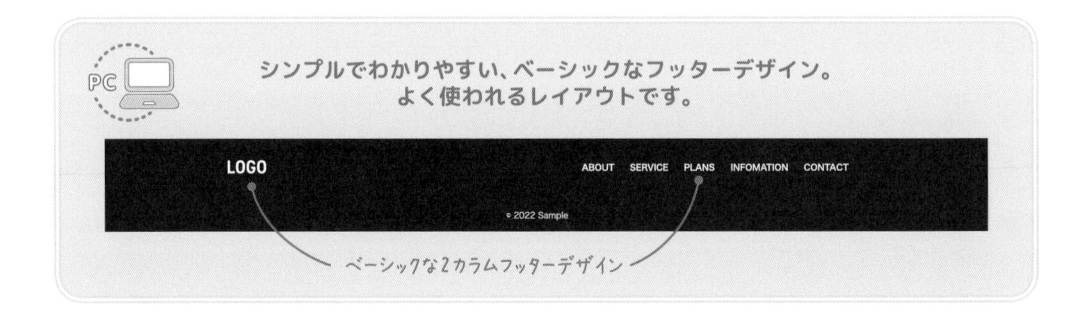

HTMLと構造図の解説

<div>タグのlogoクラスと<nav>タグを横並びにするために、<footer>タグ内に<div>タグのfooter-containerクラスでマークアップします。

copyrightをfooter-containerの中に納めてしまうとカラムになってしまうので、<footer>タグの中に入れるようにしましょう。

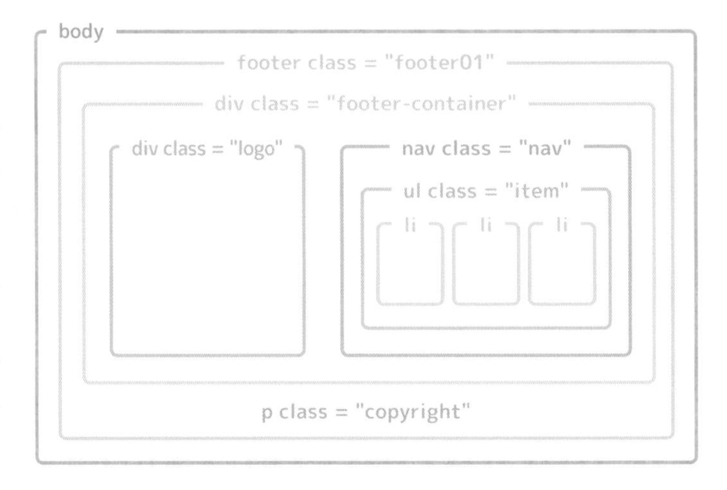

HTML

sample/chapter6/footer01/index.html

```
：（省略）……………………………………………… 共通HTML
<footer class="footer01">
  <div class="footer-container">
    <div class="logo">
      <img src="./assets/img/logo-white.svg" alt="ロゴ">
    </div>
    <nav class="nav">
      <ul class="item">
        <li class="list">
          <a href="">ABOUT</a>
        </li>
        <li class="list">
          <a href="">SERVICE</a>
        </li>
        <li class="list">
          <a href="">PLANS</a>
        </li>
        <li class="list">
          <a href="">INFOMATION</a>
        </li>
        <li class="list">
          <a href="">CONTACT</a>
        </li>
      </ul>
    </nav>
  </div>
  <p class="copyright"><small>© 2022 Sample</small></p>
</footer>
</body>
</html>
```

CSSのポイント

フッターを横並びにするには、フレックスボックスがよく使われます。<div>タグのlogoクラスとnavクラスの親要素のfooter-containerクラスにdisplay: flexを指定すると、その直下のロゴとナビゲーションが横並びになります。

<small>タグは、著作権表示などの注釈に使用されるタグです。

CSS

sample/chapter6/footer01/style.css

```
：（省略） ……………………………… 共通CSS
footer.footer01 {
  padding: 2rem 1rem 1rem;
  background: #3656a7;
}

.footer-container {
  display: flex; ……………… 子要素（div.logoとnav.nav）を横並びに
  justify-content: space-between; ……… フレックスアイテムの主軸方向の揃え位置を余白で均等に配置
  align-items: center;
  max-width: 960px; ……………… コンテンツ内容が間伸びしないように最大値を決めておく
  margin: 0 auto 3rem;
}

div.logo { ……………… ロゴのサイズを指定
  width: 60px;
  height: 30px;
}

div.logo img {
  width: 100%;
  height: 100%;
  object-fit: contain; ……………… コンテンツボックスに収まるように拡大縮小させる
}

nav.nav ul.item {
  display: flex; ……………… 子要素（ul.item）を横並びに
}

nav.nav ul.item li.list {
  padding-left: 1.5rem;
}

nav.nav ul.item li.list a {
  font-weight: bold; ……………… リンク部分のテキストを太字に
  color: #fff;
  font-size: 0.8rem;
}

p.copyright {
  text-align: center;
  color: #fff;
}
```

CSSのポイント

footer-containerクラスにflex-wrapプロパティを使ってロゴとナビゲーション部分を折り返して2段にすることで、スマートフォンの幅に対応します。

CSS　sample/chapter6/footer01/style.css

```
@media screen and (max-width: 768px) { ……… 画像幅が最大768pxのときに適用
  footer.footer01 {
    padding: 2rem 1rem 1rem;
  }

  .footer-container {
    flex-wrap: wrap; ……… div.logoとnav.navを折り返す
    justify-content: center; ……… div.logoとnav.navを左右中央揃えに
    max-width: 414px; ……… コンテンツ幅がスマホに収まるようにサイズ指定
    margin-bottom: 2rem;
  }

  div.logo {
    margin-bottom: 1.5rem;
  }

  nav.nav ul.item {
    flex-wrap: wrap; ……… フレックスアイテムのナビゲーションを折り返す
    justify-content: center; ……… ナビゲーションを左右中央揃えに
  }

  nav.nav ul.item li.list {
    padding: 0.5rem;
  }
}
```

SNSアイコンを追加しよう

SNSアイコンを配置したグラデーションデザイン

ブランドサイトや小売店のWebサイトに、必須の公式SNSへのリンクをアイコンで入れます。

フレックスボックスで3カラムのフッター

先ほどのフッター１の構成に１カラム（SNSのアイコン）を追加したものです。フレックスボックスで横並びにします。

背景にグラデーションを入れることで、おしゃれ感もアップします。

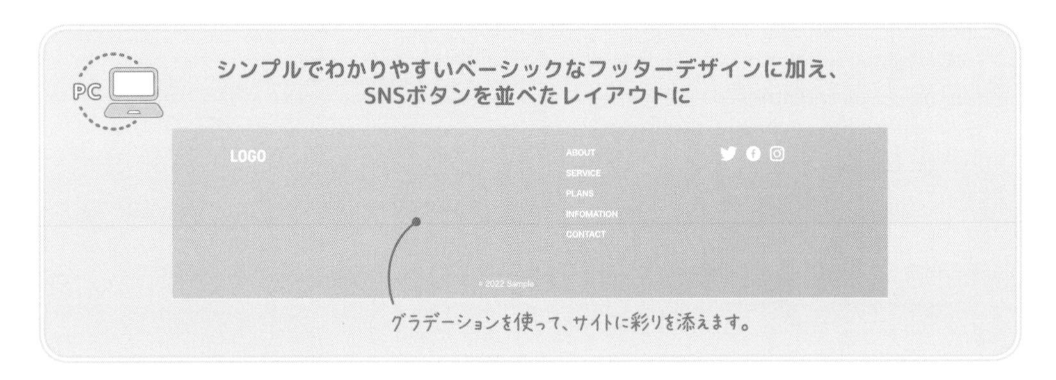

HTMLと構造図の解説

フッター1の構成にul要素のsns-containerのブロックを追加し、X（旧Twitter）やFacebook、Instagramなどのアイコンを配置します。

その上位をdiv要素のfooter-containerクラスでしっかり囲えているか確認しましょう。

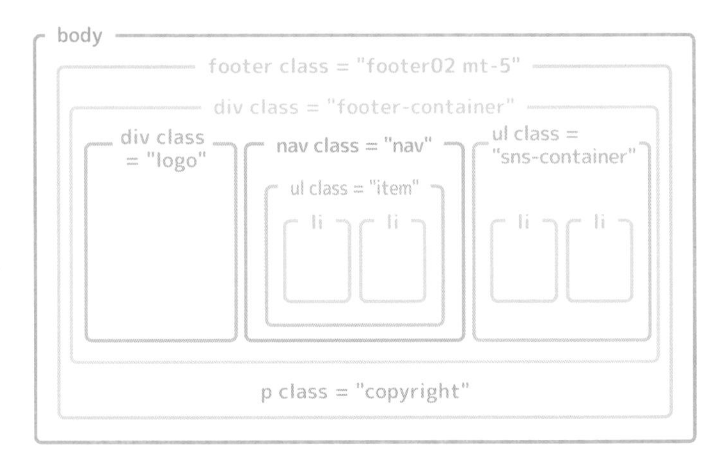

HTML

sample/chapter6/footer02/index.html

```
⋮（省略）………………………………………… 共通HTML
<footer class="footer02 mt-5">
  <div class="footer-container">
    <div class="logo">
      <img src="./assets/img/logo-white.svg" alt="ロゴ">
    </div>
    <nav class="nav">
      <ul class="item">
        <li class="list">
          <a href="">ABOUT</a>
        </li>
        ⋮（省略）……………… 残りのメニューを記述する
      </ul>
    </nav>
    <ul class="sns-container"> SNSを囲うコンテナ
      <li class="list">
    <a href=""><img src="./assets/img/sns-twitter.svg" alt="twitter" class="icon-twitter"></a>
      </li>
      <li class="list">
    <a href="" ><img src="./assets/img/sns-facebook.svg" alt="facebook" class="icon-facebook"></a>
      </li>
      <li class="list">
  <a href=""><img  src="./assets/img/sns-instagram.svg" alt="instagram" class="icon-instagram"></a>
      </li>
    </ul>
  </div>
  <p class="copyright"><small>© 2022 Sample</small></p>
</footer>
</body>
</html>
```

CSSのポイント

SNSアイコンは同じ幅であってもデザインによってバラバラに見えるため、それぞれ目で見ながら幅の値を設定します。

ul.sns-container li.list img.icon-twitterでは、widthを30px、heightをautoで指定しますが、他のfacebookとinstagramの2つは、widthを見え方に合わせて-5px小さくして25pxに指定しています。

CSS

sample/chapter6/footer02/style.css

```
：（省略）………………………… 共通CSS
footer.footer02 {
 padding: 2rem 1rem 1rem;
 background-image: linear-gradient(145deg, #e0c3fc 0%, #8ec5fc 100%); ……
}
            背景に角度145°で紫から青になるグラデーションを指定。色を変えたいときはここを変更

footer-container {
 display: flex; ……………………… 子要素（div.logoとnav.nav）を横並びに
 justify-content: center;
 max-width: 960px;
 margin: 0 auto 3rem;
}

div.logo {
 width: 60px;
 height: 30px;
 margin-right: auto;
}

div.logo img {
 width: 100%;
 height: 100%;
 object-fit: contain; ……………… コンテンツボックスに収まるように拡大縮小させる
}

nav.nav {
 margin-right: 10rem;
}

nav.nav ul.item li.list {
 padding-bottom: 1rem;
}

nav.nav ul.item li.list a {
 font-weight: bold;
 color: #fff;
 font-size: 0.8rem;
}
```

次ページへつづく

```
ul.sns-container {
  display: flex; ········· 子要素（sns-container）を横並びに
}

ul.sns-container li.list {
  padding-left: 1rem;
}

ul.sns-container li.list img.icon-twitter {
  width: 30px; ········· バランスを見ながら目視で調整
  height: auto; ········· 高さは自動で調整
}

ul.sns-container li.list img.icon-facebook {
  width: 25px;
  height: auto;
}

ul.sns-container li.list img.icon-instagram {
  width: 25px;
  height: auto;
}

p.copyright {
  text-align: center;
  color: #fff;
}
```

CSSのポイント

スマートフォン用のデザインでは、ロゴやカテゴリーリンク、SNSアイコン群を縦に並べたいので、footer-containerにjustify-content: center;を指定して左右中央揃えにします。

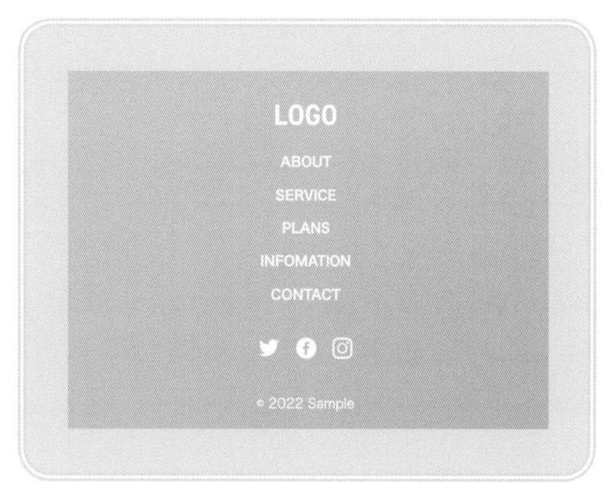

CSS　sample/chapter6/footer02/style.css

```
@media screen and (max-width: 768px) { ········ 画像幅が最大768pxのときに適用
  footer.footer02 {
    padding: 2rem 1rem 1rem;
  }

  .footer-container {
    flex-wrap: wrap;
    justify-content: center; ········ 子要素を中央に配置
    max-width: 180px;
    margin-bottom: 2rem;
  }

  div.logo {
    width: 60px;
    height: auto;
    margin: 0 0 1.5rem;
  }

  nav.nav {
    margin-right: 0; ········ 右側の余白を0にします
    margin-bottom: 1.2rem;
    width: 100%;
  }

  nav.nav ul.item li.list {
    padding-bottom: 0.8rem;
    text-align: center;
  }

  nav.nav ul.item li.list a {
    font-weight: bold;
    color: #fff;
    font-size: 0.8rem; ········ HTML要素のサイズを基準に0.8にする。
                                レスポンシブWebサイトでのフォントサイズの指定は、remがおすすめ
  }

  ul.sns-container li.list {
    padding: 0 0.5rem;
  }

  ul.sns-container li.list img.icon-twitter {
```

次ページへつづく

```
    width: 20px;
  }

  ul.sns-container li.list img.icon-facebook {
    width: 20px;
  }

  ul.sns-container li.list img.icon-instagram {
    width: 20px;
  }
}
```

すべて中央揃えの定番フッター

先ほどは、display: flexを使うことで横並びにしましたが、今回は横並びではなく縦に並べます。

HTMLと構造図の解説

フッター1「ベーシックな2カラムフッターデザイン」(190ページ)を参照してください。

HTML　sample/chapter6/footer03/index.html

```
:（省略）  共通HTML
  <footer class="footer03 mt-3">
    <div class="footer-container">
      <div class="logo">
        <img src="./assets/img/logo-white.svg" alt="ロゴ">
      </div>
```

次ページへつづく

```
      <nav class="nav">
       <ul class="item">
        <li class="list">
         <a href="">ABOUT</a>
        </li>
    ：（省略）…………………  残りのナビメニューを記述する
       </ul>
      </nav>
      <ul class="sns-container">  SNSを囲うコンテナ
       <li class="list">
       <a href=""><img src="./assets/img/sns-twitter.svg" alt="twitter" class="icon-twitter"></a>
       </li>
  ：（省略）…………………  残りのSNSのリンクを記述する
      </ul>
      <p class="copyright"><small>© 2022 Sample</small></p>
     </div>
    </footer>
  </body>
</html>
```

CSSのポイント

text-align: center;は、テキストや子要素のインライン要素を中央寄せにするプロパティです。

footer-containerクラスに指定することで、子要素すべてが中央揃えになります（※<div>タグなどのブロック要素は対象外です）。

HTMLやCSSの記述量が減り、シンプルなソースになります。

footer02ではfooter-containerにdisplay: flexを記述しましたが、それをなくすことで3つの要素が縦に並びます。

CSS　　sample/chapter6/footer03/style.css

```
：（省略）………………………………………………  共通CSS
footer.footer03 {
  background-image: linear-gradient(145deg, #e0c3fc 0%, #8ec5fc 100%); ……
  padding-top: 2rem;   背景に角度145°で紫から青になるグラデーションを指定。色を変えたいときはここを変更
}
.footer-container {
  text-align: center;
}
 div.logo {
  width: 60px;
```

次ページへつづく

```
  height: 30px;
  margin: 0 auto 2rem;
}
div.logo img {
  width: 100%;
  height: 100%;
  object-fit: contain;
}
nav.nav {
  margin-bottom: 3rem; ……………… ナビの下に余白を入れる
}
nav.nav ul.item {
  display: flex; ……………… 要素の中の子要素が折り返し表示される。ここではnavの中の要素が横並びに
  justify-content: center;
}
nav.nav ul.item li.list {
  padding: 0 0.5rem;
}
nav.nav ul.item li.list a {
  font-weight: bold;
  color: #fff;
  font-size: 0.8rem;
}
ul.sns-container {
  display: flex; ……………… 要素の中の子要素が折り返し表示される。ここではSNSのアイコンが横並びに
  justify-content: center;
  margin-bottom: 3rem;
}
ul.sns-container li.list {
  padding-right: 1rem;
}
ul.sns-container li.list img.icon-twitter {
  width: 25px;
  height: auto;
}
ul.sns-container li.list img.icon-facebook {
  width: 20px;
  height: auto;
}
ul.sns-container li.list img.icon-instagram {
  width: 20px;
  height: auto;
```

次ページへつづく

```
}
p.copyright {                              small はインライン要素のため、p 要素にスタイルを当てる
  color: #fff;
  background-color: #3a94ed;               背景色を指定
  padding: 0.8rem;
}
```

CSSのポイント

同じレイアウトのままスマートフォンの画面に収まるようにサイズを調整し、折り返しをするアイテムを決めます。

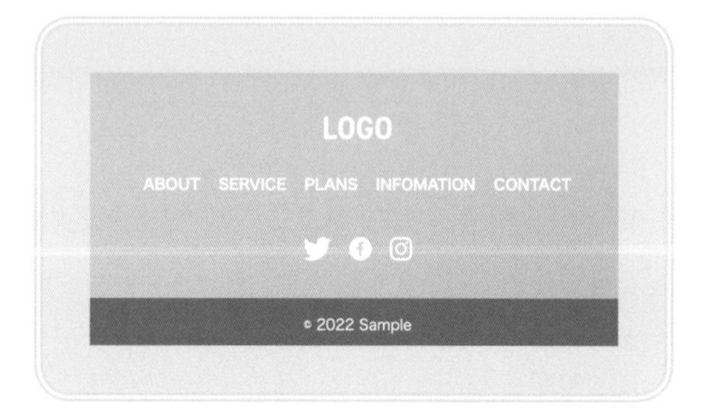

CSS　sample/chapter6/footer03/style.css

```
@media screen and (max-width: 768px) {    画像幅が最大 768px のときに適用
  div.logo {
    margin: 0 auto 1.5rem;
  }
  nav.nav {
    margin-bottom: 1.5rem;
  }
  nav.nav ul.item {
    flex-wrap: wrap;                      要素の中の子要素が折り返し表示される
  }
  nav.nav ul.item li.list {
    padding: 0 0.5rem 0.8rem;
  }
  ul.sns-container {
    margin-bottom: 2rem;                  SNS のロゴの下に余白を入れる
  }
  ul.sns-container li.list {
    padding: 0 0.5rem;
  }
}
```

widthやmarginで幅を調整しよう

「お問い合せ」ボタンを追加したフッターデザイン

フッターに表示する項目が多くなるときにおすすめなのが、4カラムのフッターデザインです。

4カラムのフッターデザイン

3カラムのフッターデザインに1カラム追加した4カラムのフッターデザインは、左右のバランスがとりやすくスッキリと見えます。

ロゴ、メニュー、SNS、問い合わせなど関連するコンテンツごとにまとめるとよいでしょう。

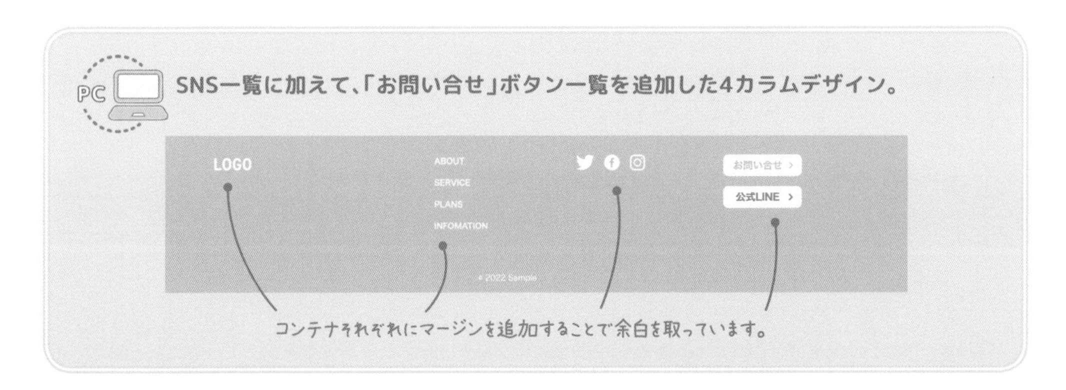

HTMLと構造図の解説

フッター2のSNSアイコンを追加した構成に、さらにdiv要素のbtn-containerクラスを追加して4カラムにします。

btn-containerクラスには「お問い合せ」ボタンや「公式LINE」などのリンクボタンを配置します。

要素が増えるとHTMLが長くなり間違いやすくなるので、終了タグの入力忘れなどに注意してください。

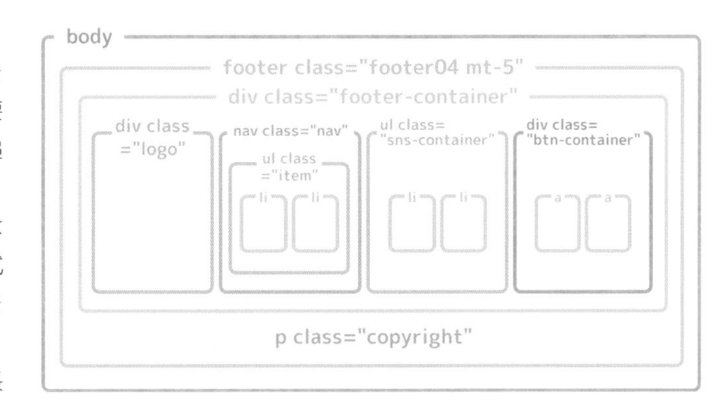

HTML　sample/chapter6/footer04/index.html

```
：（省略）…………………………………………… 共通HTML
<footer class="footer04 mt-5">
  <div class="footer-container">
    <div class="logo">
      <img src="./assets/img/logo-white.svg" alt="ロゴ">
    </div>
    <nav class="nav">
      <ul class="item">
        <li class="list">
          <a href="">ABOUT</a>
        </li>
：（省略）………… 残りのメニューを記述する
      </ul>
    </nav>
    <ul class="sns-container"> SNSを囲うコンテナ
      <li class="list">
   <a href=""><imgsrc="./assets/img/sns-twitter.svg"class="icon-twitter"alt="twitter"></a>
      </li>
：（省略）………… 残りのSNSのリンクを記述する
    </ul>
    <div class="btn-container"> ボタンを囲うコンテナ
      <a href="" class="contact-btn">お問い合せ</a>
      <a href="" class="line-btn">公式LINE</a>
    </div>
  </div>
  <p class="copyright"><small>© 2022 Sample</small></p>
</footer>
</body>
</html>
```

CSSのポイント

このレイアウトでは、水平方向に両端揃えをするjustify-content: space-between;は使用していません。

ロゴの画像の表示サイズを元のサイズに収まるように設定しています。

CSS

sample/chapter6/footer04/style.css

```
：（省略） ………… 共通CSS
footer.footer04 {
  padding: 2rem 1rem 1rem;
  background: #E1C082;
}
.footer-container {
  display: flex; ………… 子要素を横並びに
  justify-content: center; ………… 子要素を左右中央寄せ
  max-width: 960px;
  margin: 0 auto 3rem;
}
div.logo {
  width: 60px;
  height: 30px;
  margin-right: auto; ………… 余白を自動で調整する
}
div.logo img {
  width: 100%;
  height: 100%;
  object-fit: contain;
}
nav.nav {
  margin-right: 8rem; ………… navとsnsの余白
}
nav.nav ul.item li.list {
  padding-bottom: 1rem;
}
nav.nav ul.item li.list a {
  font-weight: bold;
  color: #fff;
  font-size: 0.8rem;
}
ul.sns-container {
  display: flex; ………… SNSのロゴの部分を横並びに
}
ul.sns-container li.list {
  padding-left: 1rem;
}
ul.sns-container li.list img.icon-twitter {
  width: 30px;
```

次ページへつづく

```
  height: auto;
}
ul.sns-container li.list img.icon-facebook {
  width: 25px;
  height: auto;
}
ul.sns-container li.list img.icon-instagram {
  width: 25px;
  height: auto;
}
.btn-container {
  margin-left: 8rem; ……… snsとbtnの余白
}
.btn-container a {
  display: block; ……… ブロック要素にしてスタイルが当たるように
  font-size: 1rem;
  font-weight: bold;
  padding: 0.5rem 2rem 0.5rem 1rem;
  border-radius: 8px; ……… ボタンを角丸に
  text-align: center; ……… 文字を中央寄せに
  position: relative;
}
.btn-container a::before { ……… SNSのロゴの部分を横並びに
  content: "";
  width: 8px;
  height: 8px;
  position: absolute; ……… 要素を絶対的な位置指定で配置
  top: 0;
  bottom: 0;
  right: 1rem;
  margin: auto;
}
.contact-btn { ……… 「お問い合せ」ボタン
  color: #E1C082; ……… 文字色の指定
  background:#fff; ……… ボタンの背景色の指定
  margin-bottom: 1rem;
}
.contact-btn::before {
  border-top: 2px solid #E1C082; ……… 疑似要素で線を追加
  border-right: 2px solid #E1C082;
  transform: rotate(45deg); ……… 2つの線を45°傾けて>のあしらいにする
}
```

次ページへつづく

```
.line-btn { ………………… LINEボタン
  color: #00B900;
  background: #fff;
}
.line-btn::before {
  border-top: 2px solid #00B900;
  border-right: 2px solid #00B900;
  transform: rotate(45deg); ………………… 2つの線を45°傾けて>のあしらいにする
}
p.copyright {
  text-align: center;
  color: #fff;
}
```

CSSのポイント

スマートフォン用では、右図のようにABOUTなどのリンク項目は横に並べ、その他は縦に並ぶようにします。

btn-containerの部分はマージンをリセットすることで、縦2段になります。

logoとnavのmarginをリセットして余分な余白がない状態で縦に並べます。

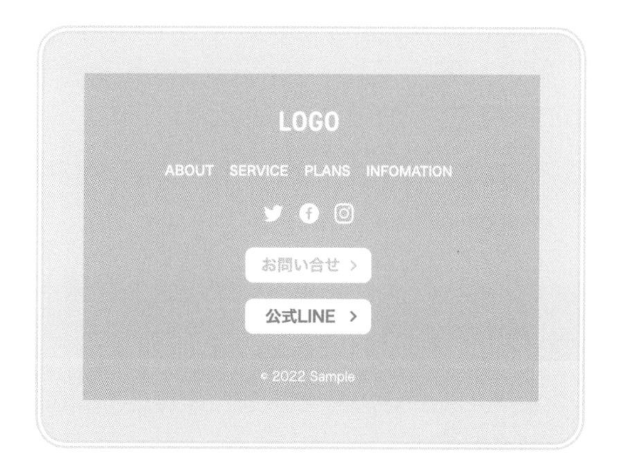

CSS　sample/chapter6/footer04/style.css

```
@media screen and (max-width: 768px) { ………………… 画像幅が最大768pxのときに適用
  footer.footer04 {
    padding: 2rem 1rem 1rem;
  }
  .footer-container {
    flex-wrap: wrap; ………………… 要素の中の子要素が折り返し表示される
    max-width: 320px;
    margin: 0 auto 2rem;
  }
  div.logo {
    margin-right: 0; ………………… マージンをリセット
    margin-bottom: 1rem;
  }
```

次ページへつづく

```
nav.nav {
  margin-right: 0; ·········· マージンをリセット
  margin-bottom: 0.5rem;
}
nav.nav ul.item{
  display: flex; ·········· リストの中の要素をフレックスコンテナに
  flex-wrap: wrap; ·········· 要素の中の子要素が折りかえし表示される
  justify-content: center; ·········· 中央に配置される
}
nav.nav ul.item li.list {
  padding: 0.5rem;
}
nav.nav ul.item li.list a {
  font-weight: bold;
  color: #fff;
  font-size: 0.8rem;
}
ul.sns-container {
  width: 100%;
  justify-content: center;
  margin-bottom: 1rem;
}
ul.sns-container li.list {
  padding: 0.5rem;
}
ul.sns-container li.list img.icon-twitter { ·········· Twitterアイコン
  width: 20px;
}
ul.sns-container li.list img.icon-facebook { ·········· Facebookアイコン
  width: 20px;
}
ul.sns-container li.list img.icon-instagram { ·········· Instagramアイコン
  width: 20px;
}
.btn-container {
  margin-left: 0; ·········· マージンをリセット
}
}
```

imgやGoogleマップを並べてより情報が伝わる！

店舗画像を掲載したフッターデザイン

飲食店やホテルなどは店内の様子をお客様に伝えることで、より予約やお問い合わせをしてもらいやすくなります。

店内写真やアクセスマップを入れたフッター

２カラムのフッターです。左カラムにはフッターとしての基本情報を詰め込み、もう１つに店舗画像を入れたデザインです。

HTMLと構造図の解説

div要素のfooter-container-contentでロゴ、ナビゲーション、SNSアイコン、コピーライトを囲み、親要素のfooter-containerにdisplay: flexを当ててカラムにしていきます。

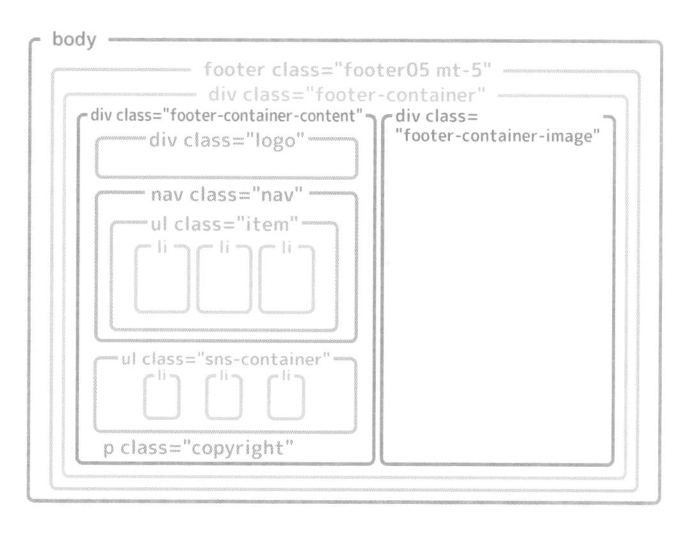

HTML　　sample/chapter6/footer05/index.html

```
：（省略）………………………………………………… 共通HTML
<footer class="footer05 mt-5">
  <div class="footer-container">
    <div class="footer-container-content"> ………… ロゴ、ナビ、SNS、コピーライトを囲う
      <div class="logo">
        <img src="./assets/img/logo-white.svg" alt="ロゴ">
      </div>
      <nav class="nav">
        <ul class="item">
          <li class="list">
            <a href="">ABOUT</a>
          </li>
          ：（省略）………… 他のメニューを繰り返す
        </ul>
      </nav>
      <ul class="sns-container"> SNSを囲うコンテナ
        <li class="list">
          <a href=""><imgsrc="./assets/img/sns-twitter.svg"alt=""class="icon-twitter"> </a>
        </li>
        ：（省略）………… 他のSNSを繰り返す
      </ul>
      <p class="copyright"><small>© 2022 Sample</small></p>
    </div>
    <div class="footer-container-image"></div> 店舗写真
  </div>
</footer>
</body>
</html>
```

CSSのポイント

footer-container-content クラスと footer-container-image クラスを display: flex で横並びにします。p.copyright クラスも footer-container-content クラスの中に含めます。

CSS　　sample/chapter6/footer05/style.css

```
：（省略）………………………………………………… 共通CSS
footer.footer05 {
  background: #3656a7;
```

次ページへつづく

```
  padding: 1rem;
}

.footer-container {
  display: flex; ……… footer-container-contentとfooter-container-imageを横並びに
  justify-content: space-between;
  max-width: 960px;
  margin: 0 auto;
}

.footer-container-content {
  width: 40%; ……… コンテンツ幅を40%に指定
}

div.logo {
  width: 60px;
  height: 30px;
  margin-bottom: 1.5rem;
}

div.logo img {
  width: 100%;
  height: 100%;
  object-fit: contain; ……… ロゴが親要素に収まるように調整
}

nav.nav {
  margin-bottom: 1.5rem;
}

nav.nav ul.item li.list {
  padding-bottom: 1rem;
}

nav.nav ul.item li.list:last-child {
  padding-bottom: 0; ……… 最後のアイテムに余白が適用されないようにする
}

nav.nav ul.item li.list a {
  font-weight: bold;
  color: #fff;
  font-size: 0.8rem;
```

次ページへつづく

```
}

ul.sns-container {
  display: flex;  ……… リスト内の要素をフレックスボックスとして表示
  margin-bottom: 1.5rem;
}

ul.sns-container li.list {
  padding-right: 1rem;
}

ul.sns-container li.list img.icon-twitter {
  width: 30px;
  height: auto;
}

ul.sns-container li.list img.icon-facebook {
  width: 25px;
  height: auto;
}

ul.sns-container li.list img.icon-instagram {
  width: 25px;
  height: auto;
}

.footer-container-image {
  background: url(./img/fv.jpg)no-repeat;  ……… 店舗写真は背景画像として表示
  background-size: cover;
  width: 50%;  ……… 親要素のfooter-containerの50%を占める。
                    widthを指定しないと背景画像は表示されません
}

p.copyright {
  color: #fff;
  background-color: #213871;
  padding: 0.8rem;
}
```

CSSのポイント

スマートフォンでは小さい写真は見にくいので、width: 100%で横幅いっぱいに表示します。上部に写真、その下にロゴ・ナビ・SNSのリンク・コピーライトの順に並べます。

flex-wrapプロパティはflexアイテムを折り返します。その値にwrap-reverseを指定すると、逆順に並びます。

フレックスコンテナ内の子要素が水平方向に配置されていて、子要素が画面の幅に合わせて折り返す際に、通常は子要素を上から下に順に配置されますが、このプロパティを使用すると下から上に配置されます。

CSS　sample/chapter6/footer05/style.css

```
@media screen and (max-width: 768px) {
  footer.footer05 {
    padding: 1.5rem 0 0;
  }

  .footer-container {
    flex-wrap: wrap-reverse; ……… アイテム下から上に折り返す
    justify-content: center; ……… 水平方向に中央に配置
    margin: 0 auto;
  }

  .footer-container-content {
    width: 100%;
  }

  div.logo {
    margin: 0 auto 1rem;
  }

  nav.nav {
    margin-bottom: 1.5rem;
```

次ページへつづく

```
  }

  nav.nav ul.item {
    display: flex;
    justify-content: center;
    flex-wrap: wrap;  ……… アイテムをコンテナ内で折り返す
  }

  nav.nav ul.item li.list {
    padding: 0.5rem;
  }

  ul.sns-container {
    justify-content: center;
    margin-bottom: 1.5rem;
  }

  ul.sns-container li.list {
    padding: 0 0.5rem;
  }

  ul.sns-container li.list img.icon-twitter {
    width: 20px;
  }

  ul.sns-container li.list img.icon-facebook {
    width: 20px;  ……… スマホは3つとも同じサイズにする
  }

  ul.sns-container li.list img.icon-instagram {
    width: 20px;
  }

  .footer-container-image {
    width: 100%;  ……… 横幅100%で画面いっぱいに表示
    max-width: 420px;
    height: 200px;
    margin-bottom: 1.5rem;
  }

  p.copyright {
    text-align: center;
  }
}
```

Chapter

7

テーブルデザインを作ってみよう

Section 7-1

テーブル関連のタグでマークしCSSでデザイン

テーブルを見やすくデザイン

テーブルは、会社概要やサービス一覧、比較表など、Webサイトのさまざまな場面で使われます。情報を整理してまとめる役割があるため、余白や配色を使って見やすくする工夫が必要です。

- 情報整理が簡単にできる
- 商品一覧やサービス比較などで、ユーザーが見やすい
- デバイス幅で調整しやすく、レスポンシブデザインに対応しやすい
- リストよりもコードを短縮して記述できる
- 背景や線、フォント、フォントサイズなど自由が効く

HTMLのhead要素（共通）

Chapter 7で使用するHTMLファイルに共通するヘッダー部分です。<meta>タグで文字コードセットやInternet Explorerの表示設定、ビューポートを指定し、<link>タグで外部CSSファイルを指定します（詳細は、78ページ参照）。

共通HTML　　sample/chapter7/table01/index.html

```
<!DOCTYPE html>
<html lang="ja">

<head>
  <meta charset="UTF-8">
  <meta http-equiv="X-UA-Compatible" content="IE=edge">
  <meta name="viewport" content="width=device-width, initial-scale=1.0">
  <title>テーブルデザイン01</title>
  <link rel="stylesheet" href="assets/style.css">
</head>

<body>
```

共通CSS（リセット）

＊（ユニバーサルセレクタ）と疑似要素（::beforeと::after）で、すべての要素およびその前後に対するスタイルを指定しています。

box-sizing:border-boxでは、余白と枠を横幅と高さに含めるよう指定します。

その他には、borderやboxの扱いや、フォント、テーブルのレイアウト、セルの配置などを設定しています。

共通CSS（リセット）　sample/chapter7/table01/style.css

```
*,                                   すべての要素と疑似要素に適用
::before,
::after {
  box-sizing: border-box;            要素の幅と高さにpaddingとborderを含める
  border-style: solid;               borderのスタイルを実線に
  border-width: 0;
  margin: 0;
  padding: 0;
}

body {
  font-family: "Hiragino Kaku Gothic ProN", "Hiragino Sans", sans-serif;
}

table {
  border: inherit;                   テーブルのborderスタイルを継承
  border-collapse: collapse;         テーブルセルのborderを1つに結合
}

td,
th {
  vertical-align: top;               テキストの垂直配置をセルの上端と合わせる
}

th {
  text-align: left;                  テキストの水平配置をセルの左端と合わせる
  font-weight: bold;
}

body {
  padding: 3rem 1rem;                余白を調節する
}
```

<thead>のヘッダー行と<tbody>のボディを分けてマークアップ

シンプルで最も定番なテーブルデザイン

テーブルのセルに背景色を敷いたデザインです。見出し行を濃い背景色にして文字を白で抜き、列タイトルを太字にすることで、それぞれの内容が一目でわかります。

タイトル行を目立たせたテーブルデザイン

表を縦横に白いボーダーで区切り、タイル風のテーブルをデザインしてみましょう。
価格は右寄せにしてカンマ位置を揃えることで、読みやすくしています。

	プラン内容	価格
ライト	はじめての方向けお試しプラン	¥980
スタンダード	一番人気のおすすめプラン	¥1,980
プレミアム	こだわりたい方に向けたサービス満載のプラン	¥3,980

ボーダーを使ってタイル風に

HTMLと構造図の解説

table要素を使う場合、表の1行目となるヘッダー行を<thead>タグでグループ化します。

セルを指定する場合は、td要素、見出しの場合はth要素を使用します。th要素は、太字で中央揃えになります。tbody内のth要素には、共通CSSの左揃えが指定されます。

なお、フッター行を入れる場合には、tfoot要素内にth要素、td要素でセルを指定します。

body
table
thead
tr
td th th
tbody
tr
th td td
tr
th td td
tr
th td td

HTML

sample/chapter7/table01/index.html

```
：（省略） ······························ 共通HTML
<table class="table01">
    <thead> ··························· テーブルの見出し（ヘッダー）部分
      <tr>
        <td></td>
        <th>プラン内容</th>
        <th>価格</th>
      </tr>
    </thead>
    <tbody> ··························· テーブルのコンテンツ（body）部分
     <tr>
       <th>ライト</th>
       <td data-label="プラン内容" class="text">はじめての方向けお試しプラン</td>
       <td data-label="価格" class="price">¥980</td>
     </tr>
     <tr>
       <th>スタンダード</th>
       <td data-label="プラン内容" class="text">一番人気のおすすめプラン</td>
       <td data-label="価格" class="price">¥1,980</td>
     </tr>
     <tr>
       <th>プレミアム</th>
       <td data-label="プラン内容" class="text">こだわりたい方に向けたサービス満載のプラン</td>
       <td data-label="価格" class="price">¥3,980</td>
     </tr>
    </tbody>
  </table>
</body>
</html>
```

CSSのポイント

一見、tr（行）にCSSを当てたら早そうですが、widthやpaddingなどのサイズ指定が効かない仕様のため、基本的にはth要素、td要素にCSSを当てていきます。

ここではlast-child疑似要素でthとtd要素の最後の右罫線、最後のtbodyのtr（行）のボーダーを非表示にしています。

CSS　sample/chapter7/table01/style.css

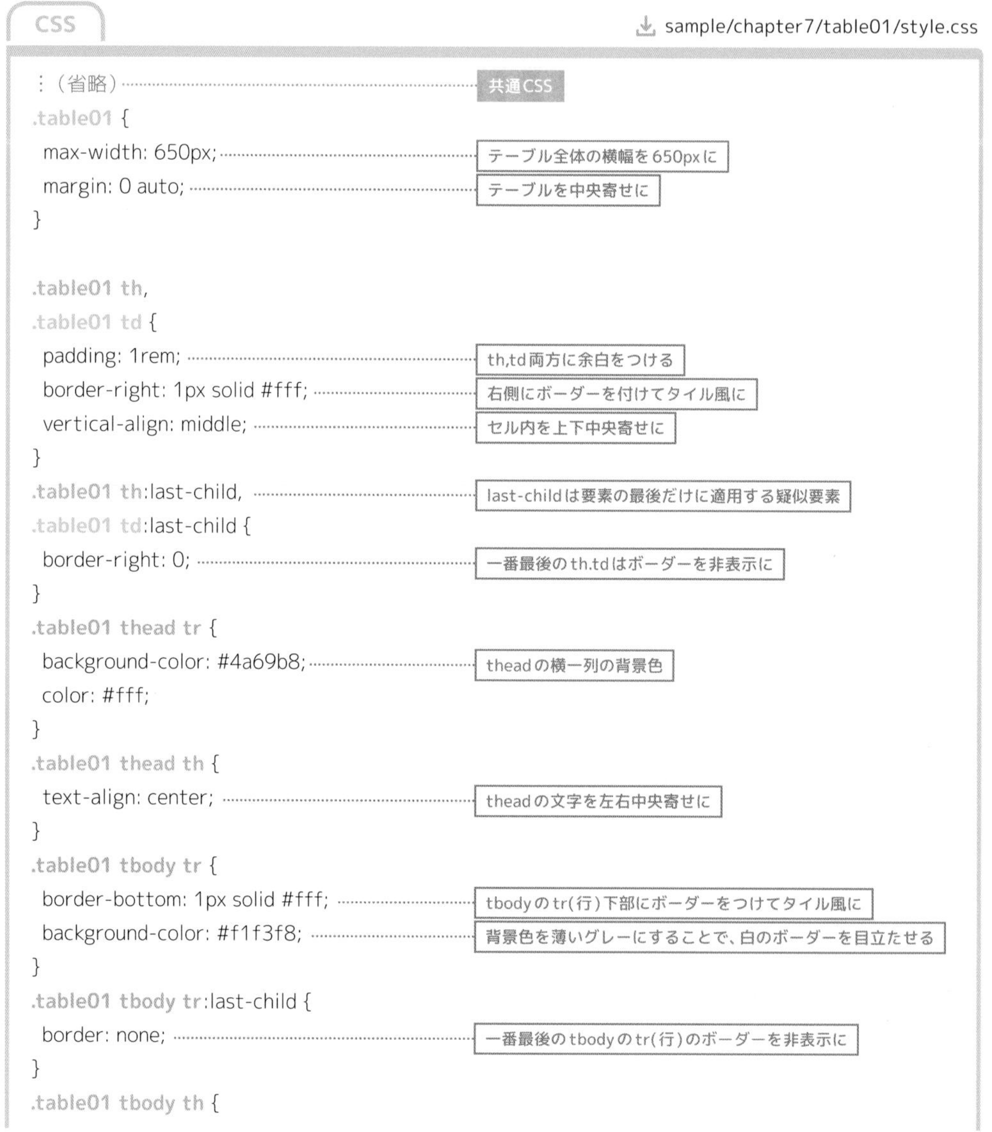

```
：（省略）  ……… 共通CSS
.table01 {
  max-width: 650px; ……… テーブル全体の横幅を650pxに
  margin: 0 auto; ……… テーブルを中央寄せに
}

.table01 th,
.table01 td {
  padding: 1rem; ……… th,td両方に余白をつける
  border-right: 1px solid #fff; ……… 右側にボーダーを付けてタイル風に
  vertical-align: middle; ……… セル内を上下中央寄せに
}
.table01 th:last-child, ……… last-childは要素の最後だけに適用する疑似要素
.table01 td:last-child {
  border-right: 0; ……… 一番最後のth.tdはボーダーを非表示に
}
.table01 thead tr {
  background-color: #4a69b8; ……… theadの横一列の背景色
  color: #fff;
}
.table01 thead th {
  text-align: center; ……… theadの文字を左右中央寄せに
}
.table01 tbody tr {
  border-bottom: 1px solid #fff; ……… tbodyのtr(行)下部にボーダーをつけてタイル風に
  background-color: #f1f3f8; ……… 背景色を薄いグレーにすることで、白のボーダーを目立たせる
}
.table01 tbody tr:last-child {
  border: none; ……… 一番最後のtbodyのtr(行)のボーダーを非表示に
}
.table01 tbody th {
```

次ページへつづく

```
  width: 25%;  ……………………… プラン名の横幅を25%に
}
.table01 tbody .price {
  width: 25%;  ……………………… 価格の横幅を25%に
  text-align: right;  ……………… 価格の数字を右寄せに
}
```

CSSのポイント

スマートフォンは横幅がないので、tr(行)を縦に表示すると読みやすくなります。

メディアクエリを使って、@media screen and (max-width: 768px)のように768px以下のデバイスに適用するCSSを記述します。

CSS

sample/chapter7/table01/style.css

```
@media screen and (max-width: 768px) {
  .table01 {
    max-width: 420px;
    width: 100%;
  }
  .table01 thead {
    display: none; ……… theadを非表示に
  }
  .table01 tbody tr {
    display: block; ……… display:block;にすることでtr(行)を縦に並べる
    margin-bottom: 1rem; ……… tr(行)に余白をつける
  }
  .table01 tbody th {
    background-color: #4a69b8; ……… 背景色
    color: #fff;
    display: block;
    border-right: none; ……… PCでつけたボーダーを非表示に
    text-align: center;
  }
  .table01 tbody td {
    border-bottom: 1px solid #fff; ……… ボーダーをつけてタイル風に
    display: block;
    text-align: right; ……… プラン内容の詳細テキストを右寄せに
    position: relative;
    border-right: none;
  }
  .table01 tbody td::before { ……… data-labelを疑似要素で表示
    font-size: 0.8rem;
    content: attr(data-label); ……… date-labelを呼び出す
    font-weight: bold;
    position: absolute;
    left: 1rem; ……… tdの余白が1remのため、tdの左から1remに配置
  }

  .table01 td:last-child {
    border-bottom: 0;
  }
  .table01 tbody th,
  .table01 tbody .price {
    width: 100%; ……… PCで横幅25%だったのを、100%に
```

次ページへつづく

```
  }
  .table01 .text {
    font-size: 0.7rem;
  }
}
```

Column

メディアクエリについて

メディアクエリは、レスポンシブデザインに必須の記述です。
PC（パソコン）➡SP（スマートフォン）の順で記述する場合もあれば、最近は**スマホファースト**の傾向があるため、SP➡PCの順に記述することもあります。
本書では、PC➡SPの順で記述しています。
基本的には、PCで横並びの要素はdisplay:block;やflex-wrapを使って縦並びにしていきます。
文字（フォント）も、本文の場合では**PCは16px〜18px**、**SPは14px〜16px**が読みやすいサイズと言われています。
PCサイズのままだと文字サイズが大きすぎて、読みにくい＆変なところで改行されるため、しっかりと調整していきましょう。

シンプルだけど目立つデザイン

定番のフラットなテーブルデザインに、注目してほしい行の背景色をnth-childを使って変更し、目立たせました。

プラン比較表にも有効な手段です。

縦一列のレイアウトのため、文字サイズと余白を調整するだけでスマホデザインにも使えます。

	プラン内容	価格
ライト	はじめての方向けお試しプラン	¥980
スタンダード	一番人気のおすすめプラン	¥1,980
プレミアム	こだわりたい方に向けたサービス満載のプラン	¥3,980

nth-childを使って、2番目のtrの背景色を変更します。

● HTMLと構造図の解説

テーブル1「シンプルで最も定番なテーブルデザイン」(218ページ)を参照してください。

HTML　sample/chapter7/table02/index.html

```
：(省略) ……………………………… 共通HTML
  <table class="table02">
   <thead>
     <tr>
       <td></td>
       <th>プラン内容</th>
       <th>価格</th>
     </tr>
   </thead>
   <tbody>
    <tr>
      <th>ライト</th>
      <td data-label="プラン内容" class="text">はじめての方向けお試しプラン</td>
      <td class="price">¥980</td>
    </tr>
    <tr>
      <th>スタンダード</th>
      <td data-label="プラン内容" class="text">一番人気のおすすめプラン</td>
      <td class="price">¥1,980</td>
    </tr>
    <tr>
      <th>プレミアム</th>
      <td data-label="プラン内容" class="text">こだわりたい方に向けたサービス満載のプラン</td>
      <td class="price">¥3,980</td>
    </tr>
   </tbody>
</table>
</body>
</html>
```

CSSのポイント

nth-child(n)疑似クラスを使うと、n番目の要素のスタイルだけを指定することができます。ここでは2番目の行のスタイルを指定するので、()の中に2を指定します。

例えば、長い表で交互に色を変えたいときにも便利です。

値にoddを指定してnth-child(odd)とすると奇数行だけ、evenを指定してnth-child(even)とすると偶数行だけにスタイルを適用できます。

CSS　　sample/chapter7/table02/style.css

```
：（省略）                                 共通CSS
.table02 {
  max-width: 650px;                        テーブル全体の横幅を650pxに
  margin: 0 auto;                          テーブルを中央寄せに
}

.table02 th,
.table02 td {
  padding: 1rem;                           th,td両方に余白をつける
  vertical-align: middle;                  セル内を上下中央寄せに
}

.table02 th:last-child,                    last-childは要素の最後だけに適用する疑似要素
.table02 td:last-child {
  border-right: 0;                         一番最後のth.tdはボーダーを非表示に
}

.table02 thead tr {
  background-color: #4a69b8;               タイトル行の背景を設定
  color: #fff;
}
.table02 thead th {
  text-align: center;                      テーブルヘッダーセルのテキストを中央揃えに
}
.table02 tbody tr:last-child {
  border: none;
}
.table02 tbody th {
  width: 25%;                              テーブルボディのヘッダーセルの幅を25%に設定
}
.table02 tbody tr:nth-child(2) {
  background-color: #f7e8bc;               テーブルボディの2番目の行の背景色を設定
}
.table02 tbody .price {
  width: 25%;                              特定のクラス.price のセルの幅を25%に設定
  font-weight: bold;
  text-align: right;
}
```

CSSのポイント

widthを25%で指定しているため、画面幅に応じて縮小していくので特別な記述は不要です。

改行が気になる場合は、文字サイズを調整しましょう。

	プラン内容	価格
ライト	はじめての方向けお試しプラン	¥980
スタンダード	一番人気のおすすめプラン	¥1,980
プレミアム	こだわりたい方に向けたサービス満載のプラン	¥3,980

Column

nth-child疑似クラスについて

nht-childは、CSSセレクタに記述して使う疑似クラスです。
子要素のうち、該当するものに指定したスタイルを当てることができます。
例えば、親要素からみて複数の子要素がある中で、N番目の文字色を変えたい、奇数列の背景だけ色を変えたいというときに使います。

N番目	偶数と奇数	N番目以外
li:nth-child(4)	奇数　li:nth-child(odd) 偶数　li:nth-child(even)	li:not(:nth-child(4))

グラデーションを使用したフラットなテーブルデザイン

定番のテーブルレイアウトを活用し、流行のフラット×グラデーションを使ってイマドキなテーブルデザインにしてみました。

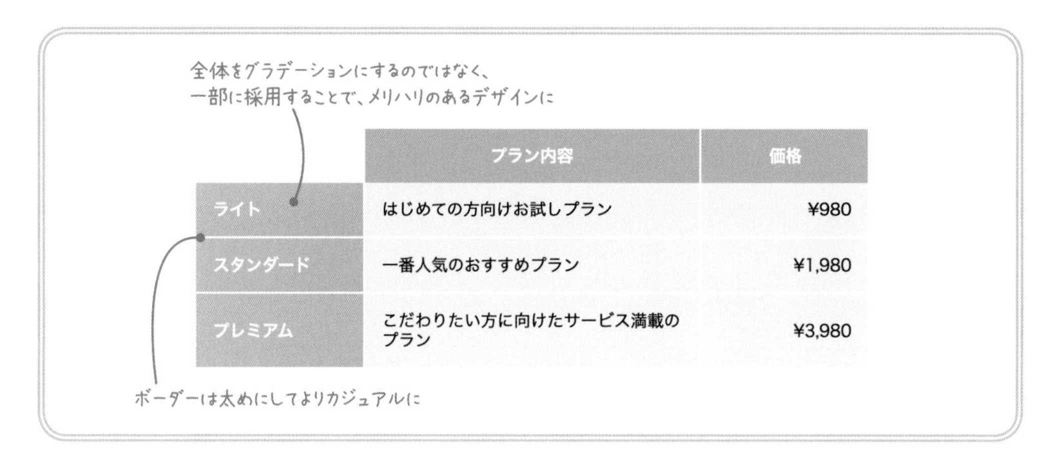

● HTMLと構造図の解説

テーブル1「シンプルで最も定番なテーブルデザイン」(218ページ)を参照してください。

<thead>タグの1つ目は、<td></td>と記述して空白のセルを設置します。

また、最後のセルには不要な白いボーダーが適用されないように、疑似要素の:last-childまたはnot:()を指定しておきます。

HTML　　sample/chapter7/table03/index.html

```
:（省略）……………………………… 共通HTML
  <table class="table03">
   <thead>
     <tr>
       <td></td>
       <th>プラン内容</th>
       <th>価格</th>
     </tr>
   </thead>
   <tbody>
    <tr>
      <th>ライト</th>
      <td data-label="プラン内容" class="text">はじめての方向けお試しプラン</td>
```

次ページへつづく

```
      <td data-label="価格" class="price">¥980</td>
    </tr>
    <tr>
      <th>スタンダード</th>
      <td data-label="プラン内容" class="text">一番人気のおすすめプラン</td>
      <td data-label="価格" class="price">¥1,980</td>
    </tr>
    <tr>
      <th>プレミアム</th>
      <td data-label="プラン内容" class="text">こだわりたい方に向けたサービス満載のプラン</td>
      <td data-label="価格" class="price">¥3,980</td>
    </tr>
   </tbody>
  </table>
</body>
</html>
```

CSSのポイント

テキストをレスポンシブで柔軟に表示するために、data-label属性を使用します。

HTMLでは**data-xxxx属性はカスタム属性**と呼ばれ、xxxxの部分に自由な名前をつけ、任意の値を持つことができます。

ここではカスタムデータ属性で文字を表示させて、CSSで表示・非表示を切り替えています。スマートフォンのみ表示するようにします。※jQuery attrメソッドは使用していません。

CSS　　sample/chapter7/table03/style.css

```
:（省略）………………………………… 共通CSS
.table03 thead th {
 background-color: #8ec5fc;
 color: #fff;
 text-align: center;
}
.table03 tbody tr {
 background-color: #f7f7f7;
 border-bottom: 2px solid #fff;
}
.table03 tbody tr:last-child {
 border: none;
}
.table03 tbody th {
```

次ページへつづく

```
  width: 25%;
  background-image: linear-gradient(120deg, #e0c3fc 0%, #8ec5fc 100%); ……… 背景グラデーション
  color: #fff;
}
.table03 tbody .price {
  width: 25%;
  text-align: right;
}
```

CSSのポイント

PC用に表示していた<thead>タグはスマートフォンではdisplay: none;で非表示にして、tr、th、td要素はdisplay: blockでブロック要素に指定します。<td>タグの先頭（左側）にある「プラン内容」と「価格」は、td::before疑似要素を指定します。

contentプロパティの値にattr(data-label);関数を記述して、HTMLのdata-label属性で指定した値「プラン内容」「価格」を取得して、スマートフォンのみ表示されるようにしています。

ライト	
プラン内容	はじめての方向けお試しプラン
価格	¥980

スタンダード	
プラン内容	一番人気のおすすめプラン
価格	¥1,980

プレミアム	
プラン内容	こだわりたい方に向けたサービス満載のプラン
価格	¥3,980

CSS　　sample/chapter7/table03/style.css

```
@media screen and (max-width: 768px) {
  .table03 {
    max-width: 420px; ………… テーブルの最大幅を420pxに指定
    width: 100%;
  }
  .table03 thead {
    display: none; ………… テーブルヘッダーを非表示に
  }
  .table03 tbody tr {
    display: block; ………… tr要素をブロック要素として表示
    margin-bottom: 1rem;
  }
  .table03 tbody th {
    display: block; ………… th要素をブロック要素として表示
    border-right: none;
    text-align: center;
  }
  .table03 tbody td {
    border-bottom: 2px solid #fff; ………… 線を追加
    display: block; ………… セルをブロック要素として表示
    text-align: right;
    position: relative;
    border-right: none;
  }
  .table03 tbody td::before {
    font-size: 0.8rem;
    content: attr(data-label); ………… data-label属性の値に設定
    font-weight: bold;
    position: absolute;
    left: 1rem;
  }
  .table03 td:last-child { ………… 最後のセルの下側のボーダーを削除
    border-bottom: 0;
  }
  .table03 tbody th,
  .table03 tbody .price {
    width: 100%;
  }
  .table03 .text {
    font-size: 0.7rem;
  }
}
```

Column

カスタムデータ属性（data属性）について

HTML5では、カスタムデータ属性というオリジナルの属性を作ることができます。
主にJavaScriptのgetAttribute()とsetAttribute()や、CSSのattr()関数を使って値を取得するときに使われます。
カスタムデータ属性の記述は、ルールが2つあります。

・格納するデータは文字列にする
・他の要素と被ってはいけない

カスタムデータ属性の名前は常にdata-から始まり、それに続く名前には文字、数字、ハイフン、ドット、アンダースコアを使用することができます。

```
data-〇〇="任意の文字列"
```

Section 7-2のテーブルをレスポンシブにして表示するために、tdのセルの先頭に::before疑似要素でcontentプロパティを指定し、その値にattr(data-label)を指定してHTMLのtd data-label="プラン内容"で指定したdata-labelの値「プラン内容」をセルの先頭に表示させる手法を採用しています。

border-radiusでころんとしたデザインに

グラデーションを使用したフラットなテーブルデザイン

レスポンシブに使いやすいカード風のテーブルデザインです。イメージ画像に購入のリンクなどをつけてもよいでしょう。

マウスオンでシャドーのエフェクトをつけるデザイン

テーブルにイラスト画像を追加してポップでかわいい雰囲気にし、価格を目立たせたテーブルのデザインです。マウスオンでtr要素の行に影がつき浮き出るようなエフェクトで、ユーザーの興味を惹くように工夫しました。

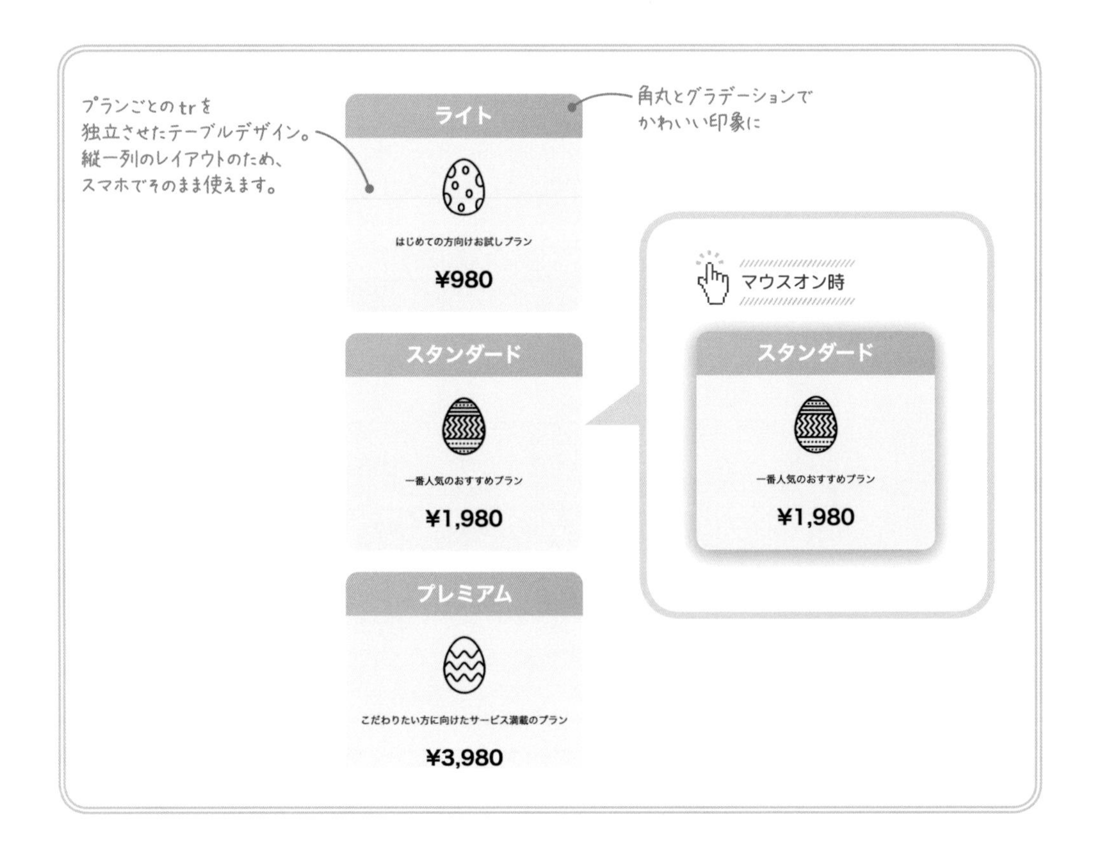

● HTMLと構造図の解説

縦に配置するので、thead要素のヘッダーは指定しません。th要素とtd要素で１つ１つのセルを定義します。

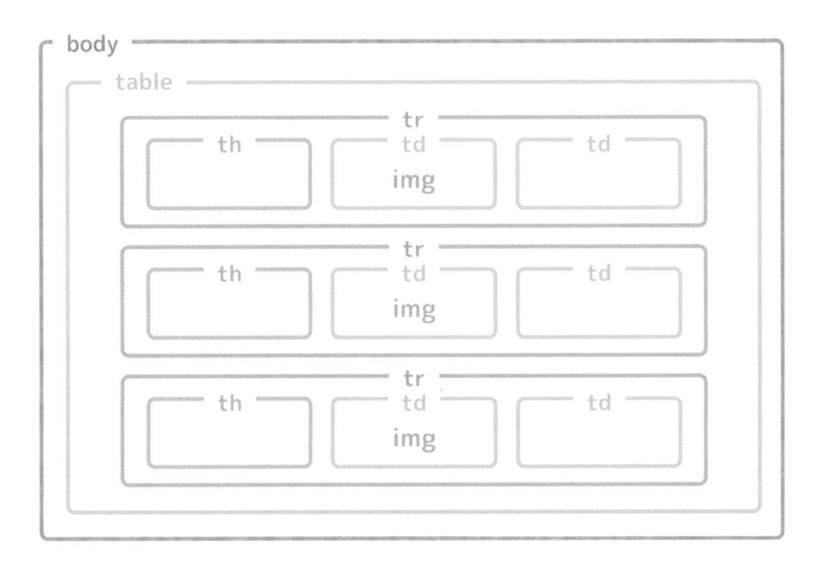

HTML　sample/chapter7/table04/index.html

```
：（省略）………………………………………… 共通HTML
    <table class="table04">
      <tr>
        <th>ライト</th>
        <td class="text"><img src="./assets/img/table-img01.png" class="table-img">
はじめての方向けお試しプラン</td> ……………………… imgタグ追加
        <td class="price">¥980</td>
      </tr>
      <tr>
        <th>スタンダード</th>
        <td class="text"><img src="./assets/img/table-img02.png" class="table-img">
一番人気のおすすめプラン</td> ………………………… imgタグ追加
        <td class="price">¥1,980</td>
      </tr>
      <tr>
        <th>プレミアム</th>
        <td class="text"><img src="./assets/img/table-img03.png" class="table-img">
こだわりたい方に向けたサービス満載のプラン</td> ………… imgタグ追加
        <td class="price">¥3,980</td>
```

次ページへつづく

```
        </tr>
    </table>
</body>
</html>
```

CSSのポイント

paddingで余白を多めに取ることで、スッキリおしゃれなデザインになります。

PC表示、スマートフォン表示のどちらも縦並びで表示するため、レスポンシブデザインには対応しなくてOKです。

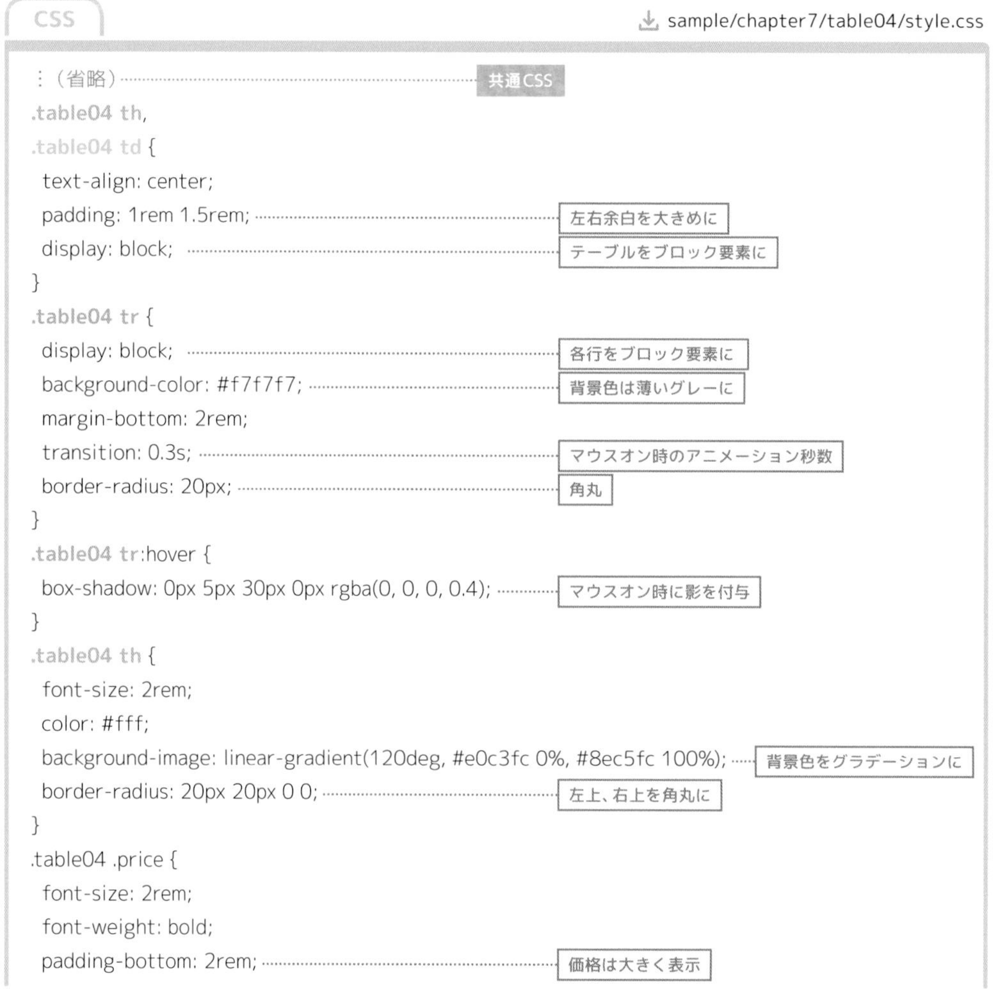

CSS　　sample/chapter7/table04/style.css

```
：（省略）　　共通CSS
.table04 th,
.table04 td {
  text-align: center;
  padding: 1rem 1.5rem;　　左右余白を大きめに
  display: block;　　テーブルをブロック要素に
}
.table04 tr {
  display: block;　　各行をブロック要素に
  background-color: #f7f7f7;　　背景色は薄いグレーに
  margin-bottom: 2rem;
  transition: 0.3s;　　マウスオン時のアニメーション秒数
  border-radius: 20px;　　角丸
}
.table04 tr:hover {
  box-shadow: 0px 5px 30px 0px rgba(0, 0, 0, 0.4);　　マウスオン時に影を付与
}
.table04 th {
  font-size: 2rem;
  color: #fff;
  background-image: linear-gradient(120deg, #e0c3fc 0%, #8ec5fc 100%);　　背景色をグラデーションに
  border-radius: 20px 20px 0 0;　　左上、右上を角丸に
}
.table04 .price {
  font-size: 2rem;
  font-weight: bold;
  padding-bottom: 2rem;　　価格は大きく表示
```

次ページへつづく

```
}
.table04 .table-img {
  width: 80px;
  height: 90px;
  object-fit: contain; ········ 画像の縦横比を維持
  display: block;
  margin: 1rem auto 2rem; ········ 画像周りに余白をつけてスッキリさせる
}
```

Column

レスポンシブを早く簡単に書くコツ

現在、WebサイトをレスポンシブにデザインすることはWeb制作の必須条件になりました。時間をかけずに記述するには、以下のようなことに気をつけながら記述するとよいでしょう。

- **横幅指定はwidthよりもmax-widthを使う**
- **要素同士の余白は%を使う**
- **フレックスボックスやグリッドレイアウトを使う**
- **pxだけでなく、remや%も使い分ける**

コーディングする際にいろんな書き方を試してみることで、「このデザインには、この記述がスマートだな」と気づくことができます。
たくさんのコードを書いて身につけていきましょう！

table-layout: fixed;で列幅を固定する

横一列に並べたテーブルデザイン

table-layout: fixed; をCSSに記述して列幅を固定することで、画像を入れたときにキレイに表示されます。

画像&テキストのテーブルでよりわかりやすく

画像を活用して、項目ごとに横一列に並べたテーブルをデザインします。ポップなイラストを配置して、おしゃれな雰囲気にしてみましょう。

下にセルを追加していくことで、プラン詳細をどんどん増やすことができます。

画像サイズや文字サイズ、余白を調整することで、横一列のままスマホデザインに活用できます。

ライト	スタンダード	プレミアム
はじめての方向け お試しプラン	一番人気のおすすめプラン	こだわりたい方に向けたサービス満載のプラン
¥980	¥1,980	¥3,980

tbodyのtrにプラン名を並べています。

● HTMLと構造図の解説

<thead>タグを指定しておくことで、行全体にグラデーションをかけることができます。

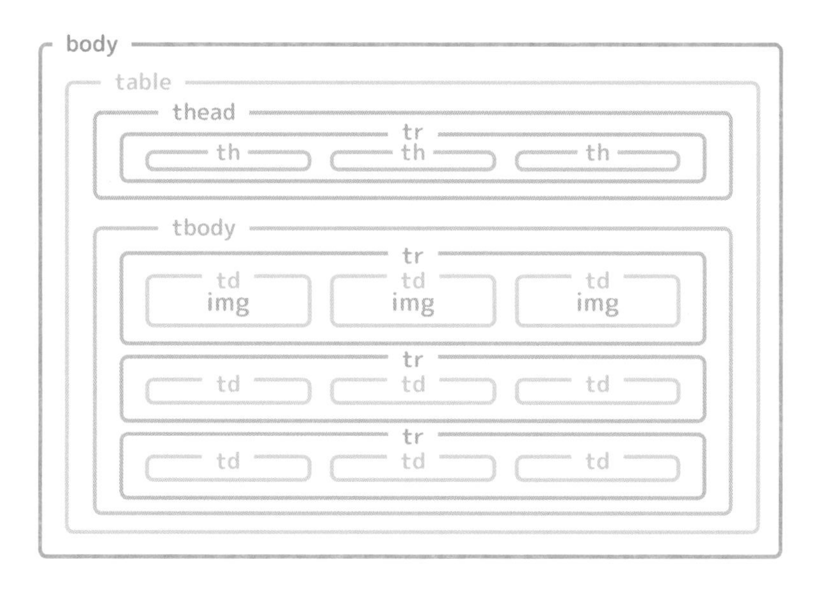

HTML

sample/chapter7/table05/index.html

```
：（省略）………………………………… 共通HTML
<table class="table05">
  <thead>
    <tr>
      <th>ライト</th>
      <th>スタンダード</th>
      <th>プレミアム</th>
    </tr>
  </thead>
  <tbody>
    <tr>……………………………………… プラン名の行
      <td class="table-img"><img src="./assets/img/table-img01.png"></td> …… 画像のリンク
      <td class="table-img"><img src="./assets/img/table-img02.png"></td>
      <td class="table-img"><img src="./assets/img/table-img03.png"></td>
    </tr>
   <tr>……………………………………… プラン内容の行
     <td class="text">はじめての方向けお試しプラン</td>
     <td class="text">一番人気のおすすめプラン</td>
     <td class="text">こだわりたい方に向けたサービス満載のプラン</td>
```

次ページへつづく

```
      </tr>
      <tr> ···························· 価格の行
        <td class="price">¥980</td>
        <td class="price">¥1,980</td>
        <td class="price">¥3,980</td>
     </tr>
    </tbody>
</table>
</body>
</html>
```

CSSのポイント

<thead>タグの<tr>タグにlinear-gradientをかけることで、横方向の見出し全体に綺麗にグラデーションがかかります。

また、<table>タグにtable-layout: fixed;を記述すると、固定幅の表になります。ここにautoを指定すれば、セルの内容に応じた自動幅の表になります。

CSS　sample/chapter7/table05/style.css

```
：（省略）···························· 共通CSS
.table05 {
  width: 750px; ···························· table-layout: fixedを使用するには、widthの指定が必要
  margin: 0 auto;
  table-layout: fixed; ···························· 列の幅を固定
}

.table05 th,
.table05 td {
  padding: 1.5rem 1rem;
  border-right: 1px solid #fff;
}
.table05 th:last-child,
.table05 td:last-child {
  border-right: 0;
}
.table05 thead tr {
  background-image: linear-gradient(120deg, #e0c3fc 0%, #8ec5fc 100%); ········· 背景グラデーション
  color: #fff;
}
```

次ページへつづく

```
.table05 thead th {
  text-align: center;
}
.table05 tbody tr {
  border-bottom: 1px solid #fff;
  background-color: #f1f3f8;        背景色の薄いグレー
}
.table05 tbody tr:last-child {
  border: none;        最後のセルのボーダーを消す
}
.table05 tbody .table-img {
  text-align: center;        画像を中央寄せに
}
.table05 tbody .table-img img {
  max-width: 90px;
}
.table05 tbody .text {
  font-size: 0.9rem;
  line-height: 1.4;
}
.table05 tbody .price {
  font-size: 1.8rem;
  font-weight: bold;
  text-align: center;
}
```

CSSのポイント

スマートフォン用のCSSはメディアクエリを使って、画面幅768px以下の場合に適用されるCSSです。

画面幅に合わせて縮小するので画像サイズと文字サイズの調整のみで実装できます。

ライト	スタンダード	プレミアム
はじめての方向けお試しプラン	一番人気のおすすめプラン	こだわりたい方に向けたサービス満載のプラン
¥980	¥1,980	¥3,980

CSS

sample/chapter7/table05/style.css

```
@media screen and (max-width: 768px) {
  .table05 {
    width: 100%; ……… PCで指定したwidthを100%にしてレスポンシブ対応に
  }
  .table05 tbody .table-img img {
    max-width: 50px; ……… 画像サイズを小さく
  }
  .table05 tbody .text {
    font-size: 0.8rem; ……… プラン内容のフォントサイズを小さく
  }
  .table05 tbody .price {
    font-size: 1.2rem; ……… 価格のフォントサイズを小さく
  }
}
```

Chapter

8

タイムラインデザインを作ってみよう

<div>以外に<ul>タグでも実装できる

タイムラインデザインの共通コード

タイムラインは、会社沿革や申し込みの流れ、手順などの表記に使われます。手順が長いコンテンツを段階的に表示することで、ユーザーの離脱を防ぐことができます。

- 時間系列を見せるときに使う
- 手順の説明で使う
- 日付や手順の番号を入れると見やすい

HTMLのhead要素（共通）

Chapter 8で使用するHTMLファイルに共通する部分です。<meta>タグで文字コードセットやInternet Explorerの表示設定、ビューポートなどを指定し、<link>タグで外部CSSファイルを指定します（詳細は、78ページ参照）。

共通HTML　sample/chapter8/timeline01/index.html

```
<!DOCTYPE html>
<html lang="ja">
<head>
  <meta charset="UTF-8">
  <meta http-equiv="X-UA-Compatible" content="IE=edge">
  <meta name="viewport" content="width=device-width, initial-scale=1.0">
  <title>タイムラインデザイン01</title>
  <link rel="stylesheet" href="assets/style.css">
</head>
<body>
```

共通CSS（リセット）

Chapter 8で使うCSSに対して、基本的に設定されるリセットCSSです。
疑似要素のサイズや余白、また全体に使用するフォントや余白を設定しています。

共通CSS（リセット）　sample/chapter8/timeline01/style.css

```
*,
::before, ………… すべての要素と疑似要素に適用
::after {
  box-sizing: border-box;………… 要素の幅と高さにpaddingとborderを含める
  border-style: solid; ………… borderのスタイルを実線に
  border-width: 0;
  margin: 0;
  padding: 0;
}

body {
  font-family: "Hiragino Kaku Gothic ProN", "Hiragino Sans", sans-serif;
}

body {
  padding: 4rem 0;………… 画面全体に余白
}
```

counter-increment: section;を使うと便利

沿革や手順に使える汎用的なタイムライン

カラーや要素サイズを変えるだけで、別のWebサイトにも使用しやすいデザインになります。

1色で作るシンプルなタイムライン

沿革や手順、アジェンダ等に使える汎用的なタイムラインです。タイムラインの数字は、自動で連番になるCSSのcounter-incrementプロパティを使います。

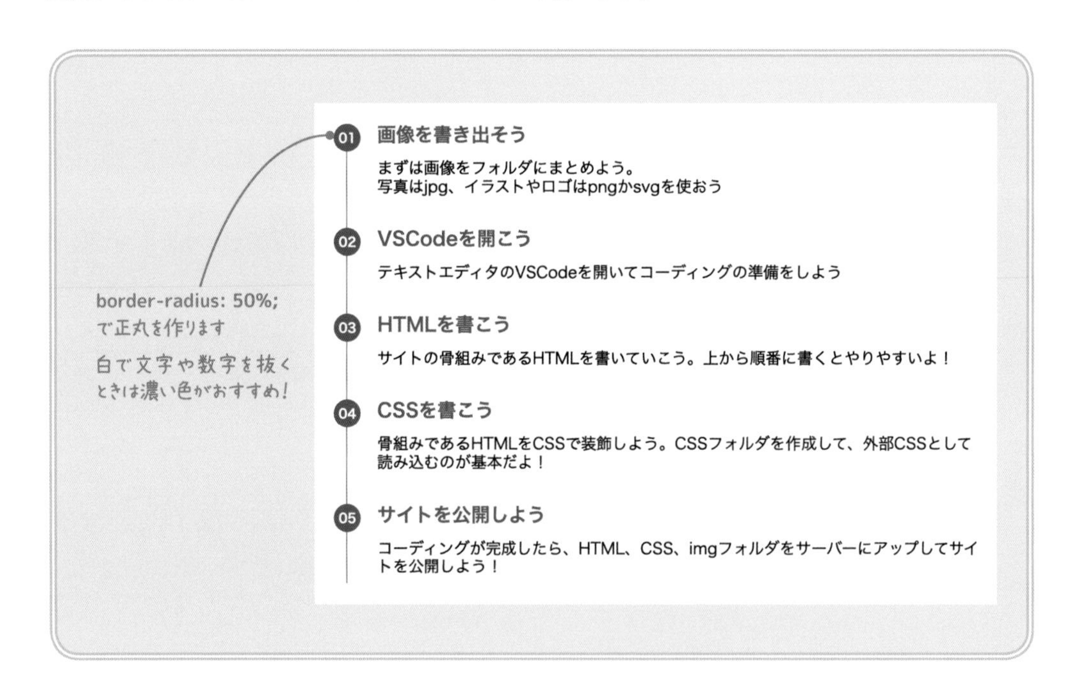

border-radius: 50%;
で正丸を作ります
白で文字や数字を抜くときは濃い色がおすすめ！
01
画像を書き出そう
まずは画像をフォルダにまとめよう。
写真はjpg、イラストやロゴはpngかsvgを使おう
02
VSCodeを開こう
テキストエディタのVSCodeを開いてコーディングの準備をしよう
03
HTMLを書こう
サイトの骨組みであるHTMLを書いていこう。上から順番に書くとやりやすいよ！
04
CSSを書こう
骨組みであるHTMLをCSSで装飾しよう。CSSフォルダを作成して、外部CSSとして読み込むのが基本だよ！
05
サイトを公開しよう
コーディングが完成したら、HTML、CSS、imgフォルダをサーバーにアップしてサイトを公開しよう！

HTMLと構造図の解説

タイムライン全体を<div class="timeline01">～</div>タグで囲み、個々のリストを<div>タグまたは<ul>タグを使って縦に並べます。

テキストが並ぶため、見出しや本文の文字サイズや色を変えてメリハリをつけましょう。

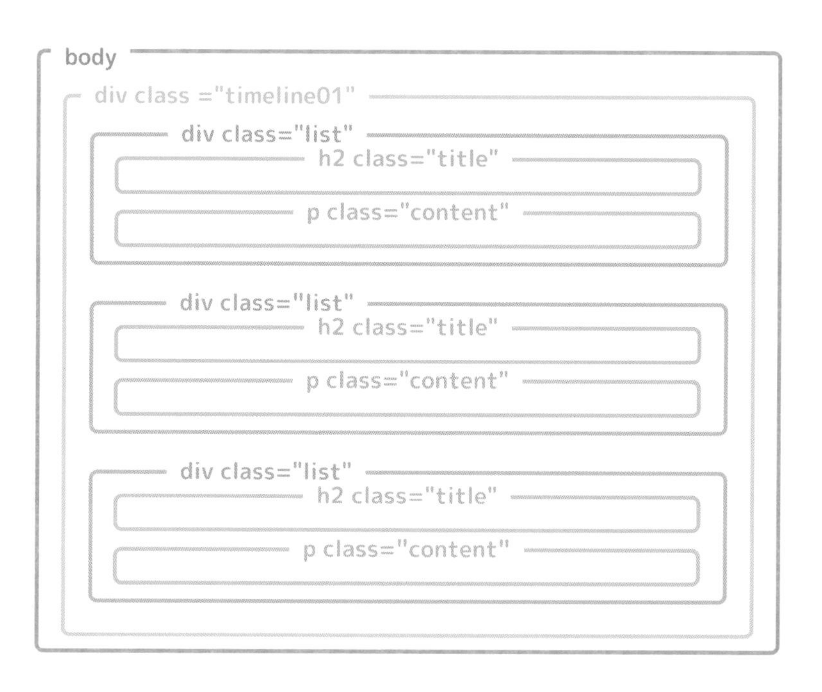

HTML　　sample/chapter8/timeline01/index.html

```
：（省略）…………………………………………… 共通HTML
<div class="timeline01">
  <div class="list">
    <h2 class="title">画像を書き出そう</h2>
    <p class="content">まずは画像をフォルダにまとめよう。<br>写真はjpg、イラストやロゴはpngかsvgを使おう</p>
  </div>
  <div class="list">
    <h2 class="title">VSCodeを開こう</h2>
    <p class="content">テキストエディタのVSCodeを開いてコーディングの準備をしよう</p>
  </div>
  <div class="list">
    <h2 class="title">HTMLを書こう</h2>
    <p class="content">サイトの骨組みであるHTMLを書いていこう。上から順番に書くとやりやすいよ！</p>
```

次ページへつづく

```
    </div>
    <div class="list">
      <h2 class="title">CSSを書こう</h2>
      <p class="content">骨組みであるHTMLをCSSで装飾しよう。CSSフォルダを作成して、外部CSS
として読み込むのが基本だよ！ </p>
    </div>
    <div class="list">
      <h2 class="title">サイトを公開しよう</h2>
      <p class="content">コーディングが完成したら、HTML、CSS、imgフォルダをサーバーにアップ
してサイトを公開しよう！ </p>
    </div>
  </div>
</body>
</html>
```

CSSのポイント

counter-increment: section;を使うと、指定した要素が出るたびに自動的に連番を振られます。HTMLを編集する必要がなく便利です。

div.listセレクタには、::after擬似要素でカウンター数字を挿入します。新しく行を増やしても、スタイルが引き継がれる構成です。

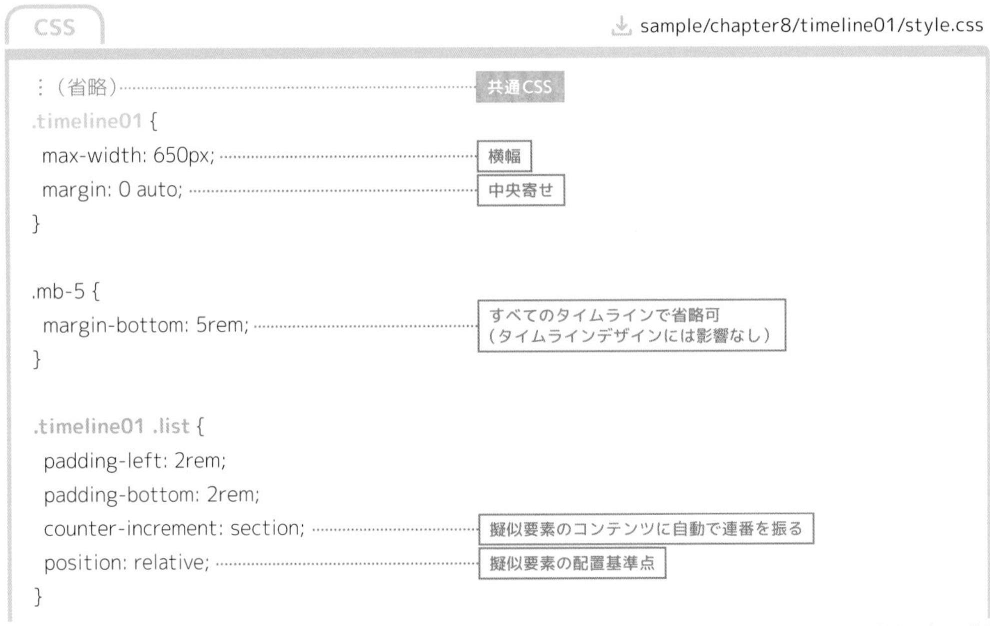

CSS　sample/chapter8/timeline01/style.css

```
：（省略）
.timeline01 {
  max-width: 650px;
  margin: 0 auto;
}

.mb-5 {
  margin-bottom: 5rem;
}

.timeline01 .list {
  padding-left: 2rem;
  padding-bottom: 2rem;
  counter-increment: section;
  position: relative;
}
```


次ページへつづく

```
.timeline01 .list:last-child {
  padding-bottom: 0.5rem; ………… 最後のlistの余白を調整
}

.timeline01 .list::before { ………… 縦のライン
  content: "";
  width: 1px; ………… この数値が線の太さ
  height: 100%;
  background-color: #4a69b8;
  position: absolute;
  top: 0;
  left: 0;
}

.timeline01 .list::after {
  content: counter(section, decimal-leading-zero);………… 連番の先頭に0をつける
  font-size: 0.8rem;
  font-weight: bold;
  background-color: #4a69b8;
  color: #fff;
  text-align: center;
  width: 28px; ………… heightと同じ値にすることで上下中央寄せにする
  height: 28px;
  line-height: 28px;
  border-radius: 50%;
  position: absolute;
  top: 0;
  left: -0.8rem;
}

.timeline01 .title {
  color: #4a69b8;
  font-weight: bold;
  font-size: 1.2rem;
  margin-bottom: 0.8rem;
}
```

Column

counter-incrementプロパティについて

CSSの「counter（カウンタ）」はカウンターを表示したいセレクタに擬似要素のbeforeかafterを使用します。もちろん、positionの併用もできます。

○基本的な使い方

counter-reset: section;

➡値を初期化する。名前は自由に指定できる（numやsection）

counter-increment: section;

➡値を増減させたい対象にセットする

content: counter(section);

➡値を表示する

```
main {
counter-reset: section;
}
h2::before {
counter-increment: section;
content: counter(section);
}
```

さらに、content: counter(section, 表示する形式); を変更することで、カウンターの表示形式を変更できます。

○指定できる値の種類

値	詳細
decimal	初期値の数字です。
lower-roman	小文字のローマ数字です（例：i、ii、iii）。
upper-roman	大文字のローマ数字です（例：I、II、III）。
decimal-leading-zero	数値の頭に0の付いた数字です（例：01、02、03）。
cjk-ideographic	漢数字で表示されます（例：一、二、三）。
hiragana	ひらがな50音順で表示されます（例：あ、い、う）。
katakana	カタカナ50音順で表示されます（例：ア、イ、ウ）。
hiragana-iroha	ひらがなで、いろは順に表示されます（例：い、ろ、は）。
katakana-iroha	カタカナでイロハ順に表示されます（例：イ、ロ、ハ）。
lower-alpha	小文字でアルファベット順です（例：a、b、c）。
upper-alpha	大文字でアルファベット順です（例：A、B、C）。

CSSのポイント

疑似要素がある分を考慮して、横幅を少し狭くしています。

CSS　sample/chapter8/timeline01/style.css

```
@media screen and (max-width: 768px) {
  .timeline01 {
    width: 80%;
  }
}
```

疑似要素がある分、横幅は少し狭くして画面に収まるようにする

01 画像を書き出そう
まずは画像をフォルダにまとめよう。
写真はjpg、イラストやロゴはpngかsvgを使おう

02 VSCodeを開こう
テキストエディタのVSCodeを開いてコーディングの準備をしよう

03 HTMLを書こう
サイトの骨組みであるHTMLを書いていこう。上から順番に書くとやりやすいよ！

04 CSSを書こう
骨組みであるHTMLをCSSで装飾しよう。CSSフォルダを作成して、外部CSSとして読み込むのが基本だよ！

05 サイトを公開しよう
コーディングが完成したら、HTML、CSS、imgフォルダをサーバーにアップしてサイトを公開しよう！

横スクロールを利用したタイムライン

overflow-x: scroll; で横スクロールを実装したタイムラインデザインです。
タブレット以下では、横スクロールを追加してPCと同じように表示させることができます。

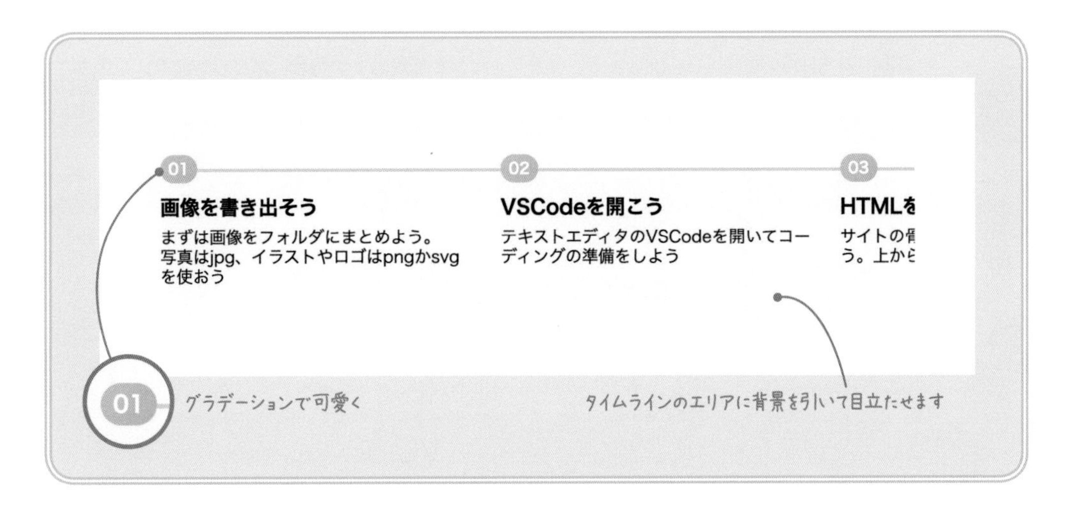

HTMLと構造図の解説

タイムライン1「沿革や手順に使える汎用的なタイムライン」（245ページ）を参照してください。

HTML

sample/chapter8/timeline02/index.html

```
：（省略）………………………………………………………… 共通HTML
  <div class="timeline02 mb-5">
   <div class="container">
    <div class="list">
     <h2 class="title">画像を書き出そう</h2>
     <p class="content">
      まずは画像をフォルダにまとめよう。<br>写真はjpg、イラストやロゴはpngかsvgを使おう
     </p>
    </div>
    <div class="list">
     <h2 class="title">VSCodeを開こう</h2>
     <p class="content">
      テキストエディタのVSCodeを開いてコーディングの準備をしよう
     </p>
    </div>
    <div class="list">
     <h2 class="title">HTMLを書こう</h2>
     <p class="content">
      サイトの骨組みであるHTMLを書いていこう。上から順番に書くとやりやすいよ！
     </p>
    </div>
    <div class="list">
     <h2 class="title">CSSを書こう</h2>
     <p class="content">
      骨組みであるHTMLをCSSで装飾しよう。CSSフォルダを作成して、外部CSSとして読み込むのが
基本だよ！
     </p>
    </div>
    <div class="list">
     <h2 class="title">サイトを公開しよう</h2>
     <p class="content">
      コーディングが完成したら、HTML、CSS、imgフォルダをサーバーにアップしてサイトを公開
しよう！
     </p>
    </div>
   </div>
  </div>
 </body>
</html>
```

CSSのポイント

timeline02の中にcontainerを追加して、横スクロール用のCSSを指定します。

containerクラスの親要素にフレックスボックスdisplay: flexを指定して、子要素のdiv要素のlistクラスを横並びにします。

padding: 1.5rem 0の余白をつけて、中身が見切れないようにします。

overflow-x: scroll;でX軸にスクロールさせることで、スマートフォンのサイズでも表示できるようになります。

CSS　sample/chapter8/timeline02/style.css

```
：（省略）　　　　　　　　　　　　　共通CSS
.timeline02 {
  max-width: 780px;
  margin: 0 auto;
  padding: 1.5rem;
  background-color: #f9f9f9;
}

.mb-5 {
  margin-bottom: 5rem;
}

.timeline02 .container {
  display: flex;             横並び
  overflow-x: scroll;        X軸にスクロールさせる
  padding: 1.5rem 0;         padding余白をつけて、中身が見切れないようにする
}

.timeline02 .list {
  min-width: 45%;            子要素に横幅を指定して、横スクロールが完成する
  padding-top: 1.6rem;
  padding-right: 1.5rem;
  counter-increment: section;   擬似要素に連番を振る
  position: relative;
}

.timeline02 .list:last-child {
  padding-right: 0;          最後のlistはpaddingを解除する
}
```

次ページへつづく

```
.timeline02 .list::before { ········· 横ライン
  content: "";
  width: 100%;
  height: 3px;
  background-color: #d3d4d7;
  position: absolute;
  top: 0;
  left: 0;
}

.timeline02 .list::after { ········· 番号
  content: counter(section, decimal-leading-zero);
  font-size: 0.9rem;
  font-weight: bold;
  background-image: linear-gradient(120deg, #e0c3fc 0%, #8ec5fc 100%);
  color: #fff;
  border-radius: 30px;
  padding: 5px 8px;
  position: absolute;
  top: -0.8rem;
  left: 0;
}

.timeline02 .title {
  font-weight: bold;
  font-size: 1.2rem;
  margin-bottom: 0.5rem;
}
```

スマホ

CSSのポイント

横スクロールなので、そのままのCSSコードでスマートフォンなどのデバイスでも使えます。

気になる場合は、文字サイズを調整してみましょう。

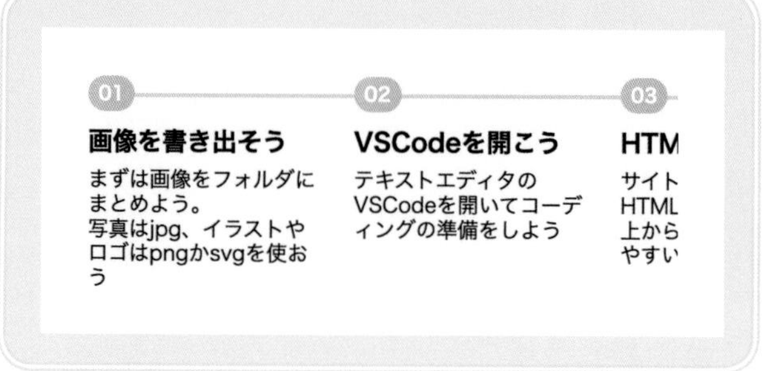
01
画像を書き出そう
まずは画像をフォルダにまとめよう。
写真はjpg、イラストやロゴはpngかsvgを使おう
02
VSCodeを開こう
テキストエディタのVSCodeを開いてコーディングの準備をしよう
03
HTM
サイト
HTML
上から
やすい

時間は疑似要素の::afterで実装

電車の路線みたいなタイムラインデザイン

電車の路線図や時系列のスケジュールなどに使える、ラインの色を変えたタイムラインをデザインしてみましょう。

数字の部分を角丸にしたタイムライン

listクラスの要素は、タイムライン上の1つの出来事を表しています。以下が各要素の詳細です。CSSのcontentを用いて、時間を記述しています。

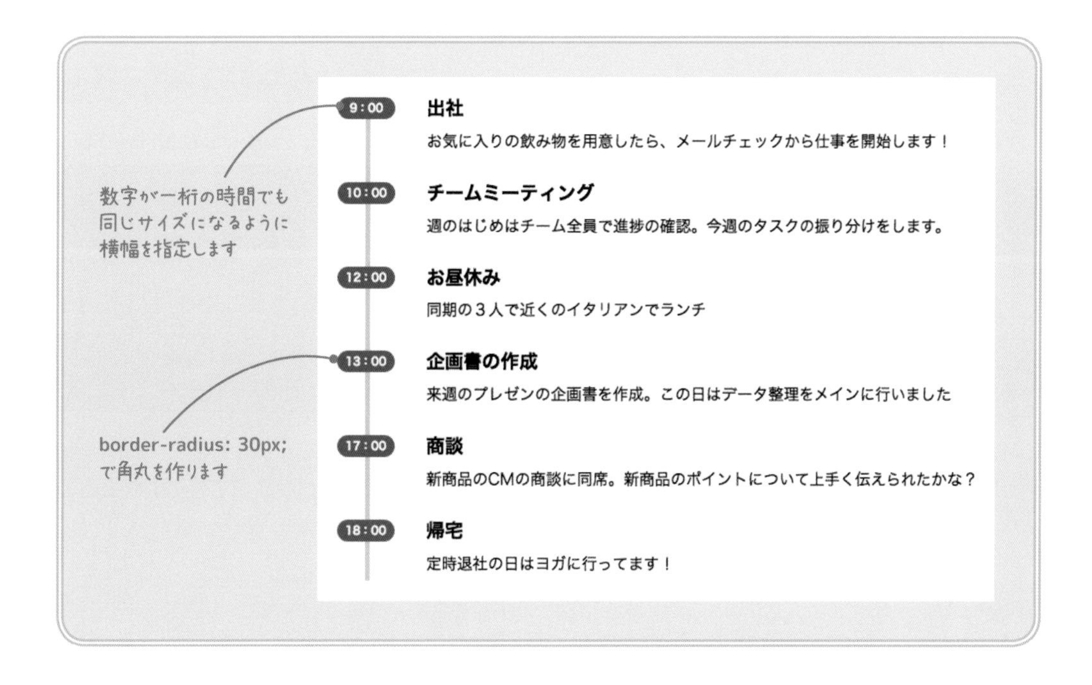

9:00
出社
お気に入りの飲み物を用意したら、メールチェックから仕事を開始します！
数字が一桁の時間でも同じサイズになるように横幅を指定します
10:00
チームミーティング
週のはじめはチーム全員で進捗の確認。今週のタスクの振り分けをします。
12:00
お昼休み
同期の３人で近くのイタリアンでランチ
13:00
企画書の作成
来週のプレゼンの企画書を作成。この日はデータ整理をメインに行いました
border-radius: 30px;
で角丸を作ります
17:00
商談
新商品のCMの商談に同席。新商品のポイントについて上手く伝えられたかな？
18:00
帰宅
定時退社の日はヨガに行ってます！

HTMLと構造図の解説

<div>タグまたは<ul>タグを使って縦並びのリストを作ります。
テキストが並ぶため、見出しや本文の文字サイズや色を変えてメリハリをつけましょう。

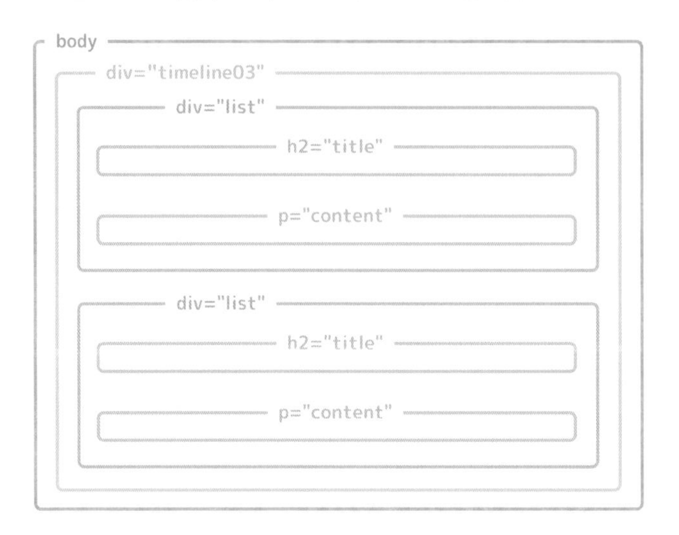

HTML

sample/chapter8/timeline03/index.html

```
⋮（省略）…………………………… 共通HTML
<div class="timeline03">
  <div class="list">
    <h2 class="title">出社</h2>
    <p class="content">
      お気に入りの飲み物を用意したら、メールチェックから仕事を開始します！
    </p>
  </div>
  <div class="list">
    <h2 class="title">チームミーティング</h2>
    <p class="content">
      週のはじめはチーム全員で進捗の確認。今週のタスクの振り分けをします。
    </p>
  </div>
  <div class="list">
    <h2 class="title">お昼休み</h2>
    <p class="content">同期の３人で近くのイタリアンでランチ</p>
  </div>
  <div class="list">
    <h2 class="title">企画書の作成</h2>
```

次ページへつづく

```
      <p class="content">
       来週のプレゼンの企画書を作成。この日はデータ整理をメインに行いました
      </p>
    </div>
    <div class="list">
      <h2 class="title">商談</h2>
      <p class="content">
       新商品のCMの商談に同席。新商品のポイントについて上手く伝えられたかな？
      </p>
    </div>
    <div class="list">
      <h2 class="title">帰宅</h2>
      <p class="content">提示退社の日はヨガに行ってます！ </p>
    </div>
   </div>
 </body>
</html>
```

CSSのポイント

.timeline03 .list::after

タイムラインの時刻部分のデザインは::after疑似要素で挿入します。widthに60pxを指定してサイズを固定し、border-radius: 30pxで角丸にしています。

.timeline03 .list::before

5pxのグレーの縦ラインで路線図に似せたデザインを実現します。height: 100%を指定して要素いっぱいの高さにします。

CSS　　sample/chapter8/timeline03/style.css

```
⋮（省略）……………………………… 共通CSS
.timeline03 .list {
  padding-left: 4rem;
  padding-bottom: 2rem;
  counter-increment: section;
  position: relative;
}
.timeline03 .list:last-child {
  padding-bottom: 0.5rem;
}
```

次ページへつづく

```
.timeline03 .list::before{
  content: "";
  width: 5px;                                    縦ライン。数字が大きくなるほど太くなる
  height: 100%;
  background-color: #d3d4d7;
  position: absolute;
  top: 0;
  left: 0;
}
.timeline03 .list::after{
  font-size: 0.7rem;
  font-weight: bold;
  background-color: #4a69b8;
  color: #fff;
  border-radius: 30px;                           角丸に
  text-align: center;
  width: 60px;                                   横幅を指定して、文字数に限らずサイズを揃える
  padding: 5px 0;
  position: absolute;
  top: 0;
  left: -1.8rem;
}
.timeline03 .list:nth-child(1)::after {
  content: "9：00";                              1番目のリストの時間
}
.timeline03 .list:nth-child(2)::after {
  content: "10：00";                             2番目のリストの時間
}
.timeline03 .list:nth-child(3)::after {
  content: "12：00";                             3番目のリストの時間
}
.timeline03 .list:nth-child(4)::after {
  content: "13：00";                             4番目のリストの時間
}
.timeline03 .list:nth-child(5)::after {
  content: "17：00";                             5番目のリストの時間
}
.timeline03 .list:nth-child(6)::after {
  content: "18：00";                             6番目のリストの時間
}
.timeline03 .title {
  font-weight: bold;
```

次ページへつづく

```
  font-size: 1.2rem;
  margin-bottom: 0.8rem;
}
```

CSSのポイント

スマートフォンでの表示は、テーブルの幅を80%と狭くします。

タイムラインの時刻と本文の余白を少し詰めることで、バランスが良くなります。

9:00 **出社**
お気に入りの飲み物を用意したら、メールチェックから仕事を開始します！

10:00 **チームミーティング**
週のはじめはチーム全員で進捗の確認。今週のタスクの振り分けをします。

12:00 **お昼休み**
同期の３人で近くのイタリアンでランチ

13:00 **企画書の作成**
来週のプレゼンの企画書を作成。この日はデータ整理をメインに行いました

17:00 **商談**
新商品のCMの商談に同席。新商品のポイントについて上手く伝えられたかな？

18:00 **帰宅**
定時退社の日はヨガに行ってます！

CSS　sample/chapter8/timeline03/style.css

```
@media screen and (max-width: 768px) {
  .timeline03 {
    width: 80%;
  }
  .timeline03 .list {
    padding-left: 3rem; ........ 時間と本文の余白を少し詰めて画面幅に収まるように
  }
}
```

border-radius: 50%;とbackground-size: cover;で丸く切り抜く

画像を使って、雑誌風タイムラインデザイン

人柄や雰囲気を伝える必要があるときには、画像を使ったタイムラインがおすすめです。

画像を使っておしゃれ感アップ

円で切り抜かれた画像サムネールを使うことで、一気におしゃれ感がアップします。人物の画像サムネールの左上には、数字をワンポイントであしらいました。

人柄や雰囲気を伝える必要があるときには、画像を使ったタイムラインがおすすめです。

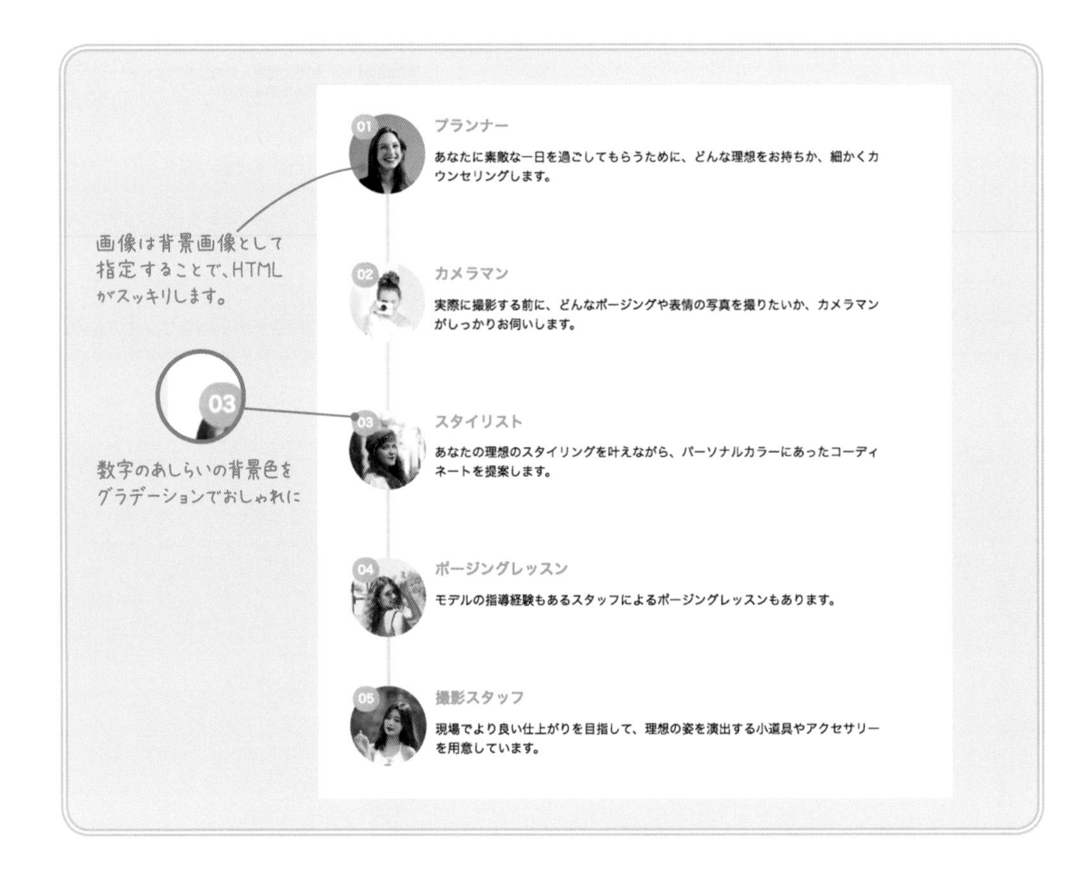

HTMLと構造図の解説

タイムライン3「電車の路線みたいなタイムラインデザイン」(254ページ)と基本的な構成は同じですが、画像用の<div class="image">タグにCSSのbackground: urlで背景画像を配置しています。

HTML　sample/chapter8/timeline04/index/html

```
：（省略）……………………………………… 共通HTML
<div class="timeline04">
  <div class="list">
    <h2 class="title">プランナー </h2>
    <p class="content">
     あなたに素敵な一日を過ごしてもらうために、どんな理想をお持ちか、細かくカウンセリングします。
    </p>
    <div class="image"></div> ……………… 画像
  </div>
  <div class="list">
    <h2 class="title">カメラマン</h2>
    <p class="content">
     実際に撮影する前に、どんなポージングや表情の写真を撮りたいか、カメラマンがしっかりお伺いします。
    </p>
    <div class="image"></div> ……………… 画像
  </div>
  <div class="list">
    <h2 class="title">スタイリスト</h2>
    <p class="content">
     あなたの理想のスタイリングを叶えながら、パーソナルカラーにあったコーディネートを提案します。
    </p>
    <div class="image"></div> ……………… 画像
  </div>
  <div class="list">
    <h2 class="title">ポージングレッスン</h2>
    <p class="content">
     モデルの指導経験もあるスタッフによるポージングレッスンもあります。
    </p>
    <div class="image"></div> ……………… 画像
  </div>
  <div class="list">
    <h2 class="title">撮影スタッフ</h2>
    <p class="content">
     現場でより良い仕上がりを目指して、理想の姿を演出する小道具やアクセサリーを用意しています。
    </p>
```

次ページへつづく

```
      <div class="image"></div> ……… 画像
    </div>
  </div>
 </body>
</html>
```

background: urlで配置した写真サムネール画像は、background-size: cover;で元画像の縦横比は保持して、<div>タグを覆うように背景画像を表示します。

写真左上の連番数字はcounter-incrementプロパティで指定し、after疑似要素で挿入します。連番の背景はグラデーションを敷きます。

CSS　sample/chapter8/timeline04/style.css

```
⋮（省略）……… 共通CSS
.timeline04 .list {
 padding-left: 4rem;
 padding-bottom: 6rem;
 counter-increment: section; ……… 擬似要素に連番をふる
 position: relative;
}

.timeline04 .list:last-child {
 padding-bottom: 0.5rem;
}

.timeline04 .list::before { ……… 縦ライン
 content: "";
 width: 5px;
 height: 100%;
 background-color: #e7e8ea;
 position: absolute;
 top: 0;
 left: 0;
}

.timeline04 .list::after { ……… 数字
 content: counter(section, decimal-leading-zero);
 font-size: 0.9rem;
```

次ページへつづく

```
  font-weight: bold;
  background-image: linear-gradient(120deg, #e0c3fc 0%, #8ec5fc 100%); ········ グラデーション
  color: #fff;
  border-radius: 30px;
  padding: 5px 8px;
  position: absolute;
  top: 0;
  left: -2.8rem;
}

.timeline04 .title {
  color: #70b1f2;
  font-weight: bold;
  font-size: 1.2rem;
  margin-bottom: 0.8rem;
}

.timeline04 .image {
  width: 100px;
  height: 100px;
  border-radius: 50%;
  position: absolute; ········ 画像は擬似要素で左側に
  top: 0;
  bottom: 0;
  left: -3rem;
}

.timeline04 .list:nth-child(1) .image { ········ 1番目の画像
  background: url(./img/timeline-img01.jpg) no-repeat;
  background-size: cover; ········ 背景画像をトリミング
}

.timeline04 .list:nth-child(2) .image { ········ 2番目の画像
  background: url(./img/timeline-img02.jpg) no-repeat;
  background-size: cover;
}

.timeline04 .list:nth-child(3) .image { ········ 3番目の画像
  background: url(./img/timeline-img03.jpg) no-repeat;
  background-size: cover;
}
```

次ページへつづく

```
.timeline04 .list:nth-child(4) .image {
  background: url(./img/timeline-img04.jpg) no-repeat;
  background-size: cover;
}

.timeline04 .list:nth-child(5) .image {
  background: url(./img/timeline-img05.jpg) no-repeat;
  background-size: cover;
}
```

4番目の画像

5番目の画像

CSSのポイント

横幅を80%に狭めて画像を小さくし、疑似要素と本文の余白を詰めて調整します。

CSS

sample/chapter8/timeline04/style.css

```
@media screen and (max-width: 768px) {
  .timeline04 {
    width: 70%; ………… 画像の分、タイムライン自体の横幅は小さめにして画面に収める
  }

  .timeline04 .list {
    padding-left: 3.4rem; ………… スマホでは擬似要素と本文の余白を詰める
    padding-bottom: 4rem;
  }

  .timeline04 .title {
    font-size: 1rem;
  }

  .timeline04 .image {
    width: 80px; ………… スマホでは画像を少し小さくする
    height: 80px; ………… (同上)
    position: absolute;
    top: 0;
    bottom: 0;
    left: -2.3rem;
  }
}
```

Column

background-sizeプロパティについて

background-sizeは、指定した背景画像のサイズをpx、rem、%、coverなどで指定するプロパティです。

background-size: auto;

初期値です。元画像のサイズで表示されます。

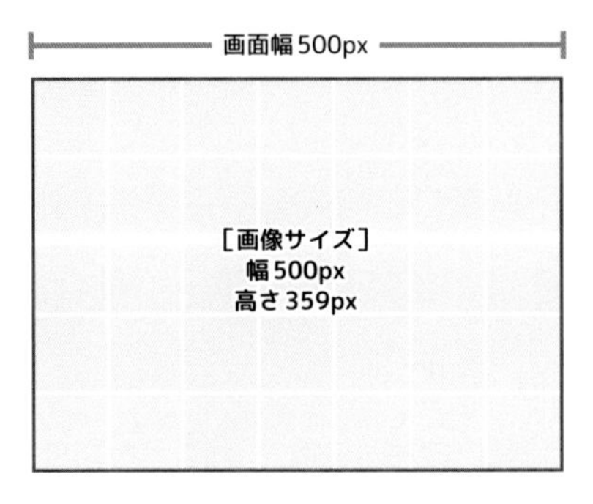

そのまま表示されます。

background-size: contain;

要素に元画像がすべて収まるようにする指定です。
疑似要素にアイコンを指定するときに活躍します。

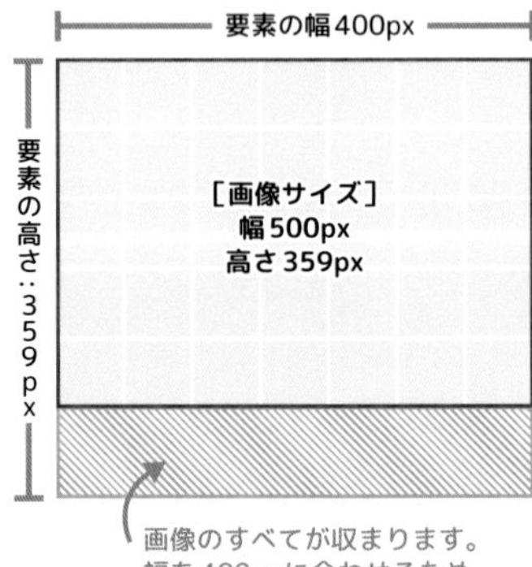

画像のすべてが収まります。
幅を400pxに合わせるため、
その分だけ下部分が余ります。

background-size: cover;

要素の全域が、背景画像に覆われる指定です。
背景画像として最も使用頻度が高いです。

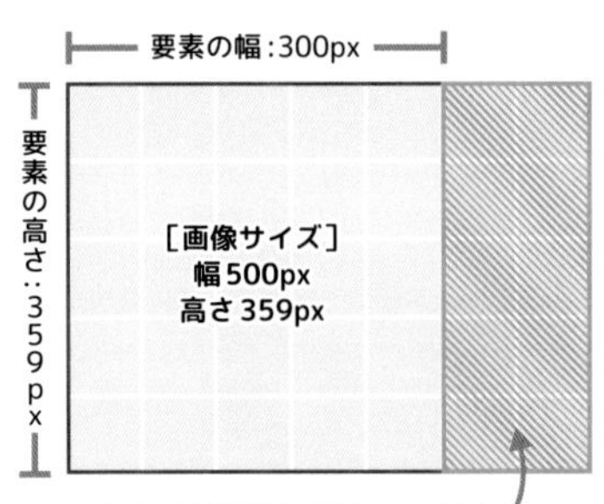

すべて背景画像で覆われますが、
要素幅より大きい場合は画像が切れます。

background-position

背景画像を表示させる位置を指定します。centerやbottomの他、pxや%で値を指定できます。

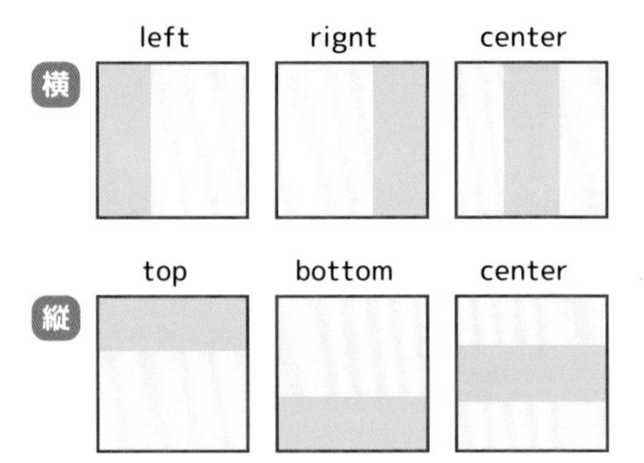

<h2 class="title">の::afterとして数字を表示

連番をコンテンツの中に配置したタイムラインデザイン

工程や手順を説明したりする際には、コンテンツの中の見出し部分に自動で連番を打てると便利です。

点と線をつなげて、一連の流れがあるデザインに

「STEP01」～「STEP05」のように、「STEP」と連番の数字をHTMLではなくCSSを使って指定します。「STEP」を「FLOW」など別の単語に置き換えられる構成なので、覚えておくとさまざまな場面で使えて便利です。

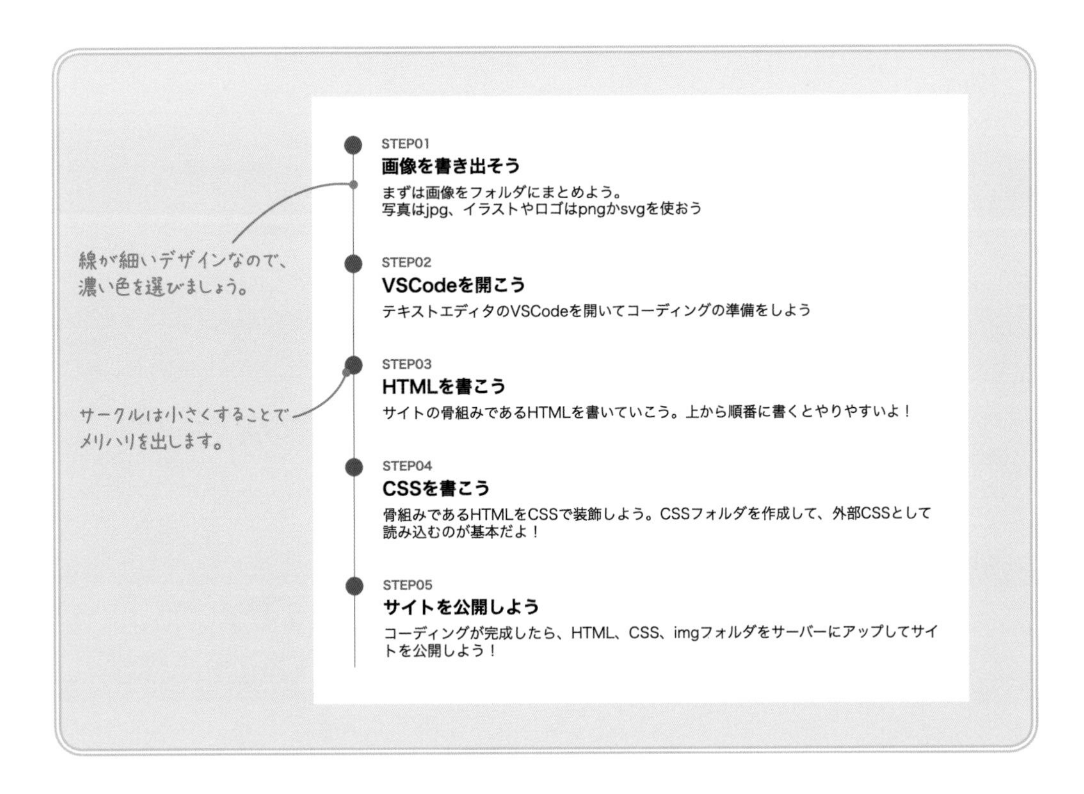
STEP01
画像を書き出そう
まずは画像をフォルダにまとめよう。
写真はjpg、イラストやロゴはpngかsvgを使おう
STEP02
VSCodeを開こう
テキストエディタのVSCodeを開いてコーディングの準備をしよう
STEP03
HTMLを書こう
サイトの骨組みであるHTMLを書いていこう。上から順番に書くとやりやすいよ！
STEP04
CSSを書こう
骨組みであるHTMLをCSSで装飾しよう。CSSフォルダを作成して、外部CSSとして読み込むのが基本だよ！
STEP05
サイトを公開しよう
コーディングが完成したら、HTML、CSS、imgフォルダをサーバーにアップしてサイトを公開しよう！
線が細いデザインなので、濃い色を選びましょう。
サークルは小さくすることでメリハリを出します。

HTMLと構造図の解説

タイムライン1「沿革や手順に使える汎用的なタイムライン」（245ページ）を参照してください。

HTML　　sample/chapter8/timeline05/index.html

```
⋮（省略）……………………………………………… 共通HTML
  <div class="timeline05 mb-5">
   <div class="list">
    <h2 class="title">画像を書き出そう</h2>
    <p class="content">
     まずは画像をフォルダにまとめよう。<br>写真はjpg、イラストやロゴはpngかsvgを使おう
    </p>
   </div>
   <div class="list">
    <h2 class="title">VSCodeを開こう</h2>
    <p class="content">
     テキストエディタのVSCodeを開いてコーディングの準備をしよう
    </p>
   </div>
   <div class="list">
    <h2 class="title">HTMLを書こう</h2>
    <p class="content">
     サイトの骨組みであるHTMLを書いていこう。上から順番に書くとやりやすいよ！
    </p>
   </div>
   <div class="list">
    <h2 class="title">CSSを書こう</h2>
    <p class="content">
     骨組みであるHTMLをCSSで装飾しよう。CSSフォルダを作成して、外部CSSとして読み込むのが
基本だよ！
    </p>
   </div>
   <div class="list">
    <h2 class="title">サイトを公開しよう</h2>
    <p class="content">
     コーディングが完成したら、HTML、CSS、imgフォルダをサーバーにアップしてサイトを公開
しよう！
    </p>
   </div>
  </div>
 </body>
</html>
```

20pxの青い円は、::after疑似要素で挿入します。

「STEP」はタイトルの::after擬似要素のcontentの値として配置するため、HTMLでは記述しないのでスッキリします。「STEP」に続けて、counter()で連番数字を挿入します。

positionを使って、タイトルの前に「STEP」が配置されるようにしています。

なお、contentプロパティを使って挿入した文字は、ブラウザ上で選択したり、コピー&ペーストすることができません。

CSS

Xsample/chapter8/timeline05/style.css

```
：（省略）………………………………………… 共通CSS
.timeline05 .list {
  padding-left: 2rem;
  padding-bottom: 2.5rem;
  counter-increment: section;
  position: relative;
}

.timeline05 .list:last-child {
  padding-bottom: 0.5rem;
}

.timeline05 .list::before { ………………………… 縦ライン
  content: "";
  width: 1px;
  height: 100%;
  background-color: #4a69b8;
  position: absolute;
  top: 0;
  left: 0;
}

.timeline05 .list::after { ………………………… サークル
  content: "";
  width: 20px; ………………………………………… サークルは小さめに
  height: 20px;
  background-color: #4a69b8;
  border-radius: 50%;
  position: absolute;
```

次ページへつづく

```
  top: -0.1rem;
  left: -0.6rem;
}

.timeline05 .title {
  font-weight: bold;
  font-size: 1.2rem;
  padding-top: 1.3rem;
  margin-bottom: 0.5rem;
  position: relative;
}

.timeline05 .title::after {
  content: "STEP" counter(section, decimal-leading-zero);
  font-size: 0.8rem;
  color: #4a69b8;
  font-weight: bold;
  position: absolute;
  top: 0;
  left: 0;
}
```

- padding-top: 1.3rem; → title自体にpadding-topをつけることで、STEP分の余白を空けることができる
- .timeline05 .title::after { → タイトルの擬似要素としてSTEPを配置
- content: … → STEPの後に連番を振る
- position: absolute; → 親要素に対して位置を絶対的に指定
- left: 0; → top: 0とleft: 0で親要素の左上隅に配置される

CSSのポイント

今回はシンプルな構成で、スペースを調整する必要もないので、全体の横幅を85%に調整するだけです。

CSS sample/chapter8/timeline05/style.css

```
@media screen and (max-width: 768px) {
  .timeline05 {
    width: 85%;
  }
}
```

STEP01
画像を書き出そう
まずは画像をフォルダにまとめよう。
写真はjpg、イラストやロゴはpngかsvgを使おう

STEP02
VSCodeを開こう
テキストエディタのVSCodeを開いてコーディングの準備をしよう

STEP03
HTMLを書こう
サイトの骨組みであるHTMLを書いていこう。上から順番に書くとやりやすいよ！

STEP04
CSSを書こう
骨組みであるHTMLをCSSで装飾しよう。CSSフォルダを作成して、外部CSSとして読み込むのが基本だよ！

STEP05
サイトを公開しよう
コーディングが完成したら、HTML、CSS、imgフォルダをサーバーにアップしてサイトを公開しよう！

Chapter

9

ボタン&見出し
デザインを作ってみよう

<a>タグや<button>タグで実装

ボタンデザイン

「別にCSSでボタンデザインしなくても、画像で代用できるのでは？」と思う方も多いのではないでしょうか。
近年はさまざまなサイズのデバイスが増えて、画像でボタンを制作した場合、デバイスごとにちょうどいいサイズの画像を用意しなくてはならず、少し面倒です。
CSSによるボタンデザインに慣れておくと、Webデザインの幅が広がり作業も効率化できます。
Webサイトをデザインする上で重要なのは、ボタンがWebサイトの中で「ユーザーが操作できる」要素であることを忘れないことです。ユーザーに操作してもらうボタンは、以下のように識別可能で、見つけやすく、明確である必要があります。

- 押せることがわかるデザイン（影やアニメーション）をつける
- ボタンを押したときにどうなるか、挙動がわかるようにする
- コンバージョンにつながるボタンは目立つようにデザインする
- レスポンシブWebデザインに対応する

HTMLのhead要素（共通）

Section 9-1で使用するHTMLファイルに共通するヘッダー部分です。文字コード、ビューポート、タイトル、CSSファイルへのリンクなどを指定しています（詳細は、78ページ参照）。
この後に、ボタンのHTMLなどを追加していきます。

共通HTML　　sample/chapter9/button01/index.html

```
<!DOCTYPE html>
<html lang="ja">
<head>
  <meta charset="UTF-8">
  <meta http-equiv="X-UA-Compatible" content="IE=edge">
  <meta name="viewport" content="width=device-width, initial-scale=1.0">
  <title>ボタンデザイン01</title>
  <link rel="stylesheet" href="assets/style.css">
</head>
```

共通CSS（リセット）

全体の余白やフォント、リストやリンク元の表示などを設定します。

共通 CSS（リセット）　sample/chapter9/button01/style.css

```
*,
::before, ·········· 要素全体に適用されるボックススタイル、ボーダーやマージンを設定
::after {
  box-sizing: border-box;
  border-style: solid;
  border-width: 0;
  margin: 0;
}

body {
  font-family: "Hiragino Kaku Gothic ProN", "Hiragino Sans", sans-serif; ·········· フォントを設定
  overflow-x: hidden; ·········· 水平スクロールを非表示に設定
}

ul {
  padding: 0;
  list-style: none; ·········· リストスタイルを無効に設定
}

a {
  background: transparent; ·········· 背景を透明に設定
  text-decoration: none; ·········· 下線なしに設定
  color: inherit; ·········· 色は継承
}

.container {
  max-width: 1440px; ·········· 幅を1440pxまでに制限
  height: 100vh;
  margin: auto;
  padding: 10rem 0.5rem;
  display: flex; ·········· フレックスボックスに指定
  justify-content: center; ·········· 中央揃えに
  align-items: center;
  flex-wrap: wrap; ·········· 収まらないときは折り返す
  background-color: #ebe7da;
}

.button {
  margin: 50px; ·········· ボタンの周りの余白を50pxに設定
}
```

ボタン
1

opacityを使ってマウスオーバーで半透明に

シンプル&フラットなボタンデザイン

基本的なボタンデザインのコーディングです。ここでは、四角い単色のボタンを<button>タグで作成します。CSSのopacityプロパティでマウスオーバーしたときに半透明になるようにデザインしてみましょう。

シンプルなボタンは、<a>タグまたは<button>タグを使用して実装できます。

<a>タグは、href属性で指定したURLにリンクを設定するタグです。

<button>タグは、formタグで作成したフォームの内容を送信するボタンを作成したり、<a>タグの替わりにハイパーリンクの機能を持つタグで、<button>タグで囲んだテキストや画像がボタン上に表示されます。

<button>タグと同様な役割をもつ<input>タグを使っても、ボタンを作成することができます。

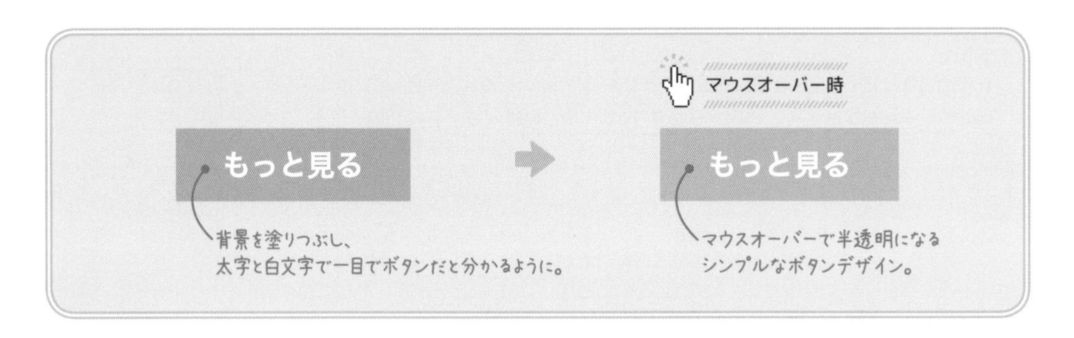
マウスオーバー時
もっと見る
もっと見る
背景を塗りつぶし、
太字と白文字で一目でボタンだと分かるように。
マウスオーバーで半透明になる
シンプルなボタンデザイン。

HTML　　sample/chapter9/button01/index.html

```
：（省略）　共通HTML
<body>
  <div class="container">
    <button class="button button01">もっと見る</button>
  </div>
</body>
</html>
```

CSSのポイント

ボタンは要素の表示方法を指定するdisplayプロパティの値にinline-blockを指定して、ボタンが横に並ぶようにします。inline-blockを指定することによって、ボタンに幅、高さやマージン、パディングを指定することができます。

ここでは、ボタンのサイズはwidth、heightを使わずに、paddingでテキストとボタン枠との距離を12px、30pxと指定して決めています。※widthでもOKです。

backgroundプロパティでボタンの背景色、colorプロパティでテキストの色を設定します。

マウスオーバーしたときに半透明にするのはopacityプロパティに0.8と指定し、80%の不透明度を指定します。transitionプロパティでマウスオーバー時に半透明に0.2秒で移行するようにして、ふわっと押した動きを再現します。

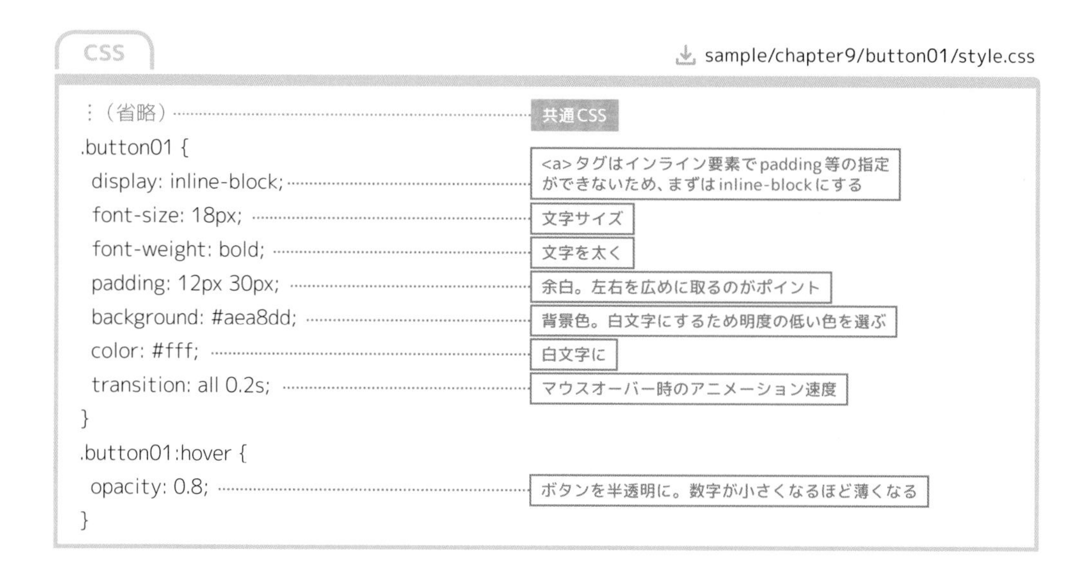

CSS　sample/chapter9/button01/style.css

```
：（省略） ........................ 共通CSS
.button01 {
  display: inline-block; ........... <a>タグはインライン要素でpadding等の指定ができないため、まずはinline-blockにする
  font-size: 18px; ................. 文字サイズ
  font-weight: bold; ............... 文字を太く
  padding: 12px 30px; .............. 余白。左右を広めに取るのがポイント
  background: #aea8dd; ............. 背景色。白文字にするため明度の低い色を選ぶ
  color: #fff; ..................... 白文字に
  transition: all 0.2s; ............ マウスオーバー時のアニメーション速度
}
.button01:hover {
  opacity: 0.8; .................... ボタンを半透明に。数字が小さくなるほど薄くなる
}
```

ボタン
2

box-shadowを使って影をつける

影をつけてより目立たせたボタンデザイン

box-shadowを使ってボタンの背後に薄いシャドウを引いて、立体的なボタンをデザインします。ここでは、HTMLファイルに<a>タグを使ってボタンを実装させていきましょう。

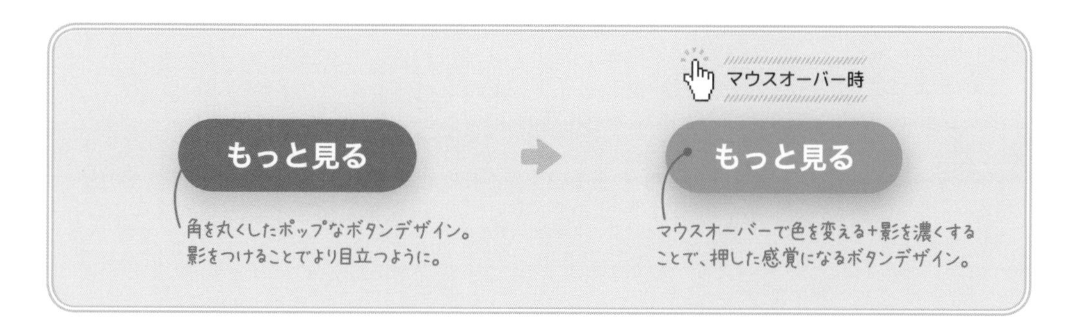
マウスオーバー時
もっと見る
もっと見る
角を丸くしたポップなボタンデザイン。影をつけることでより目立つように。
マウスオーバーで色を変える+影を濃くすることで、押した感覚になるボタンデザイン。

HTML

sample/chapter9/button02/index.html

```
:（省略） ........................ 共通HTML
<body>
  <div class="container">
    <a href="" class="button button02">もっと見る</a>
  </div>
</body>
</html>
```

CSSのポイント

box-shadowプロパティでつけるシャドウは、ふわっと薄くするとおしゃれになります。
自分で調整が難しい場合は、ジェネレーターを使うのもおすすめです。

CSS

sample/chapter9/button02/style.css

```
:（省略） ........................ 共通CSS
.button02 {
  display: inline-block; ........ <a>タグはインライン要素でpadding等の指定ができないため、まずはinline-blockにする
  font-size: 18px; .............. 文字サイズ
  font-weight: bold; ............ 文字を太く
  padding: 12px 30px; ........... 余白。左右を広めに取るのがポイント
  background: #ee638d; .......... 背景色。白文字にするため明度の低い色を選ぶ
  color: #fff; .................. 白文字に
  border-radius: 30px; .......... 角を丸くする
  box-shadow: rgba(100, 100, 111, 0.3) 0px 7px 29px 0px; ... ボタンに影をつける
  transition: all 0.2s; ......... マウスオーバー時のアニメーション速度
}
.button02:hover {
  background: #1eb0d1; .......... マウスオーバーで背景を青に
  box-shadow: rgba(100, 100, 111, 0.5) 0px 7px 29px 0px; ... マウスオーバーで影を濃くする
}
```

solidで一本線を引く

線だけのシンプルなボタンデザイン

シンプルな線だけのボタンでも、マウスオーバーを使って文字と線の色を変化させるだけで、センスあるデザインになります。

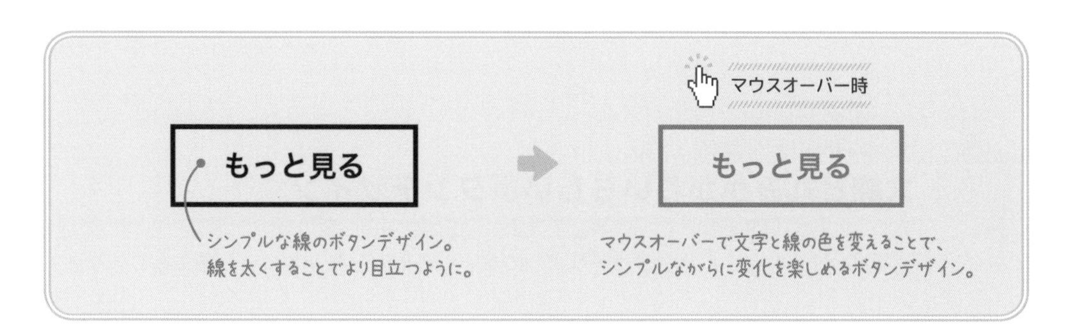

マウスオーバー時
もっと見る
もっと見る
シンプルな線のボタンデザイン。
線を太くすることでより目立つように。
マウスオーバーで文字と線の色を変えることで、
シンプルながらに変化を楽しめるボタンデザイン。

HTML　sample/chapter9/button03/index.html

```
:（省略）············ 共通HTML
<body>
  <div class="container">
      <a href="" class="button button03">もっと見る</a>
  </div>
</body>
</html>
```

CSSのポイント

線の太さによって印象が変わるため、border: 3px solid #333; のpxで調整してみましょう。

CSS　sample/chapter9/button03/style.css

```
:（省略）············ 共通CSS
.button03 {
  display: inline-block; ···· <a>タグはインライン要素でpadding等の指定ができないため、まずはinline-blockにする
  font-size: 18px; ···· 文字サイズ
  font-weight: bold; ···· 文字を太く
  padding: 12px 30px; ···· 余白。左右を広めに取るのがポイント
  color: #333; ···· 文字色
```

次ページへつづく

```
  border: 3px solid #333; ………… ボーダーをつける。文字と同じ色に
  transition: all 0.2s; ………… マウスオーバー時のアニメーション速度
}
.button03:hover {
  color: #ee638d; ………… マウスオーバーで文字色を変える
  border: 3px solid #ee638d; ………… マウスオーバーで線の色を変える。文字と同じ色に
}
```

border-radiusで角丸にする

太線と丸みがかわいらしいボタンデザイン

ボタン3（275ページ）を丸くしたボタンデザインです。ころんとしたかわいい印象になります。

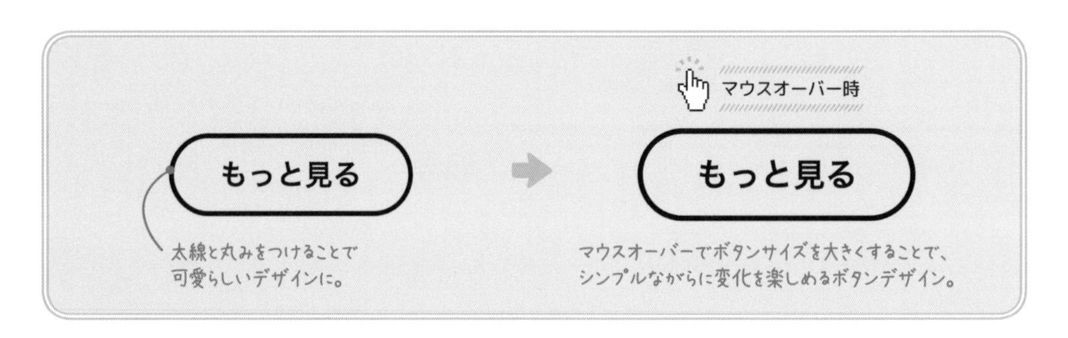

HTML　　sample/chapter9/button04/index.html

```
⋮（省略）………… 共通HTML
<body>
  <div class="container">
      <a href="" class="button button04">もっと見る</a>
  </div>
</body>
</html>
```

CSSのポイント

マウスオーバー時にtransformプロパティにscale()を指定し、()内に指定した数値の倍数で拡大・縮小するアニメーションのボタンを作ることができます。()内で数値をカンマで区切って指定すれば、水平方向、垂直方向への拡大・縮小をそれぞれ指定することができます。

CSS　　sample/chapter9/botton04/style.css

```
：（省略）........................................ 共通CSS
.button04 {
  display: inline-block; .................. <a>タグはインライン要素でpadding等の指定ができないため、まずはinline-blockにする
  font-size: 18px; ......................... 文字サイズ
  font-weight: bold; ....................... 文字を太く
  padding: 12px 30px; ...................... 余白。左右を広めに取るのがポイント
  color: #333; ............................. 文字色
  border: 3px solid #333; .................. ボーダーをつける。文字と同じ色に
  border-radius: 30px; ..................... 角を丸く
  transition: all 0.2s; .................... マウスオーバー時のアニメーション速度
}
.button04:hover {
  transform: scale(1.12); .................. マウスオーバーでボタンを大きく。数字が大きくなるほどサイズが大きくなる
}
```

linear-gradientでグラデーションを作る

グラデーションが美しいボタンデザイン

linear-gradientでグラデーションを指定し、ボタンの外側に影をつけるbox-shadowを組み合わせて、ふわっと美しいボタンデザインを実装してみましょう。

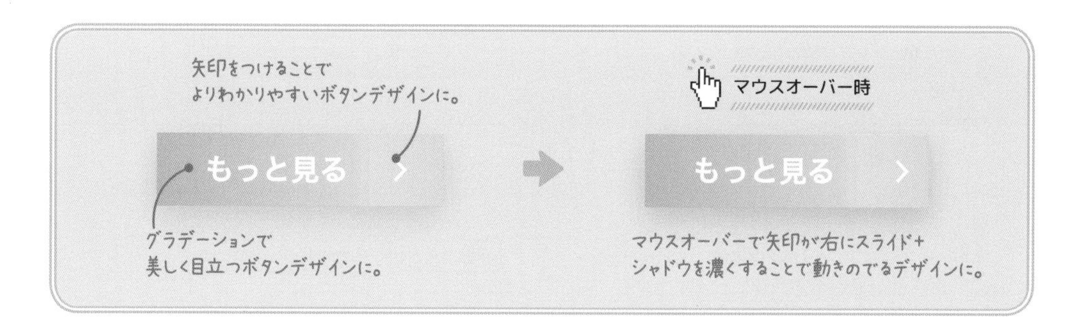

HTML　　sample/chapter9/button05/index.html

```
：（省略）........................................ 共通HTML
<body>
  <div class="container">
      <a href="" class="button button05">もっと見る</a>
```

次ページへつづく

```
  </div>
</body>
</html>
```

CSSのポイント

ボタン内の右につける＞マークは、::after疑似要素を使って要素の後に指定して配置します。

10pxの長さ、2px幅の白いボーダーをborder-top、border-rightで指定し、それを45°回転させて＞マークを作りました。::afterで要素の後ろに配置していますが、right: 25pxと指定することにより右から25pxの位置にしました。::beforeにすると要素の前に挿入できます。

::afterはタグ名やクラス名、id名などの後につけてcontentsプロパティで内容を指定します。ここでは、＞マークはボーダーで作成しているので、contentsプロパティの値となる""内の文字は指定しません。

グラデーションのコーディング自作は複雑なので、ジェネレーター（70、156ページ参照）を使うのがおすすめです！

CSS　sample/chapter9/button05/style.css

```
⋮（省略）
.button05 {
  display: inline-block;
  font-size: 18px;
  font-weight: bold;
  background: linear-gradient(
    90deg,
    rgba(251, 176, 222, 1) 0%,
    rgba(132, 240, 255, 1) 100%
  );
  color: #fff;
  padding: 12px 60px 12px 30px;
  box-shadow: rgba(100, 100, 111, 0.2) 0px 7px 29px 0px;
  position: relative;
  transition: all 0.2s;
}
.button05::after {
  content: "";
  width: 10px;
  height: 10px;
  border-top: 2px solid #fff;
```

次ページへつづく

```
  border-right: 2px solid #fff; ········ 45度回転させて、右向きの矢印に
  transform: rotate(45deg);
  position: absolute;
  top: 0;
  bottom: 0;
  right: 25px; ········ 右から25px内側に
  margin: auto; ········ top0 bottom0と組み合わせて上下中央寄せに
  transition: all 0.2s; ········ マウスオーバー時のアニメーション速度
}
.button05:hover { ········ マウスオーバー時の、button05に対するスタイル
  box-shadow: rgba(100, 100, 111, 0.3) 0px 7px 29px 0px; ········ マウスオーバーで影を濃く
}
.button05:hover::after { ········ マウスオーバー時の、button05::afterに対するスタイル
  right: 15px; ········ 右から15px内側にすることで、10px右にスライドする
}
```

transformを使う

角の丸いボタンデザイン

先ほどの四角いボタンを角の丸いボタンにしてやさしさを出しましょう。

また、transform: rotate;を使って、くるっと回転するメールアイコンを実装して目立つようにし、シャドウも濃くなるようにデザインします。

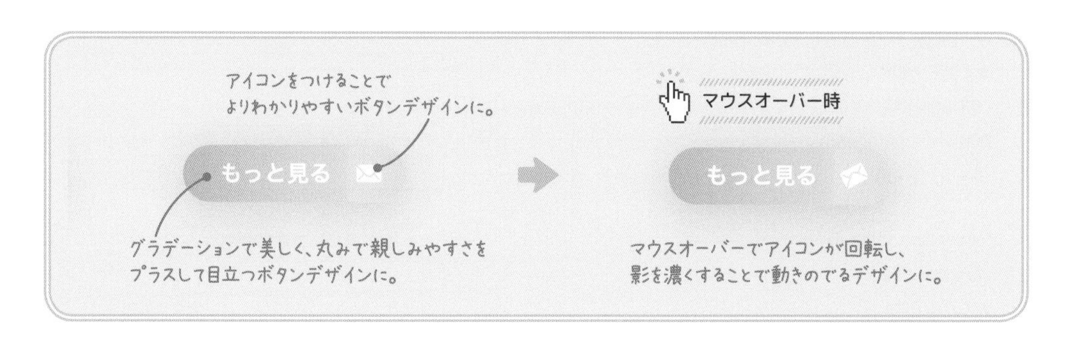

HTML　sample/chapter9/button06/index.html

```
：（省略） ········ 共通HTML
<body>
```

次ページへつづく

```
  <div class="container">
    <a href="" class="button button06">もっと見る</a>
  </div>
</body>
</html>
```

CSSのポイント

ボタンの角丸の形状はborder-radius: 30px; で角丸の半径を30pxに指定します。

デザインのポイントとなるメールアイコンは::after疑似要素で要素の後に配置し、hoverでマウスオーバー時にtransform: rotate(360deg); と指定し、360度回転させます。

CSS　sample/chapter9/button06/style.css

```
：（省略） ………………………… 共通CSS
.button06 {
  display: inline-block; ………… <a>タグはインライン要素でpadding等の指定ができないため、まずはinline-blockにする
  font-size: 18px; ………… 文字サイズ
  font-weight: bold; ………… 文字を太く
  background: linear-gradient( ………… グラデーション。degの数値によってグラデーションの方向を変更できる
    90deg,
    rgba(251, 176, 222, 1) 0%,
    rgba(132, 240, 255, 1) 100%
  );
  color: #fff;
  padding: 12px 60px 12px 30px; ………… アイコンが入るので、右側の余白は多めに取る
  border-radius: 30px; ………… 角丸に
  box-shadow: rgba(100, 100, 111, 0.2) 0px 7px 29px 0px; ………… ボタンの影
  position: relative; ………… アイコンの位置を決める際の基準となる
  transition: all 0.2s; ………… マウスオーバー時のアニメーション速度
}
.button06::after { ………… 擬似要素::afterで要素の後に挿入
  content: ""; ………… 挿入する文字を指定する
  width: 20px; ………… 文字サイズより少し大きくなる程度の横幅
  height: 14px; ………… 元のアイコンと同じ程度の比率になるように指定する
  background: url(./img/mail-icon.svg) no-repeat; ………… アイコンを背景として指定する。no-repeatで画像が繰り返さないように
  background-size: contain; ………… 画像が縦横比を維持して、要素内いっぱいに広がる
  position: absolute;
  top: 0;
  bottom: 0;
```

次ページへつづく

```
  right: 20px; ·········· 右から20px内側に
  margin: auto; ·········· top0 bottom0と組み合わせて上下中央寄せに
  transition: all 0.2s; ·········· マウスオーバー時のアニメーション速度
}
.button06:hover { ·········· マウスオーバー時の、button06に対するスタイル
  box-shadow: rgba(100, 100, 111, 0.3) 0px 7px 29px 0px; ·········· マウスオーバーで影を濃く
}
.button06:hover::after { ·········· マウスオーバー時の、button06::afterに対するスタイル
  transform: rotate(360deg); ·········· アイコンを360度回転させる
}
```

afterを使った疑似要素であしらいを作る

あしらいで目立たせたボタンデザイン

四角いボタンの左上の円内に「Click!」とあしらいをつけることで、そこをクリックしたくなるボタンデザインにしてみましょう。マウスオーバー時には円が大きくなり、クリックしやすくなります。

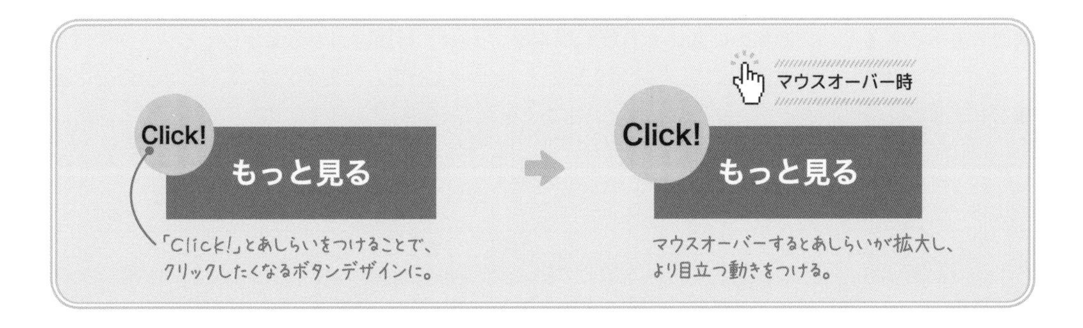

HTML　　sample/chapter9/button07/index.html

```
：（省略） ·········· 共通HTML
<body>
  <div class="container">
      <a href="" class="button button07">もっと見る</a>
  </div>
</body>
</html>
```

CSSのポイント

マウスオーバー(:hover)すると「click!」の円が拡大(transform: scale)し、クリックしやすいように目立つ動きをつけることができます。

「click!」の正円はborder-radius: 50%;と指定することで、四隅の半径が50%の円になり正円になります。「click!」の正円を四角いボタンの左上に配置するには、::afterの疑似要素で要素の前に挿入して、position: absolute;の値で絶対配置を指定します。

transform: scale(1.2);を正円のマウスオーバーの動きに指定し、マウスオーバーで拡大するようにします。

疑似要素とコンテンツの重なり順

通常、::beforeがコンテンツの直前に、::afterがコンテンツの直後に表示されますが(76ページ参照)、positionを使うことで浮いた状態となるので、その場合は厳密な使い分けは不要です。

わかりやすいように、

- **左側の疑似要素は、::before**
- **右側の疑似要素は、::after**

と指定するのもいいですし、z-index(286ページ参照)の重なりが「::after > ::before」と::afterが前面に表示されるため、要素の前面にくる疑似要素は::after、背面は::beforeとしても大丈夫です。

::beforeは指定した要素内のコンテンツの前に、::afterは指定した要素内のコンテンツの後に配置されます。

CSS

sample/chapter9/button07/style.css

```
:（省略） ………………………………… 共通CSS
.button07 {
  display: inline-block; ………………… <a>タグはインライン要素でpadding等の指定ができないため、まずはinline-blockにする
  font-size: 18px; ………………………… 文字サイズ
  font-weight: bold; ……………………… 文字を太く
  background: #ee638d;
  color: #fff;
  padding: 18px 40px;
  position: relative; ……………………… あしらいの位置を決める際の基準となる
}
.button07::after {………………………… 擬似要素であしらい（Click!）を作る
  content: "Click!";………………………… テキストを入力
  width: 50px; ……………………………… 「Click!」が収まる＋ある程度の余白が取れるサイズ
  height: 50px; ……………………………… 横幅と同じにすることで正円を作れる
  font-size: 14px;…………………………… 文字サイズ。少し小さめに
  color: #333; ……………………………… 文字色
  font-weight: bold; ……………………… 文字を太く
  display: flex; ……………………………… テキストを上下左右中央寄せにするために、フレックスを使う
  align-items: center; …………………… 上下中央寄せ
  justify-content: center; ……………… 左右中央寄せ
  border-radius: 50%; …………………… 楕円形にする
  background: #f7cb3b; …………………… 背景色は目立つ黄色に
  position: absolute;
  top: -20px; ………………………………… ボタン上部、20px外にずらす
  left: -20px; ………………………………… ボタン左側、20px外にずらす
  transition: all 0.2s; …………………… マウスオーバー時のアニメーション速度
}
.button07: hover::after { ……………… マウスオーバー時の、button07::afterに対するスタイル
  transform: scale(1.2); ………………… あしらいを拡大させる
}
```

transformで影の位置をずらして押している感じに

思わずクリックしたくなる立体的なボタンデザイン

ボタンの背後にくっきりしたシャドウをつけ、マウスオーバーで影の幅が小さくなるようにして凹む感じの立体的なデザインにしてみます。

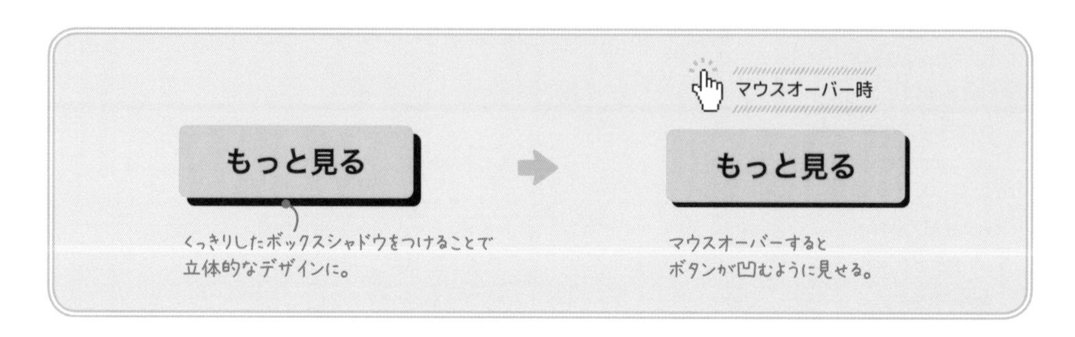

HTML　sample/chapter9/button08/index.html

```
：（省略）……………………………… 共通HTML
<body>
  <div class="container">
    <a href="" class="button button08">もっと見る</a>
  </div>
</body>
</html>
```

CSSのポイント

マウスオーバーするとtransform: translate(2px, 2px)でボタンがx軸、y軸に2px移動します。マウスオーバー時のbox-shadowを小さくすることで、ボタンが凹むように見えます。

CSS　sample/chapter9/button08/style.css

```
：（省略）……………………………… 共通CSS
button08 {
  display: inline-block; ………… <a>タグはインライン要素でpadding等の指定ができないため、まずはinline-blockにする
  font-size: 18px; ………… 文字サイズ
  font-weight: bold; ………… 文字を太く
  padding: 12px 30px;
```

次ページへつづく

```
  background: #f7cb3b;
  color: #333;
  box-shadow: 5px 5px; ······ 右と下に影をつける。文字色と同じ色がつく
  border-radius: 5px; ······ 角を少し丸く
  transition: all 0.2s; ······ マウスオーバー時のアニメーション速度
}
.button08:hover {
  transform: translate(2px, 2px); ······ マウスオーバーすると、x軸、y軸にボタンが2px移動する。-2pxにすると逆に動く
  box-shadow: 3px 3px; ······ マウスオーバーすると、ボックスシャドウが2px小さくなる
}
```

2段階の動きをpositionとcolorで作る

スタイリッシュな動きのあるボタンデザイン

ボタンの背景を右にスライドさせて、スタイリッシュなデザインにしてみましょう。

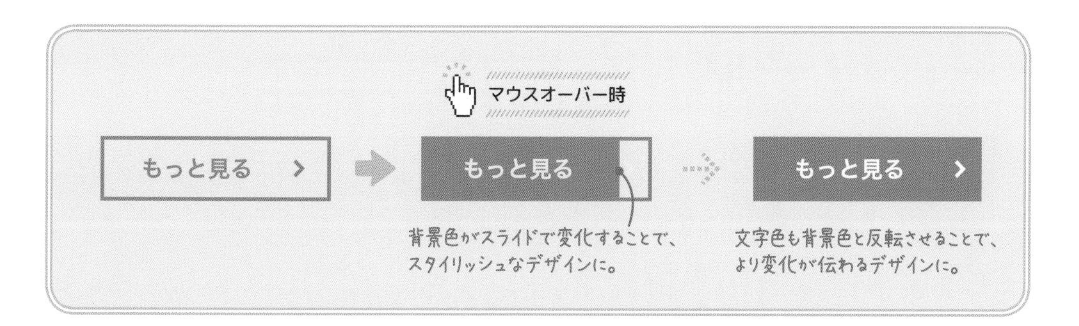

HTML

sample/chapter9/button09/index.html

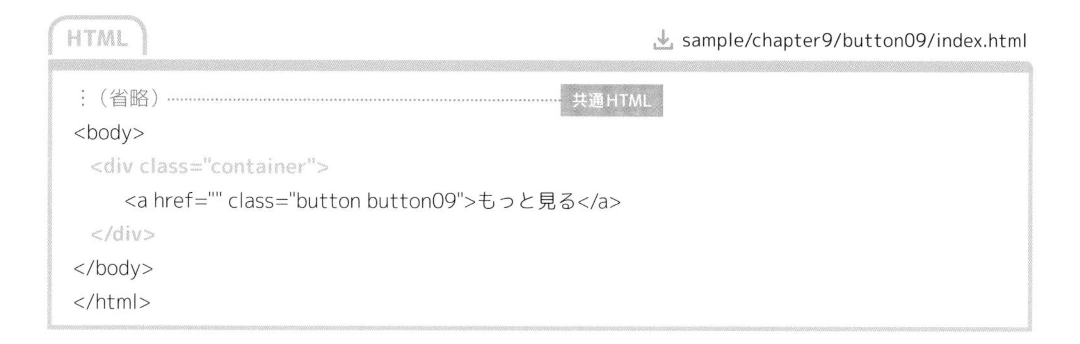

```
⋮（省略） ······ 共通HTML
<body>
  <div class="container">
      <a href="" class="button button09">もっと見る</a>
  </div>
</body>
</html>
```

CSSのポイント

通常時の背景色はwidth: 0;、マウスオーバー（:hover）でwidth: 100%;にして、taransitionを指定することで左から背景色がスライドインします。矢印も背景色がスライドすると、白に変わるように::afterで指定します。※背景色は::beforeで実装します。

z-indexでは要素の重なり順を指定します。指定した数値が大きいほど上に表示されます。

button09セレクタにはz-index: 1、button09::beforeセレクタにはz-index: -1を指定しているので、button09セレクタで指定したクラスが上に表示されます。

CSS　　sample/chapter9/button09/style.css

```
⋮（省略）                                  …… 共通CSS
.button09 {
  display: inline-block;                   …… <a>タグはインライン要素でpadding等の指定ができないため、まずはinline-blockにする
  font-size: 18px;                         …… 文字サイズ
  font-weight: bold;                       …… 文字を太く
  color: #6592e6;                          …… 文字色
  border: 3px solid #6592e6;               …… 3pxのボーダー。文字色と同じ色に
  padding: 12px 60px 12px 30px;            …… 矢印が入るので、右側余白を多めに取る
  transition: all 0.2s;                    …… マウスオーバー時のアニメーション速度
  position: relative;                      …… 矢印と背景色の基準点
  z-index: 1;                              …… 擬似要素で作った背景色を後ろに回り込ませるために指定
}
.button09::before {                        …… 背景色用の擬似要素
  content: "";
  background: #6592e6;                     …… 青の背景色
  width: 0;                                …… 横幅0にして見えなくする
  height: 100%;
  position: absolute;
  top: 0;
  left: 0;                                 …… 左からスライドさせるために指定。rightにすると右からスライドする
  z-index: -1;                             …… 背景に回り込ませるために指定
  transition: all 0.2s;                    …… マウスオーバー時のアニメーション速度
}
.button09::after {                         …… 矢印用の擬似要素
  content: "";
  width: 10px;
  height: 10px;
  border-top: 3px solid #6592e6;           …… 上にボーダー。文字色、背景色と同じ
  border-right: 3px solid #6592e6;         …… 右にボーダー。文字色、背景色と同じ
  transform: rotate(45deg);
```

次ページへつづく

```
  position: absolute;
  top: 0;
  bottom: 0;
  right: 20px;
  margin: auto;
  transition: all 0.2s;
}
.button09:hover { ………………… マウスオーバーで、文字色を白に
  color: #fff;
}
.button09:hover::before { ………………… マウスオーバーで、背景用擬似要素を横幅いっぱいにする
  width: 100%;
}
.button09:hover::after { ………………… マウスオーバーで、矢印を白に
  border-top: 3px solid #fff;
  border-right: 3px solid #fff;
  right: 12px; ………………… 右にずらす
}
```

ボタン
10

疑似要素が付箋っぽく見える

スタイリッシュな動きのある付箋風ボタンデザイン

左に縦ボーダーの付箋風のボタンデザインから、付箋左の縦ボーダーが右に伸びて背景色と文字色を反転させることで、スタイリッシュかつ遊び心のあるデザインにしてみましょう。

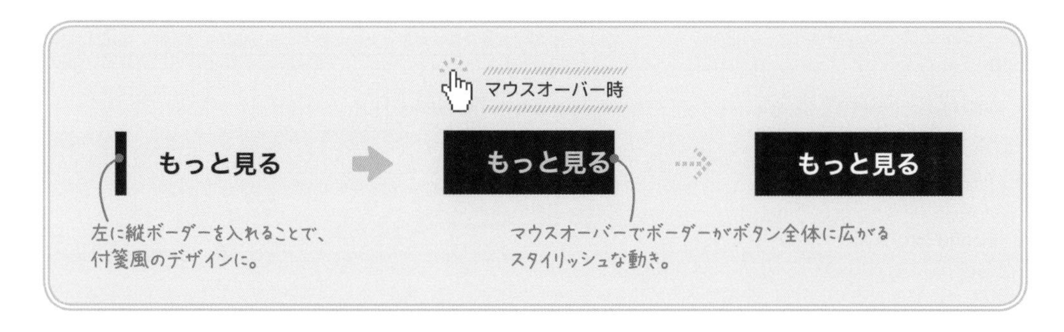
マウスオーバー時
もっと見る
もっと見る
もっと見る
左に縦ボーダーを入れることで、
付箋風のデザインに。
マウスオーバーでボーダーがボタン全体に広がる
スタイリッシュな動き。

HTML　sample/chapter9/button10/index.htmll

```
：（省略） ………………… 共通HTML
<body>
```

次ページへつづく

```
    <div class="container">
        <a href="" class="button button10">もっと見る</a>
    </div>
</body>
</html>
```

CSSのポイント

8pxの縦ボーダーは::beforeで絶対配置（absolute）で位置を指定し、ボーダーの太さや位置、カラーを指定します。また、マウスオーバーでアニメーションのように変化するようにtransition: all 0.2s;を指定します。

マウスオーバー（:hover）でwidth: 100%;とすることで、付箋の縦ボーダーが右に伸びていき、文字色も白に変化します。

CSS　sample/chapter9/button10/style.css

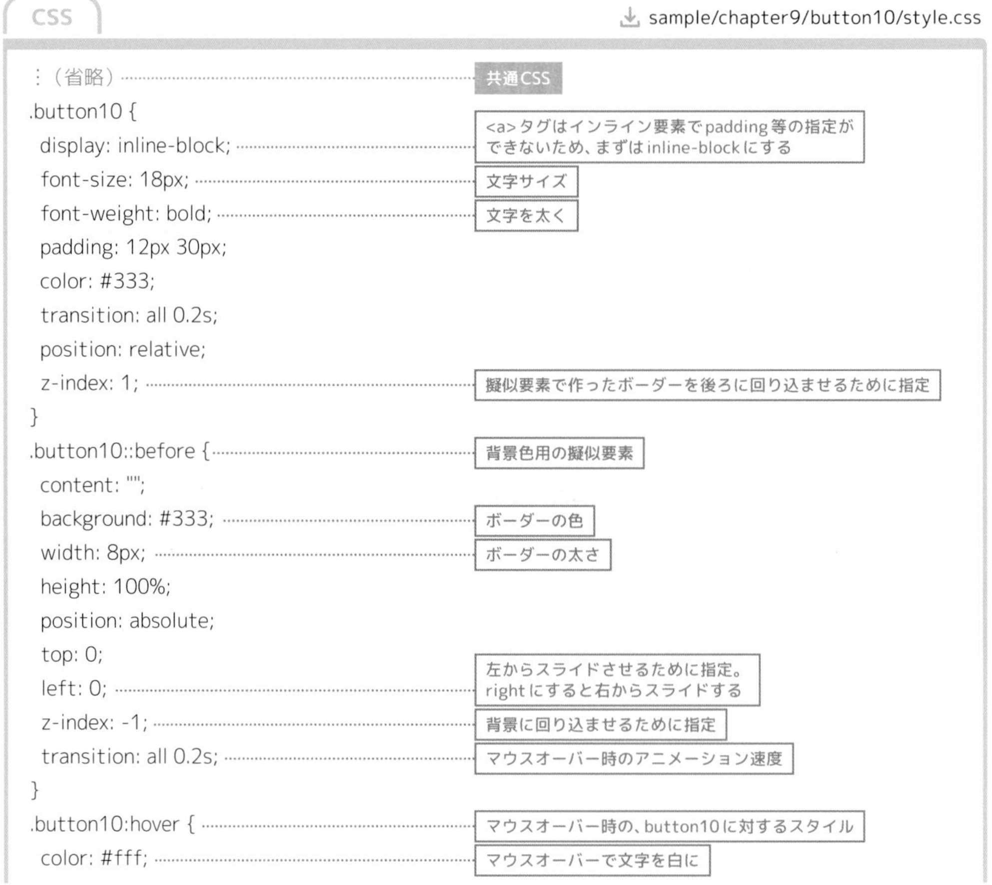

```
：（省略）
.button10 {
  display: inline-block;
  font-size: 18px;
  font-weight: bold;
  padding: 12px 30px;
  color: #333;
  transition: all 0.2s;
  position: relative;
  z-index: 1;
}
.button10::before {
  content: "";
  background: #333;
  width: 8px;
  height: 100%;
  position: absolute;
  top: 0;
  left: 0;
  z-index: -1;
  transition: all 0.2s;
}
.button10:hover {
  color: #fff;
```


次ページへつづく

```
}
.button10:hover::before {
  width: 100%;
}
```

マウスオーバー時の、button10::beforeに対するスタイル

ボーダーを横幅いっぱいに広げて背景色に

Column

transitionについて

CSSトランジションは、CSSプロパティが変化する際のアニメーションの速度を操作します。

◌transition-property

トランジションを適用するCSSプロパティの名前を指定します。
transition-propertyを省略した場合にはallが適用され、変化するプロパティすべてにトランジション効果が付与されます。

◌transition-duration

トランジションの実行にかかる時間を指定します。
単位はs（秒）もしくはms（ミリ秒）などです。

◌transition-delay

プロパティが変化した時点から、トランジションが実際に始まるまでの待ち時間を指定します。

◌transition-timing-function

トランジション実行の際の速さの変化を指定することができます。
初期値はeaseで、開始と終了を滑らかに変化します。

◌一括指定（ショートハンド）

transiton: [property] [duration] [delay] [timing-function];

<h1>～<h6>の6つの階層にCSSでデザイン

見出しデザイン

HTMLで記述する見出し<h1>～<h6>の6つのタグは、見出しの役割としてユーザーや検索エンジンにコンテンツ内容とその構造をわかりやすく伝えるための重要な要素です。
<h1>～<h6>タグでマーキングしたコンテンツは、本文を読まなくても見出しだけ読めば、おおよその内容を理解できるように記述します。
大見出し、小見出し、本文などそれぞれ、サイズ、カラー、レイアウトなどデザインに明確な違いを出すことで、メリハリのある読みやすいページを作成できます。

- 目立つデザイン
- <h1>～<h6>タグに合わせてサイズを変えるなど工夫する
- 文字が見やすいようにする

HTMLのhead要素(共通)

Section 9-2で使用するHTMLファイルに共通するヘッダー部分です。文字コード、ビューポート、タイトル、CSSファイルへのリンクなどを指定しています(詳細は、78ページ参照)。
この後に、見出し用のHTMLなどを追加していきます。

共通HTML　sample/chapter9/title01/index.html

```
<!DOCTYPE html>
<html lang="ja">
  <head>
    <meta charset="UTF-8">
    <meta http-equiv="X-UA-Compatible" content="IE=edge">
    <meta name="viewport" content="width=device-width, initial-scale=1.0">
    <title>見出しデザイン01</title>
    <link rel="stylesheet" href="assets/style.css">
  </head>
  <body>
```

共通CSS（リセット）

font-size: 2rem; はh1要素のフォントサイズを2remに設定し、相対的にサイズが変わるようにしています。display: inline-block; によって、インラインブロック要素として表示されます。その結果、隣接する要素と同じ行に表示されます。

共通 CSS（リセット）　　sample/chapter9/title01/style.css

```
*, ………………………… 要素全体に適用されるボックススタイル、ボーダーやマージンを設定
::before,
::after {
  box-sizing: border-box;
  border-style: solid;
  border-width: 0;
  margin: 0;
  padding: 0;
}
body {
  padding: 3rem 0; ………………………… ページ内余白を設定（デザインが見やすいように）
  text-align: center; ………………………… 要素の中央寄せ
}

h1 { ………………………… フォントスタイルの設定
  font-size: 2rem;
  font-weight: bold;
  display: inline-block; ………………………… ブロック要素からインラインブロック要素に変更
}
```

Column

見出しタグについて

見出し（<h1>～<h6>タグ）はブロック要素で、見出しの左寄せや中央寄せにはtext-alignを使用することがほとんどです。ただし、これで位置を変更できるのは「文字だけ」で<h>タグ自体の位置は変わりません。タグ自体の位置を変えたいときは、widthとmarginで指定します。
また、<h>タグを<div>タグで囲んで、h要素にdisplay: inline-block; を指定してインラインブロック要素にしておくと、親要素であるdivにtext-alignを指定することで、<h>タグの位置を変更できます。デザインに合わせて使い分けをしましょう！

```
<div> ………………………… text-align: center;
<h1>見出し文字</h1> ………… display: inline-block;
</div>
```

text-strokeで縁取りデザインを作る

シンプルかつおしゃれな縁取り見出しデザイン

縁取りだけのシンプルなデザインです。各種のサイトでアクセントとして重宝するデザインです。

あしらいとしても使える。
ABOUT
シンプルながらも少し変化をもたせたデザイン。

HTML　sample/chapter9/title01/index.html

```
⋮（省略）………………………… 共通HTML
  <div class="title01">
    <h1>ABOUT</h1>
  </div>
 </body>
</html>
```

● 構造図

text-stroke：3px # fff;

CSSのポイント

縁取り文字はtext-stroke: 幅 カラーのプロパティを使うと、短いコードで簡単に作成できます。

また、FirefoxとEdgeに対応させるための記述も必要です（共通HTMLに<meta http-equiv="X-UA-Compatible" content="IE=edge">を入れます）。

ただしInternet Explorerでは未対応なので、Internet Explorerでも表示させたい場合はtext-shadowを重ねて利用しましょう。

CSS　sample/chapter9/title01/style.css

```
⋮（省略）………………………… 共通CSS
div.title01 h1 {
  color: rgba(255, 255, 255, 0); ………… 中の色を透明に
  -webkit-text-stroke: 1px #000; ………… FirefoxとEdgeに対応させる
  font-size: 3rem; ………… 文字サイズは大きめに。小さいと潰れやすい
}
```

border-leftでアイキャッチをつける

企業サイトやブログで使える万能な見出しデザイン

左端にアクセントが入るので、特に目立たせたい見出しなどで使うとよいでしょう。

Borderの色をコーポレートカラーにするなど、どんなサイトでも馴染みやすい。

私たちについて

企業サイトやブログで幅広く利用できる見出しデザイン。

HTML　sample/chapter9/title02/index.html

```
：（省略）……………………………… 共通HTML
  <div class="title02">
    <h1>私たちについて</h1>
  </div>
 </body>
</html>
```

● 構造図

私たちについて

Padding-left:1rem;

CSSのポイント

border-leftを追加するだけで見出しとして利用できるので、とても便利なデザインです。

padding-leftで右に続く文字との余白を取るのがポイントです。

remの単位はhtml要素のフォントサイズを1remとしたときの単位です。emは親要素に文字サイズが指定されているときのサイズです。2emとすると親要素の文字サイズの2倍になります。

remはhtmlのルート要素に指定された文字サイズを1remとします。

CSS　sample/chapter9/title02/style.css

```
：（省略）……………………………… 共通CSS
div.title02 h1 {
  padding-left: 1rem; …………………… ラインと文字の間に余白をつける
  border-left: 6px solid #3656a7; ……… h1の左側にラインをつける。太さを変えることで印象を変えることができる
}
```

border-left に background-color を設定するだけ

簡単に実装できる付箋風見出しデザイン

手の込んだように見える付箋風のデザインも、border-leftの縦棒にbackground-colorを設定するだけで簡単に作ることができます。

本文と、よりメリハリをつけたいときに活用できる見出しデザイン。

私たちについて

見出しタグ（今回であればh1）に直接背景色を敷くだけで実装できます。
padding余白をつけるとスッキリします。

HTML　sample/chapter9/title03/index.html

```
：（省略）…………………………… 共通HTML
  <div class="title03">
   <h1>私たちについて</h1>
  </div>
 </body>
</html>
```

CSSのポイント

見出し2のデザインにbackground-colorの背景色を薄く敷くだけで付箋風を再現しています。
背景色は薄いグレーにすると、馴染みやすいデザインになります。

CSS　sample/chapter9/title03/style.css

```
：（省略）…………………………… 共通CSS
div.title03 h1 {
  padding: 1rem 1rem 1rem 1.5rem; ………… h1全体に余白をつけつつ、左側余白は広めにとる
  border-left: 8px solid #3656a7;
  background-color: #f1f0f0;………… 背景色。薄いグレーにすると読みやすい
}
```

擬似要素でキレイに入れる

アイコンをあしらいとして使用した見出しデザイン

アイコンは単色か線のみにするとシンプルなトーンの馴染みやすいデザインになります。
<h1>タグでマーキングした「私たちについて」の文字をさらに<div>タグでマーキングします。

アイコンをあしらいにすることで、テキストのみよりも伝わりやすいデザインに。

私たちについて

関連性のあるアイコン以外に、ロゴのシンボルを使用することでブランディングにつながります。

HTML　sample/chapter9/title04/index.html

```
⋮（省略）………………………… 共通HTML
  <div class="title04">
   <h1>私たちについて</h1>
  </div>
 </body>
</html>
```

● 構造図

アイコンの基準配置は中央寄せに加え、
top;-3.7rem; にすることで文字の上部中央に配置

CSSのポイント

ここで上センターに配置する電球イラストは、<img>タグではなく、擬似要素でアイコンを配置すると、他の要素に影響を与えずに位置を調整することができます。

今回のようにbackgroundプロパティを使い背景画像としてアイコンを配置する場合は、background-size: contain;を指定して、要素内に画像が元の縦横比を保持したまま収まるようにするのがポイントです。

電球イラストの位置は、div.title04 h1セレクタにposition: relativeを指定し、ここを基準位置にし、div.title04 h1::beforeセレクタでposition: absoluteの基準位置からの絶対配置を指定します。

margin: autoを指定することにより、左右中央に配置されます。

CSS　sample/chapter9/title04/style.css

```
：（省略）………………………………………… 共通CSS
div.title04 h1 {
  position: relative; ………………………… ここを基準にアイコンを配置する
}

div.title04 h1::before {
  content: ""; ………………………………… 擬似要素を使用するときに必ず必要！
  width: 50px;
  height: 50px;
  background: url(./img/icon.png) no-repeat; …… アイコンを背景画像として指定
  background-size: contain; …………………… 背景画像が要素内に収まるように指定
  position: absolute;
  top: -3.7rem; ……………………………………… テキストより3.7rem上部に配置
  left: 0;
  right: 0;
  margin: auto; ……………………………………… 中央寄せ
}
```

Column

position: relative、position: absoluteについて

positionは、指定した要素の配置方法を指定できるプロパティです。
コーディングの自由度が上がるので、ぜひ覚えておきましょう。

position: absolute; = **絶対配置を指定する値。子要素に指定。**
position: relative; = **相対配置になる値。親要素に指定。**

absoluteだけを指定すると起点が画面の左上となるため、とても扱いにくい状態になってしまいます。
そこで、親要素にrelativeを指定することで、その要素内の左上が起点となり、要素内で自由に位置を決めることができます。
この2つは必ずセットで使用しましょう。

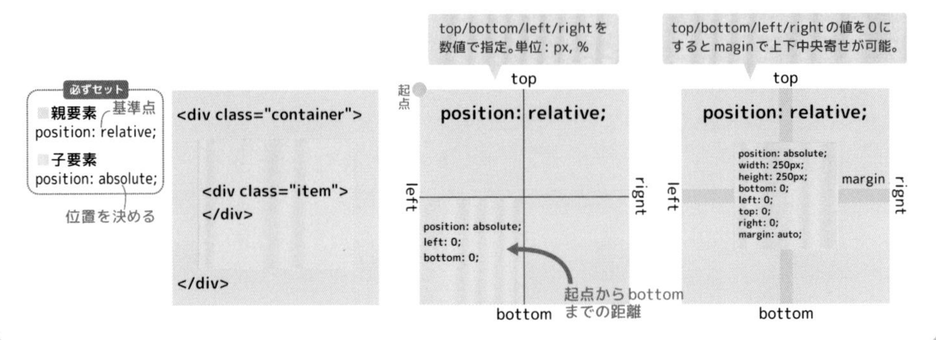

bottom: -1remで文字の下に

下線を入れた見出しデザイン

左右センター合わせのデザインでは、タイトル下の部分と分割するためのワンポイントの短い罫線がシンプルで効果的なデザインになります。

簡単に実装できるので、どんなサイトにも応用できます。

本文や要素が中央寄せの際に活用できる見出しデザイン。

私たちについて

border-radiusを使って先端を丸くし優しい印象に仕上げています。

HTML　sample/chapter9/title05/index.html

```
：（省略）…………………………… 共通HTML
  <div class="title05">
    <h1>私たちについて</h1>
  </div>
 </body>
</html>
```

● 構造図

ラインの配置基準。
中央寄せに加えて、**bottom:-1rem;** にすることで文字の下部中央に配置できる

CSSのポイント

短い下線を引くために、ここではborder-bottomではなくbefore擬似要素を使います。

また、border-radiusを使うことで先端を丸くすることができます。

position: relativeの基準位置からposition: absoluteでテキストから1rem下げた位置に配置しました（bottom: -1rem）。

margin: autoを指定して、左右中央揃えにします。

CSS

sample/chapter9/title05/style.css

```
：（省略） ........................................ 共通CSS
div.title05 h1 {
  position: relative;
}

div.title05 h1::before {
  content: "";
  width: 50px; ................................ 線の横幅
  height: 4px; ................................ 線の太さ
  border-radius: 3px; ......................... 先端を丸く
  background-color: #3656a7; .................. 線の色は背景色として指定
  position: absolute;
  bottom: -1rem; .............................. テキストより1rem下に下げる
  left: 0;
  right: 0;
  margin: auto; ............................... 中央寄せ
}
```

Column

border-radiusプロパティについて

border-radiusは、要素の角を丸めるプロパティです。
border-radiusの値が1つの場合、すべての角が同じ丸さになります。よく使う指定方法です。

```
border-radius: 10px;
```

%を指定することもできます。50%を指定すると、正円となります。

```
border-radius: 50%;
```

四隅それぞれを指定することもできます。あまり使用しませんが、複雑なシェイプを再現したい時に活躍します。

```
border-radius: 10px 20px 15px 30px;
```

contentを使って文字を入れる

英字をメインに、日本語見出しをあしらいに使用したデザイン

欧文文字をメインタイトルにし、和文を下に小さく入れてわかりやすさも兼ね備えたデザインにします。もちろん、英字をあしらいにしたいときにも使えます。

日本語と英字の組み合わせの見出しは、幅広いジャンルのWEBサイトで利用されるデザイン。
About
私たちについて
擬似要素に個別でスタイルを当てることができるので、自由度が高い実装方法です。

HTML　sample/chapter9/title06/index.html

```
⋮（省略）…………………… 共通HTML
  <div class="title06">
   <h1>About</h1>
  </div>
 </body>
</html>
```

● 構造図

About
私たちについて
content:"●●"に入力したテキストが表示される。
colorやfont-sizeも指定可能

CSSのポイント

::before擬似要素のcontentの値にテキストを入力して、日本語見出しを配置しています。

HTMLに**<span>私たちについて</span>**を使用してもよいですが、擬似要素で配置するとHTMLがスッキリします。

div.title06 h1セレクタには、フォントサイズ3remとposition: relativeで欧文を基準位置にしておきます。

div.title06 h1::beforeの疑似要素で和文を配置して、position: absoluteで基準位置からの配置位置を指定します。

CSS　sample/chapter9/title06/style.css

```
⋮（省略）…………………… 共通CSS
div.title06 h1 {
  font-size: 3rem; …………………… 英字のフォントサイズ
```

次ページへつづく

```
  position: relative;
}

div.title06 h1::before {
  content: "私たちについて"; ……… 表示させたいテキスト
  font-size: 1rem;
  color: #3656a7;
  position: absolute;
  bottom: -1.8rem; ……… 欧文文字より1.8rem下に下げる
  left: 0;
  right: 0;
  margin: auto;
}
```

見出し
7

h1::afterを使って斜めラインを実装

斜めラインをあしらいに使用した見出しデザイン

線は画像ではなくCSSで実装すれば、修正や調整がしやすくなります。ここでは、右上がりのシンプルな斜め線を配置してみましょう。

日本語+英字の見出しに、斜めラインをあしらいとして追加して変化を出す。
ラインの色や太さを変えることで雰囲気をガラリと変えることができます。
私たちについて
ABOUT

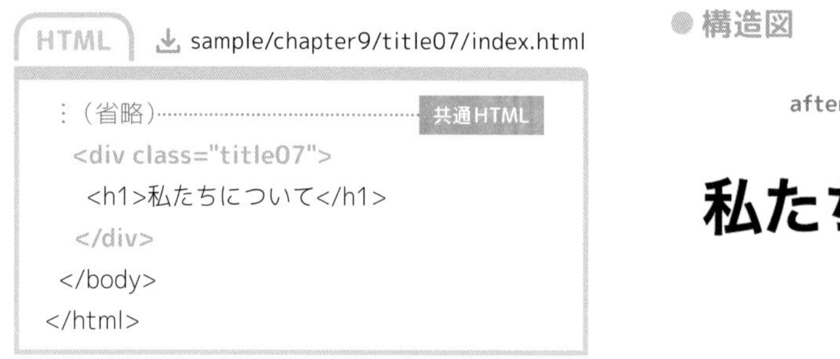

HTML　sample/chapter9/title07/index.html

```
⋮（省略）……… 共通HTML
  <div class="title07">
    <h1>私たちについて</h1>
  </div>
</body>
</html>
```

● 構造図

after
私たちについて
ABOUT
before

CSSのポイント

h1::after疑似要素を使って幅1px、高さ40pxのラインを描き、transform: rotate(20deg);でラインを20度傾けて斜めラインを配置します。

配置位置は、top: -3.5remを指定し基準位置（和文）から3.5rem上に離した位置にし、margin: autoを指定することにより左右中央にします。

CSS　sample/chapter9/title07/style.css

```
：（省略） ········ 共通CSS
div.title07 h1 {
  position: relative;
}

div.title07 h1::before {
  content: "ABOUT"; ········ 表示したいテキスト
  text-align: center; ········ テキスト中央寄せ
  font-size: 1rem;
  color: #3656a7;
  position: absolute;
  bottom: -2rem; ········ 和文文字より2rem下に下げる
  left: 0;
  right: 0;
  margin: auto;
}

div.title07 h1::after { ········ ライン用の擬似要素
  content: "";
  width: 1px; ········ 横幅1pxのライン
  height: 40px; ········ 縦幅40pxのライン
  background-color: #3656a7;
  position: absolute;
  top: -3.5rem;
  left: 0;
  right: 0;
  margin: auto;
  transform: rotate(20deg); ········ ラインを20度傾けて斜めに
}
```

contentを使った文字デザインを応用

英字タイトルにバーを重ねたエレガントなデザイン

英字タイトルに横方向のバーを配置してポップなタイトルを作ってみます。カラーやフォントを変えることでさまざまなデザインに変化します。バーに不透明度を設定しても背景のロゴが浮き上がり効果的です。

擬似要素にテキストと背景を指定し、
h1の上下左右中央に配置しています。
ベースのh1は
大きめに10remを指定。
About
About

HTML　sample/chapter9/title08/index.html

```
：（省略）…………………………… 共通HTML
  <div class="title08">
    <h1>About</h1>
  </div>
 </body>
</html>
```

● 構造図

CSSのポイント

::before擬似要素を使用して作成したバーとテキストを上に重ねています。これまでのデザインと同様にh1セレクタで基準位置を設定します。

::before疑似要素では、「About」のテキストとその書式を指定します。

バーの幅は、width: 105%と指定し、h1の基準よりも105%広くします。高さは20pxです。

バーの位置は基準位置からの絶対配置で、上下左右に中央寄せとし、上から1rem下げます。

フォントを変えることでスタイリッシュにもモダンにもなります。

重なりがうまく表現できないときは、z-indexを使って調整してみましょう。

CSS

sample/chapter9/title08/style.css

```
：（省略） ······························· 共通CSS
div.title08 h1 {
  font-size: 10rem; ······················ フォントサイズは大きめに
  font-family: "Allura", cursive; ········ フォントの種類
  position: relative;
}

div.title08 h1::before {
  content: "About"; ······················ 表示したいテキスト
  text-align: center;
  font-weight: normal;
  font-size: 1.5rem;
  letter-spacing: 0.1em;
  width: 105%; ··························· フォントが横に大きいため、105%にして
                                           テキストの幅いっぱいに広げる
  height: 20px;
  line-height: 20px; ····················· heifgtと同じ数値にすることで、上下中央寄せに
  color: #fff;
  background-color: #5f7ac1;
  position: absolute;
  top: 1rem; ····························· top:0;の中央寄せだとズレるため、1rem下にずらしています
  bottom: 0;
  left: 0;
  right: 0;
  margin: auto;
}
```

Column

スクリプト（手書き風）フォントについて

デフォルトフォントにも手書き風はありますが、ブラウザやOSに影響されやすいです。
そんなときはWebフォントを使用しましょう。
Googleフォントは無料で商用利用可、種類も豊富なので、広く使われています。

WEBフォントの使用方法は、これだけでOK!

1. サイトでフォントを選ぶ
2. headにコードをコピペする
3. CSSのfont-familyをコピペする

◎公式サイト
https://fonts.google.com/

rotateを使って簡単に傾ける

英字タイトルを重ねたポップなデザイン

見出しがなんだか寂しいときには、背景に英字のタイトルを大きく配置してみましょう。斜めに傾けることで変化がつきます。背景の英字は前面の和文よりも薄いカラーにします。

HTML　sample/chapter9/title09/index.html

```
⋮（省略）……………………………… 共通HTML
  <div class="title09">
    <h1>私たちについて</h1>
  </div>
 </body>
</html>
```

● 構造図

About
私たちについて

transform: rotate(-15deg); で、
斜めに傾けています。
deg = 英語のDegree（角度）

CSSのポイント

div.title09 h1セレクタにはposition: relativeで基準位置を指定しておきます。

さらにz-index: 1を指定して、h1の和文が前面に来るようにします。

背面の::before疑似要素で挿入する文字はz-index: -1で背面に来るようにします。

これまでと同様に、基準位置からの位置をposition: absoluteを使って絶対位置で指定します。上（top）から-5.5rem、左（left）基準位置から-3remを指定します。

transform: rotateで-15度傾けて変化をつけましょう。

ここではスクリプト書体のフォントを指定してスタイリッシュにしましたが、フォントを変えることで簡単にアレンジすることもできます。

CSS　sample/chapter9/title09/style.css

```
：（省略） ········ 共通CSS
div.title09 h1 {
  position: relative;
  z-index: 1; ········ レイヤー（重なり）数字が大きいほど上に重なる
}

div.title09 h1::before {
  content: "About";
  text-align: center;
  font-size: 7rem;
  font-weight: normal;
  color: rgba(102, 122, 173, 0.9);
  font-family: "Allura", cursive; ········ フォントの種類を指定
  position: absolute;
  top: -5.5rem;
  left: -3rem;
  transform: rotate(-15deg); ········ Aboutを-15度傾けて斜めに
  z-index: -1; ········ レイヤー（重なり）数字が大きいほど上に重なる。-1にすることで下に回り込む
}
```

Column

transformプロパティについて

transformプロパティを使えば、要素を動かすことができます。

translate	要素を移動させます
rotate	要素を回転させます
scale	要素を拡大縮小させます
skew	要素に傾斜をつけます

border-radiusを使って
頭文字を装飾した見出しデザイン

先頭の文字を円で囲んで文章の先頭であることをデザインで表現してみましょう。ブログの文章やタイトルにも使えるテクニックです。

ここでは疑似要素も使わないので、CSSはシンプルになります。

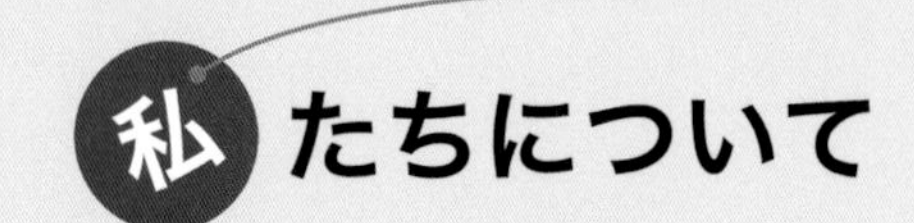

円の背景色を変えたり線を加えても雰囲気がガラリと変わります。

WEBサイトに遊びを加えたいときに使えるデザイン。

HTML sample/chapter9/title10/index.html

```
：（省略）………………………… 共通HTML
  <div class="title10">
    <h1><span>私</span>たちについて</h1>
  </div>
 </body>
</html>
```

構造図

たちについて

spanに直接、border-radiusとbackground-colorを指定して装飾。transform：rotate(-20deg);で斜めに傾けています。

height:60px

line-height:60px

width:60px

line-heightをheightと同じにすることで上下中央寄せになります。
※1行テキストに限ります

CSSのポイント

頭文字を<span>タグで囲み、スタイルを適用しています。<span>タグはインライン要素なので、スタイルを当てるときはdisplay: inline-block;の指定が必須です。

円はborder-radius: 50%と幅、高さを指定します。円内の文字はtransform: rotateで-20度傾けます。

CSS　　sample/chapter9/title10/style.css

```
:（省略）………………………………………… 共通CSS
div.title10 h1 span {
  display: inline-block; ……………………… spanにスタイルを当てるときはdisplay: inline-block;が必須
  color: #fff;
  background-color: #3656a7;
  text-align: center; ……………………………… 左右中央寄せ
  border-radius: 50%; …………………………… 要素を円形に
  width: 60px;
  height: 60px;
  line-height: 60px; ……………………………… heightと同じ数値にすることで上下中央寄せに
  margin-right: 0.5rem; ………………………… テキストとの余白を空ける
  transform: rotate(-20deg); ……………… -20度傾ける
}
```

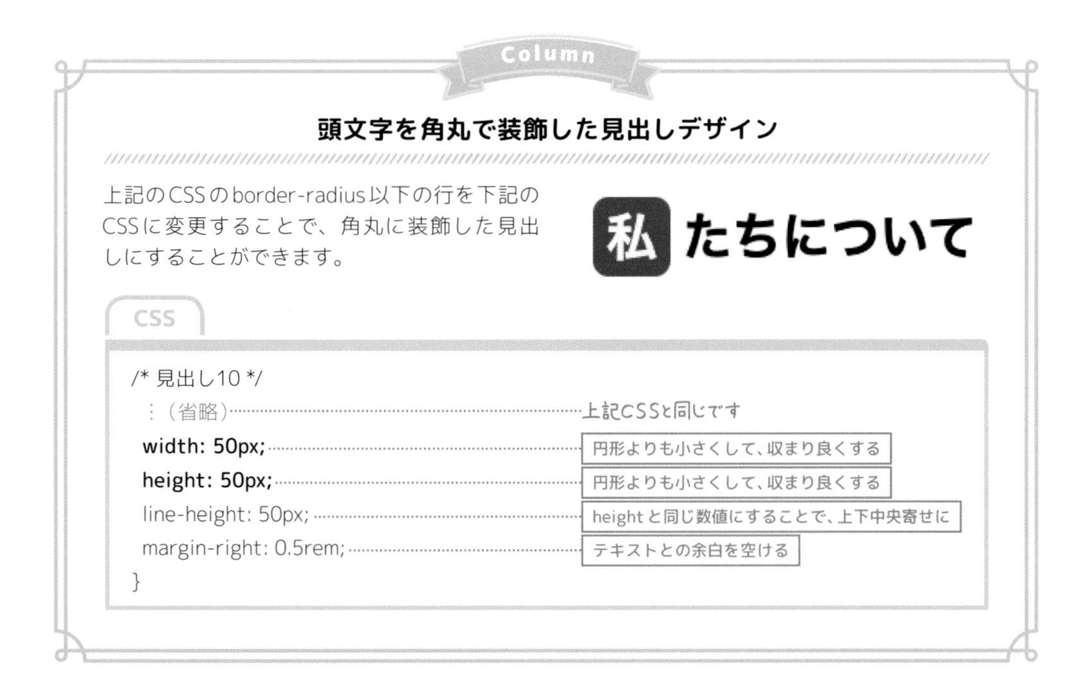

Column

頭文字を角丸で装飾した見出しデザイン

上記のCSSのborder-radius以下の行を下記のCSSに変更することで、角丸に装飾した見出しにすることができます。

CSS

```
/* 見出し10 */
  :（省略）……………………………… 上記CSSと同じです
  width: 50px; ………………………… 円形よりも小さくして、収まり良くする
  height: 50px; ……………………… 円形よりも小さくして、収まり良くする
  line-height: 50px; ………………… heightと同じ数値にすることで、上下中央寄せに
  margin-right: 0.5rem; …………… テキストとの余白を空ける
}
```

INDEX

記号

HTMLタグ

A～C

D～F

H～J

N～P

R～T

U～W

よく使うプロパティINDEX

T

W

著者紹介

YUI

2児のママ。二人目の育休中にWEBの勉強を始め、独学1ヶ月後に制作会社に入社、1年後に独立して2年ほどフリーランスを経験し、現在はIT企業でデザイン・コーディング・サイトの保守改善を担当しています。

Instagram

https://www.instagram.com/m.ndgn_y

X（旧Twitter）

https://twitter.com/mndgn_y

マネするだけでセンスいい！

CSSデザイン

2023年11月30日　初版　第1刷発行

著者	YUI
装丁	北村篤子（アトリエマッシュ）
発行人	柳澤淳一
編集人	久保田賢二
発行所	株式会社　ソーテック社 〒102-0072　東京都千代田区飯田橋4-9-5　スギタビル4F 電話（注文専用）03-3262-5320　FAX03-3262-5326
印刷所	大日本印刷株式会社

ISBN978-4-8007-1320-9